煤矿安全规程及细则
（一规程四细则）

国家矿山安全监察局　编

应急管理出版社

·北　京·

图书在版编目（CIP）数据

煤矿安全规程及细则：一规程四细则/国家矿山安全监察局编 . – – 北京：应急管理出版社，2022

ISBN 978 – 7 – 5020 – 9330 – 3

Ⅰ.①煤… Ⅱ.①国… Ⅲ.①矿山安全—安全规程—中国 Ⅳ.①TD7 – 65

中国版本图书馆 CIP 数据核字（2022）第 063950 号

煤矿安全规程及细则（一规程四细则）

编 者	国家矿山安全监察局	
责任编辑	赵金园	
责任校对	赵 盼	
封面设计	解雅欣	

出版发行 应急管理出版社（北京市朝阳区芍药居 35 号 100029）
电 话 010 – 84657898（总编室） 010 – 84657880（读者服务部）
网 址 www.cciph.com.cn
印 刷 天津嘉恒印务有限公司
经 销 全国新华书店

开 本 710mm×1000mm^1/$_{16}$ 印张 29 字数 410 千字
版 次 2022 年 5 月第 1 版 2022 年 5 月第 1 次印刷
社内编号 20220575 定价 88.00 元

目　　　录

煤矿安全规程（2022）

煤矿安全规程执行说明（2016）

防治煤矿冲击地压细则

煤矿防灭火细则

煤矿安全规程

(2022)

第一编 总 则

第一条 为保障煤矿安全生产和从业人员的人身安全与健康，防止煤矿事故与职业病危害，根据《煤炭法》《矿山安全法》《安全生产法》《职业病防治法》《煤矿安全监察条例》和《安全生产许可证条例》等，制定本规程。

第二条 在中华人民共和国领域内从事煤炭生产和煤矿建设活动，必须遵守本规程。

第三条 煤炭生产实行安全生产许可证制度。未取得安全生产许可证的，不得从事煤炭生产活动。

第四条 从事煤炭生产与煤矿建设的企业（以下统称煤矿企业）必须遵守国家有关安全生产的法律、法规、规章、规程、标准和技术规范。

煤矿企业必须加强安全生产管理，建立健全各级负责人、各部门、各岗位安全生产与职业病危害防治责任制。

煤矿企业必须建立健全安全生产与职业病危害防治目标管理、投入、奖惩、技术措施审批、培训、办公会议制度，安全检查制度，安全风险分级管控工作制度，事故隐患排查、治理、报告制度，事故报告与责任追究制度等。

煤矿企业必须制定重要设备材料的查验制度，做好检查验收和记录，防爆、阻燃抗静电、保护等安全性能不合格的不得入井使用。

煤矿企业必须建立各种设备、设施检查维修制度，定期进行检查维修，并做好记录。

煤矿必须制定本单位的作业规程和操作规程。

第五条 煤矿企业必须设置专门机构负责煤矿安全生产与职业病危害防治管理工作，配备满足工作需要的人员及装备。

第六条 煤矿建设项目的安全设施和职业病危害防护设施，必须与主体工程同时设计、同时施工、同时投入使用。

第七条　对作业场所和工作岗位存在的危险有害因素及防范措施、事故应急措施、职业病危害及其后果、职业病危害防护措施等，煤矿企业应当履行告知义务，从业人员有权了解并提出建议。

第八条　煤矿安全生产与职业病危害防治工作必须实行群众监督。煤矿企业必须支持群众组织的监督活动，发挥群众的监督作用。

从业人员有权制止违章作业，拒绝违章指挥；当工作地点出现险情时，有权立即停止作业，撤到安全地点；当险情没有得到处理不能保证人身安全时，有权拒绝作业。

从业人员必须遵守煤矿安全生产规章制度、作业规程和操作规程，严禁违章指挥、违章作业。

第九条　煤矿企业必须对从业人员进行安全教育和培训。培训不合格的，不得上岗作业。

主要负责人和安全生产管理人员必须具备煤矿安全生产知识和管理能力，并经考核合格。特种作业人员必须按国家有关规定培训合格，取得资格证书，方可上岗作业。

矿长必须具备安全专业知识，具有组织、领导安全生产和处理煤矿事故的能力。

第十条　煤矿使用的纳入安全标志管理的产品，必须取得煤矿矿用产品安全标志。未取得煤矿矿用产品安全标志的，不得使用。

试验涉及安全生产的新技术、新工艺必须经过论证并制定安全措施；新设备、新材料必须经过安全性能检验，取得产品工业性试验安全标志。

积极推广自动化、智能化开采，减少井下作业人数。

严禁使用国家明令禁止使用或者淘汰的危及生产安全和可能产生职业病危害的技术、工艺、材料和设备。

第十一条　煤矿企业在编制生产建设长远发展规划和年度生产建设计划时，必须编制安全技术与职业病危害防治发展规划和安全技术措施计划。安全技术措施与职业病危害防治所需费用、材料和设备等必须列入企业财务、供应计划。

煤炭生产与煤矿建设的安全投入和职业病危害防治费用提取、使用必须符合国家有关规定。

第十二条 煤矿必须编制年度灾害预防和处理计划，并根据具体情况及时修改。灾害预防和处理计划由矿长负责组织实施。

第十三条 入井（场）人员必须戴安全帽等个体防护用品，穿带有反光标识的工作服。入井（场）前严禁饮酒。

煤矿必须建立入井检身制度和出入井人员清点制度；必须掌握井下人员数量、位置等实时信息。

入井人员必须随身携带自救器、标识卡和矿灯，严禁携带烟草和点火物品，严禁穿化纤衣服。

第十四条 井工煤矿必须按规定填绘反映实际情况的下列图纸：

（一）矿井地质图和水文地质图。

（二）井上、下对照图。

（三）巷道布置图。

（四）采掘工程平面图。

（五）通风系统图。

（六）井下运输系统图。

（七）安全监控布置图和断电控制图、人员位置监测系统图。

（八）压风、排水、防尘、防火注浆、抽采瓦斯等管路系统图。

（九）井下通信系统图。

（十）井上、下配电系统图和井下电气设备布置图。

（十一）井下避灾路线图。

第十五条 露天煤矿必须按规定填绘反映实际情况的下列图纸：

（一）地形地质图。

（二）工程地质平面图、断面图。

（三）综合水文地质图。

（四）采剥、排土工程平面图和运输系统图。

（五）供配电系统图。

（六）通信系统图。

（七）防排水系统图。

（八）边坡监测系统平面图。

（九）井工采空区与露天矿平面对照图。

第十六条　井工煤矿必须制定停工停产期间的安全技术措施，保证矿井供电、通风、排水和安全监控系统正常运行，落实 24 h 值班制度。复工复产前必须进行全面安全检查。

第十七条　煤矿企业必须建立应急救援组织，健全规章制度，编制应急救援预案，储备应急救援物资、装备并定期检查补充。

煤矿必须建立矿井安全避险系统，对井下人员进行安全避险和应急救援培训，每年至少组织 1 次应急演练。

第十八条　煤矿企业应当有创伤急救系统为其服务。创伤急救系统应当配备救护车辆、急救器材、急救装备和药品等。

第十九条　煤矿发生事故后，煤矿企业主要负责人和技术负责人必须立即采取措施组织抢救，矿长负责抢救指挥，并按有关规定及时上报。

第二十条　国家实行资质管理的，煤矿企业应当委托具有国家规定资质的机构为其提供鉴定、检测、检验等服务，鉴定、检测、检验机构对其作出的结果负责。

第二十一条　煤矿闭坑前，煤矿企业必须编制闭坑报告，并报省级煤炭行业管理部门批准。

矿井闭坑报告必须有完善的各种地质资料，在相应图件上标注采空区、煤柱、井筒、巷道、火区、地面沉陷区等，情况不清的应当予以说明。

第二编 地 质 保 障

第二十二条 煤矿企业应当设立地质测量（简称地测）部门，配备所需的相关专业技术人员和仪器设备，及时编绘反映煤矿实际的地质资料和图件，建立健全煤矿地测工作规章制度。

第二十三条 当煤矿地质资料不能满足设计需要时，不得进行煤矿设计。矿井建设期间，因矿井地质、水文地质等条件与原地质资料出入较大时，必须针对所存在的地质问题开展补充地质勘探工作。

第二十四条 当露天煤矿地质资料不能满足建设及生产需要时，必须针对所存在的地质问题开展补充地质勘探工作。

第二十五条 井筒设计前，必须按下列要求施工井筒检查孔：

（一）立井井筒检查孔距井筒中心不得超过 25 m，且不得布置在井筒范围内，孔深应当不小于井筒设计深度以下 30 m。地质条件复杂时，应当增加检查孔数量。

（二）斜井井筒检查孔距井筒纵向中心线不大于 25 m，且不得布置在井筒范围内，孔深应当不小于该孔所处斜井底板以下 30 m。检查孔的数量和布置应当满足设计和施工要求。

（三）井筒检查孔必须全孔取芯，全孔数字测井；必须分含水层（组）进行抽水试验，分煤层采测煤层瓦斯、煤层自燃、煤尘爆炸性煤样；采测钻孔水文地质及工程地质参数，查明地质构造和岩（土）层特征；详细编录钻孔完整地质剖面。

第二十六条 新建矿井开工前必须复查井筒检查孔资料；调查核实钻孔位置及封孔质量、采空区情况，调查邻近矿井生产情况和地质资料等，将相关资料标绘在采掘工程平面图上；编制主要井巷揭煤、过地质构造及含水层技术方案；编制主要井巷工程的预想地质图及其说明书。

第二十七条 井筒施工期间应当验证井筒检查孔取得的各种地质资料。当发现影响施工的异常地质因素时，应当采取探测和预防措施。

第二十八条 煤矿建设、生产阶段，必须对揭露的煤层、断层、褶皱、岩浆岩体、陷落柱、含水岩层，矿井涌水量及主要出水点等进行观测及描述，综合分析，实施地质预测、预报。

第二十九条 井巷揭煤前，应当探明煤层厚度、地质构造、瓦斯地质、水文地质及顶底板等地质条件，编制揭煤地质说明书。

第三十条 基建矿井、露天煤矿移交生产前，必须编制建井（矿）地质报告，并由煤矿企业技术负责人组织审定。

第三十一条 掘进和回采前，应当编制地质说明书，掌握地质构造、岩浆岩体、陷落柱、煤层及其顶底板岩性、煤（岩）与瓦斯（二氧化碳）突出（以下简称突出）危险区、受水威胁区、技术边界、采空区、地质钻孔等情况。

第三十二条 煤矿必须结合实际情况开展隐蔽致灾地质因素普查或探测工作，并提出报告，由矿总工程师组织审定。

井工开采形成的老空区威胁露天煤矿安全时，煤矿应当制定安全措施。

第三十三条 生产矿井应当每5年修编矿井地质报告。地质条件变化影响地质类型划分时，应当在1年内重新进行地质类型划分。

第三编 井 工 煤 矿

第一章 矿 井 建 设

第一节 一 般 规 定

第三十四条 煤矿建设单位和参与建设的勘察、设计、施工、监理等单位必须具有与工程项目规模相适应的能力。国家实行资质管理的，应具备相应的资质，不得超资质承揽项目。

第三十五条 有突出危险煤层的新建矿井必须先抽后建。矿井建设开工前，应当对首采区突出煤层进行地面钻井预抽瓦斯，且预抽率应当达到30%以上。

第三十六条 建设单位必须落实安全生产管理主体责任，履行安全生产与职业病危害防治管理职责。

第三十七条 煤矿建设、施工单位必须设置项目管理机构，配备满足工程需要的安全人员、技术人员和特种作业人员。

第三十八条 单项工程、单位工程开工前，必须编制施工组织设计和作业规程，并组织相关人员学习。

第三十九条 矿井建设期间必须按规定填绘反映实际情况的井巷工程进度交换图、井巷工程地质实测素描图及通风、供电、运输、通信、监测、管路等系统图。

第四十条 矿井建设期间的安全出口应当符合下列要求：

（一）开凿或者延深立井时，井筒内必须设有在提升设备发生故障时专供人员出井的安全设施和出口；井筒到底后，应当先短路贯通，形成至少2个通达地面的安全出口。

（二）相邻的两条斜井或者平硐施工时，应当及时按设计要求贯通联络巷。

第二节　井巷掘进与支护

第四十一条　开凿平硐、斜井和立井时，井口与坚硬岩层之间的井巷必须砌碹或者用混凝土砌（浇）筑，并向坚硬岩层内至少延深 5 m。

在山坡下开凿斜井和平硐时，井口顶、侧必须构筑挡墙和防洪水沟。

第四十二条　立井锁口施工时，应当遵守下列规定：

（一）采用冻结法施工井筒时，应当在井筒具备试挖条件后施工。

（二）风硐口、安全出口与井筒连接处应当整体浇筑，并采取安全防护措施。

（三）拆除临时锁口进行永久锁口施工前，在永久锁口下方应当设置保护盘，并满足通风、防坠和承载要求。

第四十三条　立井永久或者临时支护到井筒工作面的距离及防止片帮的措施必须根据岩性、水文地质条件和施工工艺在作业规程中明确。

第四十四条　立井井筒穿过冲积层、松软岩层或者煤层时，必须有专门措施。采用井圈或者其他临时支护时，临时支护必须安全可靠、紧靠工作面，并及时进行永久支护。建立永久支护前，每班应当派专人观测地面沉降和井帮变化情况；发现危险预兆时，必须立即停止作业，撤出人员，进行处理。

第四十五条　采用冻结法开凿立井井筒时，应当遵守下列规定：

（一）冻结深度应当穿过风化带延深至稳定的基岩 10 m 以上。基岩段涌水较大时，应当加深冻结深度。

（二）第一个冻结孔应当全孔取芯，以验证井筒检查孔资料的可靠性。

（三）钻进冻结孔时，必须测定钻孔的方向和偏斜度，测斜的最大间隔不得超过 30 m，并绘制冻结孔实际偏斜平面位置图。偏斜度超过规定时，必须及时纠正。因钻孔偏斜影响冻结效果时，必须补孔。

（四）水文观测孔应当打在井筒内，不得偏离井筒的净断面，其深度不得超过冻结段深度。

（五）冻结管应当采用无缝钢管，并采用焊接或者螺纹连接。冻结管下入钻孔后应当进行试压，发现异常时，必须及时处理。

（六）开始冻结后，必须经常观察水文观测孔的水位变化。只有在水文观测孔冒水7天且水量正常，或者提前冒水的水文观测孔水压曲线出现明显拐点且稳定上升7天，确定冻结壁已交圈后，才可以进行试挖。在冻结和开凿过程中，要定期检查盐水温度和流量、井帮温度和位移，以及井帮和工作面盐水渗漏等情况。检查应当有详细记录，发现异常，必须及时处理。

（七）开凿冻结段采用爆破作业时，必须使用抗冻炸药，并制定专项措施。爆破技术参数应当在作业规程中明确。

（八）掘进施工过程中，必须有防止冻结壁变形和片帮、断管等的安全措施。

（九）生根壁座应当设在含水较少的稳定坚硬岩层中。

（十）冻结深度小于300 m时，在永久井壁施工全部完成后方可停止冻结；冻结深度大于300 m时，停止冻结的时间由建设、冻结、掘砌和监理单位根据冻结温度场观测资料共同研究确定。

（十一）冻结井筒的井壁结构应当采用双层或者复合井壁，井筒冻结段施工结束后应当及时进行壁间充填注浆。注浆时壁间夹层混凝土温度应当不低于4 ℃，且冻结壁仍处于封闭状态，并能承受外部水静压力。

（十二）在冲积层段井壁不应预留或者后凿梁窝。

（十三）当冻结孔穿过布有井下巷道和硐室的岩层时，应当采用缓凝浆液充填冻结孔壁与冻结管之间的环形空间。

（十四）冻结施工结束后，必须及时用水泥砂浆或者混凝土将冻结孔全孔充满填实。

第四十六条 采用竖孔冻结法开凿斜井井筒时，应当遵守下列规定：

（一）沿斜长方向冻结终端位置应当保证斜井井筒顶板位于相对稳定的隔水地层5 m以上，每段竖孔冻结深度应当穿过斜井冻结段井筒底板5 m以上。

（二）沿斜井井筒方向掘进的工作面，距离每段冻结终端不得小于5 m。

（三）冻结段初次支护及永久支护距掘进工作面的最大距离、掘进到永久支护完成的间隔时间必须在施工组织设计中明确，并制定处理冻结管和解冻后防治水的专项措施。永久支护完成后，方可停止该段井筒冻结。

第四十七条　冻结站必须采用不燃性材料建筑，并装设通风装置。定期测定站内空气中的氨气浓度，氨气浓度不得大于0.004%。站内严禁烟火，必须备有急救和消防器材。

制冷剂容器必须经过试验，合格后方可使用；制冷剂在运输、使用、充注、回收期间，应当有安全技术措施。

第四十八条　冬季或者用冻结法开凿井筒时，必须有防冻、清除冰凌的措施。

第四十九条　采用装配式金属模板砌筑内壁时，应当严格控制混凝土配合比和入模温度。混凝土配合比除满足强度、坍落度、初凝时间、终凝时间等设计要求外，还应当采取措施减少水化热。脱模时混凝土强度不小于0.7 MPa，且套壁施工速度每24 h不得超过12 m。

第五十条　采用钻井法开凿立井井筒时，必须遵守下列规定：

（一）钻井设计与施工的最终位置必须穿过冲积层，并进入不透水的稳定基岩中5 m以上。

（二）钻井临时锁口深度应当大于4 m，且进入稳定地层中3 m以上，遇特殊情况应当采取专门措施。

（三）钻井期间，必须封盖井口，并采取可靠的防坠措施；钻井泥浆浆面必须高于地下静止水位0.5 m，且不得低于临时锁口下端1 m；井口必须安装泥浆浆面高度报警装置。

（四）泥浆沟槽、泥浆沉淀池、临时蓄浆池均应当设置防护设施。泥浆的排放和固化应当满足环保要求。

（五）钻井时必须及时测定井筒的偏斜度。偏斜度超过规定时，必须及时纠正。井筒偏斜度及测点的间距必须在施工组织设计中明确。钻井完毕后，必须绘制井筒的纵横剖面图，井筒中心线和截面必须符合设计。

（六）井壁下沉时井壁上沿应当高出泥浆浆面 1.5 m 以上。井壁对接找正时，内吊盘工作人员不得超过 4 人。

（七）下沉井壁、壁后充填及充填质量检查、开凿沉井井壁的底部和开掘马头门时，必须制定专项措施。

第五十一条　立井井筒穿过预测涌水量大于 10 m^3/h 的含水岩层或者破碎带时，应当采用地面或者工作面预注浆法进行堵水或者加固。注浆前，必须编制注浆工程设计和施工组织设计。

第五十二条　采用注浆法防治井壁漏水时，应当制定专项措施并遵守下列规定：

（一）最大注浆压力必须小于井壁承载强度。

（二）位于流砂层的井筒段，注浆孔深度必须小于井壁厚度 200 mm。井筒采用双层井壁支护时，注浆孔应当穿过内壁进入外壁 100 mm。当井壁破裂必须采用破壁注浆时，必须制定专门措施。

（三）注浆管必须固结在井壁中，并装有阀门。钻孔可能发生涌砂时，应当采取套管法或者其他安全措施。采用套管法注浆时，必须对套管与孔壁的固结强度进行耐压试验，只有达到注浆终压后才可使用。

第五十三条　开凿或者延深立井、安装井筒装备的施工组织设计中，必须有天轮平台、翻矸平台、封口盘、保护盘、吊盘以及凿岩、抓岩、出矸等设备的设置、运行、维修的安全技术措施。

第五十四条　延深立井井筒时，必须用坚固的保险盘或者留保护岩柱与上部生产水平隔开。只有在井筒装备完毕、井筒与井底车场连接处的开凿和支护完成，制定安全措施后，方可拆除保险盘或者掘凿保护岩柱。

第五十五条　向井下输送混凝土时，必须制定安全技术措施。混凝土强度等级大于 C40 或者输送深度大于 400 m 时，严禁采用溜灰管输送。

第五十六条　斜井（巷）施工时，应当遵守下列规定：

（一）明槽开挖必须制定防治水和边坡防护专项措施。

（二）由明槽进入暗硐或者由表土进入基岩采用钻爆法施工时，必须制定专项措施。

（三）施工 15° 以上斜井（巷）时，应当制定防止设备、轨道、管路等下滑的专项措施。

（四）由下向上施工 25° 以上的斜巷时，必须将溜矸（煤）道与人行道分开。人行道应当设扶手、梯子和信号装置。斜巷与上部巷道贯通时，必须有专项措施。

第五十七条　采用反井钻机掘凿暗立井、煤仓及溜煤眼时，应当遵守下列规定：

（一）扩孔作业时，严禁人员在下方停留、通行、观察或者出渣。出渣时，反井钻机应当停止扩孔作业。更换破岩滚刀时，必须采取保护措施。

（二）严禁干钻扩孔。

（三）及时清理溜矸孔内的矸石，防止堵孔。必须制定处理堵孔的专项措施。严禁站在溜矸孔的矸石上作业。

（四）扩孔完毕，必须在上、下孔口外围设置栅栏，防止人员进入。

第五十八条　施工岩（煤）平巷（硐）时，应当遵守下列规定：

（一）掘进工作面严禁空顶作业。临时和永久支护距掘进工作面的距离，必须根据地质、水文地质条件和施工工艺在作业规程中明确，并制定防止冒顶、片帮的安全措施。

（二）距掘进工作面 10 m 内的架棚支护，在爆破前必须加固。对爆破崩倒、崩坏的支架必须先行修复，之后方可进入工作面作业。修复支架时必须先检查顶、帮，并由外向里逐架进行。

（三）在松软的煤（岩）层、流砂性地层或者破碎带中掘进巷道时，必须采取超前支护或者其他措施。

第五十九条 使用伞钻时，应当遵守下列规定：

（一）井口伞钻悬吊装置、导轨梁等设施的强度及布置，必须在施工组织设计中验算和明确。

（二）伞钻摘挂钩必须由专人负责。

（三）伞钻在井筒中运输时必须收拢绑扎，通过各施工盘口时必须减速并由专人监视。

（四）伞钻支撑完成前不得脱开悬吊钢丝绳，使用期间必须设置保险绳。

第六十条 使用抓岩机时，应当遵守下列规定：

（一）抓岩机应当与吊盘可靠连接，并设置专用保险绳。

（二）抓岩机连接件及钢丝绳，在使用期间必须由专人每班检查1次。

（三）抓矸完毕必须将抓斗收拢并锁挂于机身。

第六十一条 使用耙装机时，应当遵守下列规定：

（一）耙装机作业时必须有照明。

（二）耙装机绞车的刹车装置必须完好、可靠。

（三）耙装机必须装有封闭式金属挡绳栏和防耙斗出槽的护栏；在巷道拐弯段装岩（煤）时，必须使用可靠的双向辅助导向轮，清理好机道，并有专人指挥和信号联系。

（四）固定钢丝绳滑轮的锚桩及其孔深和牢固程度，必须根据岩性条件在作业规程中明确。

（五）耙装机在装岩（煤）前，必须将机身和尾轮固定牢靠。耙装机运行时，严禁在耙斗运行范围内进行其他工作和行人。在倾斜井巷移动耙装机时，下方不得有人。上山施工倾角大于20°时，在司机前方必须设护身柱或者挡板，并在耙装机前方增设固定装置。倾斜井巷使用耙装机时，必须有防止机身下滑的措施。

（六）耙装机作业时，其与掘进工作面的最大和最小允许距离必须在作业规程中明确。

（七）高瓦斯、煤与瓦斯突出和有煤尘爆炸危险矿井的煤巷、半煤岩巷掘进工作面和石门揭煤工作面，严禁使用钢丝绳牵引的耙装机。

第六十二条　使用挖掘机时，应当遵守下列规定：

（一）严禁在作业范围内进行其他工作和行人。

（二）2 台以上挖掘机同时作业或者与抓岩机同时作业时应当明确各自的作业范围，并设专人指挥。

（三）下坡运行时必须使用低速挡，严禁脱挡滑行，跨越轨道时必须有防滑措施。

（四）作业范围内必须有充足的照明。

第六十三条　使用凿岩台车、模板台车时，必须制定专项安全技术措施。

第三节　井塔、井架及井筒装备

第六十四条　井塔施工时，井塔出入口必须搭设双层防护安全通道，非出入口和通道两侧必须密闭，并设置醒目的行走路线标识。采用冻结法施工的井筒，严禁在未完全融化的人工冻土地基中施工井塔桩基。

第六十五条　井架安装必须编制施工组织设计。遇恶劣气候时，不得进行吊装作业。采用扒杆起立井架时，应当遵守下列规定：

（一）扒杆选型必须经过验算，其强度、稳定性、基础承载能力必须符合设计。

（二）铰链及预埋件必须按设计要求制作和安装，销轴使用前应当进行无损探伤检测。

（三）吊耳必须进行强度校核，且不得横向使用。

（四）扒杆起立时应当有缆风绳控制偏摆，并使缆风绳始终保持一定张力。

第六十六条　立井井筒装备安装施工时，应当遵守下列规定：

（一）井筒未贯通严禁井筒装备安装施工。

（二）突出矿井进行煤巷施工，且井筒处于回风状态时，严禁井筒装备安装施工。

（三）封口盘预留通风口应当符合通风要求。

（四）吊盘、吊桶（罐）、悬吊装置的销轴在使用前应当进行无损探伤检测，合格后方可使用。

（五）吊盘上放置的设备、材料及工具箱等必须固定牢靠。

（六）在吊盘以外作业时，必须有牢靠的立足处。

（七）严禁吊盘和提升容器同时运行，提升容器或者钩头通过吊盘的速度不得大于 0.2 m/s。

第六十七条 井塔施工与井筒装备安装平行作业时，应当遵守下列规定：

（一）在土建与安装平行作业时，必须编制专项措施，明确安全防护要求。

（二）利用永久井塔凿井时，在临时天轮平台布置前必须对井塔承重结构进行验算。

（三）临时天轮平台的上一层提升孔口和吊装孔口必须封闭牢固。

（四）施工电梯和塔式起重机位置必须避开运行中的井筒装备、材料运输路线和人员行走通道。

第六十八条 安装井架或者井架上的设备时必须盖严井口。装备井筒与安装井架及井架上的设备平行作业时，井口掩盖装置必须坚固可靠，能承受井架上坠落物的冲击。

第六十九条 井下安装应当遵守下列规定：

（一）作业现场必须有充足的照明。

（二）大型设备、构件下井前必须校验提升设备的能力，并制定专项措施。

（三）巷道内固定吊点必须符合吊装要求。吊装时应当有专人观察吊点附近顶板情况，严禁超载吊装。

（四）在倾斜井巷提升运输时不得进行安装作业。

第四节　建井期间生产及辅助系统

第七十条 建井期间应当尽早形成永久的供电、提升运输、供排水、通风等系统。未形成上述永久系统前，必须建设临时系统。

矿井进入主要大巷施工前，必须安装安全监控、人员位置监测、通信联络系统。

第七十一条　建井期间应当形成两回路供电。当任一回路停止供电时，另一回路应当能担负矿井全部用电负荷。暂不能形成两回路供电的，必须有备用电源，备用电源的容量应当满足通风、排水和撤出人员的需要。

高瓦斯、煤与瓦斯突出、水文地质类型复杂和极复杂的矿井进入巷道和硐室施工前，其他矿井进入采区巷道施工前，必须形成两回路供电。

第七十二条　悬挂吊盘、模板、抓岩机、管路、电缆和安全梯的凿井绞车，必须装设制动装置和防逆转装置，并设有电气闭锁。

第七十三条　建井期间，2 个提升容器的导向装置最突出部分之间的间隙，不得小于 $0.2 + H/3000$（H 为提升高度，单位为 m）；井筒深度小于 300 m 时，上述间隙不得小于 300 mm。

立井凿井期间，井筒内各设施之间的间隙应当符合表 1 的要求。

表 1　立井凿井期间井筒内各设施之间的间隙

序号	井　筒　内　设　施	间隙/mm
1	吊桶最突出部分与孔口之间	≥150
2	吊桶上滑架与孔口之间	≥100
3	抓岩机停止工作，抓斗悬吊时的最突出部分与运行的吊桶之间	≥200
4	管、线与永久井壁之间（井壁固定管线除外）	≥300
5	管、线最突出部分与提升容器最突出部分之间： 井深小于 400 m 井深 400～500 m 井深大于 500 m	≥500 ≥600 ≥800
6	管、线卡子的最突出部分与其通过的各盘、台孔口之间	≥100
7	吊盘与永久井壁之间	≤150

第七十四条　建井期间采用吊桶提升时，应当遵守下列规定：

（一）采用阻旋转提升钢丝绳。

（二）吊桶必须沿钢丝绳罐道升降，无罐道段吊桶升降距离不得超过 40 m。

（三）悬挂吊盘的钢丝绳兼作罐道绳时，必须制定专项措施。

（四）吊桶上方必须装设保护伞帽。

（五）吊桶翻矸时严禁打开井盖门。

（六）在使用钢丝绳罐道时，吊桶升降人员的最大速度不得超过采用下式求得的值，且最大不超过 7 m/s；无罐道绳段，不得超过 1 m/s。

$$v = 0.25\sqrt{H}$$

式中　v——最大提升速度，m/s；

　　　H——提升高度，m。

（七）在使用钢丝绳罐道时，吊桶升降物料时的最大速度不得超过采用下式求得的值，且最大不超过 8 m/s；无罐道绳段，不得超过 2 m/s。

$$v = 0.4\sqrt{H}$$

（八）在过卷行程内可不安设缓冲装置，但过卷行程不得小于表 2 确定的值。

表 2　提升速度与过卷行程

提升速度/(m·s^{-1})	4	5	6	7	8
过卷行程/m	2.38	2.81	3.25	3.69	4.13

（九）提升机松绳保护装置应当接入报警回路。

第七十五条　立井凿井期间采用吊桶升降人员时，应当遵守下列规定：

（一）乘坐人员必须挂牢安全绳，严禁身体任何部位超出吊桶边缘。

（二）不得人、物混装。运送爆炸物品时应当执行本规程第三百三十九条的规定。

（三）严禁用自动翻转式、底卸式吊桶升降人员。

（四）吊桶提升到地面时，人员必须从井口平台进出吊桶，并只准在吊桶停稳和井盖门关闭后进出吊桶。

（五）吊桶内人均有效面积不应小于 0.2 m²，严禁超员。

第七十六条　立井凿井期间，掘进工作面与吊盘、吊盘与井口、吊盘与辅助盘、腰泵房与井口、翻矸平台与绞车房、井口与提升机房必须设置独立信号装置。井口信号装置必须与绞车的控制回路闭锁。

吊盘与井口、腰泵房与井口、井口与提升机房，必须装设直通电话。

建井期间罐笼与箕斗混合提升，提人时应当设置信号闭锁，当罐笼提人时箕斗不得运行。

装备 1 套提升系统的井筒，必须有备用通信、信号装置。

第七十七条　立井凿井期间，提升钢丝绳与吊桶的连接，必须采用具有可靠保险和回转卸力装置的专用钩头。钩头主要受力部件每年应当进行 1 次无损探伤检测。

第七十八条　建井期间，井筒中悬挂吊盘、模板、抓岩机的钢丝绳，使用期限一般为 1 年；悬挂水管、风管、输料管、安全梯和电缆的钢丝绳，使用期限一般为 2 年。钢丝绳到期后经检测检验，不符合本规程第四百一十二条的规定，可以继续使用。

煤矿企业应当根据建井工期、在用钢丝绳的腐蚀程度等因素，确定是否需要储备检验合格的提升钢丝绳。

第七十九条　立井井筒临时改绞必须编制施工组织设计。井筒井底水窝深度必须满足过放距离的要求。提升容器过放距离内严禁积水积物。

同一工业广场内布置 2 个及以上井筒时，未与另一井筒贯通的井筒不得进行临时改绞。单井筒确需临时改绞的，必须制定专项措施。

第八十条　开凿或者延深斜井、下山时，必须在斜井、下山的上口设置防止跑车装置，在掘进工作面的上方设置跑车防护装置，跑车防护装置与掘进工作面的距离必须在施工组织设计或者作业规程中明确。

斜井（巷）施工期间兼作人行道时，必须每隔 40 m 设置躲避硐。设有躲避硐的一侧必须有畅通的人行道。上下人员必须走人行道。人行道必须设红灯和语音提示装置。

斜巷采用多级提升或者上山掘进提升时，在绞车上山方向必须设置挡车栏。

第八十一条 在吊盘上或者在 2 m 以上高处作业时，工作人员必须佩带保险带。保险带必须拴在牢固的构件上，高挂低用。保险带应当定期按有关规定试验。每次使用前必须检查，发现损坏必须立即更换。

第八十二条 井筒开凿到底后，应当先施工永久排水系统，并在进入采区施工前完成。永久排水系统完成前，在井底附近必须设置临时排水系统，并符合下列要求：

（一）当预计涌水量不大于 50 m³/h 时，临时水仓容积应当大于 4 h 正常涌水量；当预计涌水量大于 50 m³/h 时，临时水仓容积应当大于 8 h 正常涌水量。临时水仓应当定期清理。

（二）井下工作水泵的排水能力应当能在 20 h 内排出 24 h 正常涌水量，井下备用水泵排水能力不小于工作水泵排水能力的 70%。

（三）临时排水管的型号应当与排水能力相匹配。

（四）临时水泵及配电设备基础应当比巷道底板至少高 300 mm，泵房断面应当满足设备布置需要。

第八十三条 立井凿井期间的局部通风应当遵守下列规定：

（一）局部通风机的安装位置距井口不得小于 20 m，且位于井口主导风向上风侧。

（二）局部通风机的安装和使用必须满足本规程第一百六十四条的要求。

（三）立井施工应当在井口预留专用回风口，以确保风流畅通，回风口的大小及安全防护措施应当在作业规程中明确。

第八十四条　巷道及硐室施工期间的通风应当遵守下列规定：

（一）主井、副井和风井布置在同一个工业广场内，主井或者副井与风井贯通后，应当先安装主要通风机，实现全风压通风。不具备安装主要通风机条件的，必须安装临时通风机，但不得采用局部通风机或者局部通风机群代替临时通风机。

主井、副井和风井布置在不同的工业广场内，主井或者副井短期内不能与风井贯通的，主井与副井贯通后必须安装临时通风机实现全风压通风。

（二）矿井临时通风机应当安装在地面。低瓦斯矿井临时通风机确需安装在井下时，必须制定专项措施。

（三）矿井采用临时通风机通风时，必须设置备用通风机，备用通风机必须能在 10 min 内启动。

第八十五条　建井期间有下列情况之一的，必须建立瓦斯抽采系统：

（一）突出矿井在揭露突出煤层前。

（二）任一掘进工作面瓦斯涌出量大于 3 m³/min，用通风方法解决瓦斯问题不合理的。

第二章　开　　采

第一节　一　般　规　定

第八十六条　新建非突出大中型矿井开采深度（第一水平）不应超过 1000 m，改扩建大中型矿井开采深度不应超过 1200 m，新建、改扩建小型矿井开采深度不应超过 600 m。

矿井同时生产的水平不得超过 2 个。

第八十七条　每个生产矿井必须至少有 2 个能行人的通达地面的安全出口，各出口间距不得小于 30 m。

采用中央式通风的新建和改扩建矿井，设计中应当规定井田边界的安全出口。

新建、扩建矿井的回风井严禁兼作提升和行人通道，紧急情况下可作为安全出口。

第八十八条 井下每一个水平到上一个水平和各个采（盘）区都必须至少有2个便于行人的安全出口，并与通达地面的安全出口相连。未建成2个安全出口的水平或者采（盘）区严禁回采。

井巷交岔点，必须设置路标，标明所在地点，指明通往安全出口的方向。

通达地面的安全出口和2个水平之间的安全出口，倾角不大于45°时，必须设置人行道，并根据倾角大小和实际需要设置扶手、台阶或者梯道。倾角大于45°时，必须设置梯道间或者梯子间，斜井梯道间必须分段错开设置，每段斜长不得大于10 m；立井梯子间中的梯子角度不得大于80°，相邻2个平台的垂直距离不得大于8 m。

安全出口应当经常清理、维护，保持畅通。

第八十九条 主要绞车道不得兼作人行道。提升量不大、保证行车时不行人的，不受此限。

第九十条 巷道净断面必须满足行人、运输、通风和安全设施及设备安装、检修、施工的需要，并符合下列要求：

（一）采用轨道机车运输的巷道净高，自轨面起不得低于2 m。架线电机车运输巷道的净高，在井底车场内、从井底到乘车场，不小于2.4 m；其他地点，行人的不小于2.2 m，不行人的不小于2.1 m。

（二）采（盘）区内的上山、下山和平巷的净高不得低于2 m，薄煤层内的不得低于1.8 m。

（三）运输巷（包括管、线、电缆）与运输设备最突出部分之间的最小间距，应当符合表3的要求。

表3　运输巷与运输设备最突出部分之间的最小间距

巷道类型	顶部/m	两侧/m	备　注
轨道机车运输巷道		0.3	综合机械化采煤矿井为0.5 m

表 3（续）

巷道类型	顶部/m	两侧/m	备　　注
输送机运输巷道		0.5	输送机机头和机尾处与巷帮支护的距离应当满足设备检查和维修的需要，并不得小于0.7 m
卡轨车、齿轨车运输巷道	0.3	0.3	单轨运输巷道宽度应当大于2.8 m，双轨运输巷道宽度应当大于4.0 m
单轨吊车运输巷道	0.5	0.85	曲线巷道段应当在直线巷道允许安全间隙的基础上，内侧加宽不小于0.1 m，外侧加宽不小于0.2 m。巷道内外侧加宽要从曲线巷道段两侧直线段开始，加宽段的长度不小于5.0 m
无轨胶轮车运输巷道	0.5	0.5	曲线巷道段应当在直线巷道允许安全间隙的基础上，按无轨胶轮车内、外轮曲率半径计算需加大的巷道宽度。巷道内外侧加宽要从曲线巷道两侧直线段开始，加宽段的长度应当满足安全运输的要求
设置移动变电站或者平板车的巷道		0.3	移动变电站或者平板车上设备最突出部分与巷道侧的间距

巷道净断面的设计，必须按支护最大允许变形后的断面计算。

第九十一条　新建矿井、生产矿井新掘运输巷的一侧，从巷道道碴面起1.6 m的高度内，必须留有宽0.8 m（综合机械化采煤及无轨胶轮车运输的矿井为1 m）以上的人行道，管道吊挂高度不得低于1.8 m。

生产矿井已有巷道人行道的宽度不符合上述要求时，必须在巷道的一侧设置躲避硐，2个躲避硐的间距不得超过40 m。躲避硐宽度不得小于1.2 m，深度不得小于0.7 m，高度不得小于1.8 m。躲避硐内严禁堆积物料。

采用无轨胶轮车运输的矿井人行道宽度不足1 m时，必须制定专项安全技术措施，严格执行"行人不行车，行车不行人"的规定。

在人车停车地点的巷道上下人侧，从巷道道碴面起1.6 m的高度内,必须留有宽1 m以上的人行道,管道吊挂高度不得低于1.8 m。

第九十二条 在双向运输巷中,两车最突出部分之间的距离必须符合下列要求:

(一)采用轨道运输的巷道:对开时不得小于0.2 m,采区装载点不得小于0.7 m,矿车摘挂钩地点不得小于1 m。

(二)采用单轨吊车运输的巷道:对开时不得小于0.8 m。

(三)采用无轨胶轮车运输的巷道:

1. 双车道行驶,会车时不得小于0.5 m。

2. 单车道应当根据运距、运量、运速及运输车辆特性,在巷道的合适位置设置机车绕行道或者错车硐室,并设置方向标识。

第九十三条 掘进巷道在揭露老空区前,必须制定探查老空区的安全措施,包括接近老空区时必须预留的煤（岩）柱厚度和探明水、火、瓦斯等内容。必须根据探明的情况采取措施,进行处理。

在揭露老空区时,必须将人员撤至安全地点。只有经过检查,证明老空区内的水、瓦斯和其他有害气体等无危险后,方可恢复工作。

第九十四条 采（盘）区结束后、回撤设备时,必须编制专门措施,加强通风、瓦斯、顶板、防火管理。

第二节 回采和顶板控制

第九十五条 一个矿井同时回采的采煤工作面个数不得超过3个,煤（半煤岩）巷掘进工作面个数不得超过9个。严禁以掘代采。

采（盘）区开采前必须按照生产布局和资源回收合理的要求编制采（盘）区设计,并严格按照采（盘）区设计组织施工,情况发生变化时及时修改设计。

一个采（盘）区内同一煤层的一翼最多只能布置1个采煤工作面和2个煤（半煤岩）巷掘进工作面同时作业。一个采（盘）区内同一煤层双翼开采或者多煤层开采的,该采（盘）区最多只能布置2个采煤工作面和4个煤（半煤岩）巷掘进工作面同时作业。

在采动影响范围内不得布置2个采煤工作面同时回采。

下山采区未形成完整的通风、排水等生产系统前,严禁掘进回采巷道。

严禁任意开采非垮落法管理顶板留设的支承采空区顶板和上覆岩层的煤柱，以及采空区安全隔离煤柱。

采掘过程中严禁任意扩大和缩小设计确定的煤柱。采空区内不得遗留未经设计确定的煤柱。

严禁任意变更设计确定的工业场地、矿界、防水和井巷等的安全煤柱。

严禁开采和毁坏高速铁路的安全煤柱。

第九十六条　采煤工作面回采前必须编制作业规程。情况发生变化时，必须及时修改作业规程或者补充安全措施。

第九十七条　采煤工作面必须保持至少 2 个畅通的安全出口，一个通到进风巷道，另一个通到回风巷道。

采煤工作面所有安全出口与巷道连接处超前压力影响范围内必须加强支护，且加强支护的巷道长度不得小于 20 m；综合机械化采煤工作面，此范围内的巷道高度不得低于 1.8 m，其他采煤工作面，此范围内的巷道高度不得低于 1.6 m。安全出口和与之相连接的巷道必须设专人维护，发生支架断梁折柱、巷道底鼓变形时，必须及时更换、清挖。

采煤工作面必须正规开采，严禁采用国家明令禁止的采煤方法。

高瓦斯、突出、有容易自燃或者自燃煤层的矿井，不得采用前进式采煤方法。

第九十八条　采煤工作面不得任意留顶煤和底煤，伞檐不得超过作业规程的规定。采煤工作面的浮煤应当清理干净。

第九十九条　台阶采煤工作面必须设置安全脚手板、护身板和溜煤板。倒台阶采煤工作面，还必须在台阶的底脚加设保护台板。

阶檐的宽度、台阶面长度和下部超前小眼的个数，必须在作业规程中规定。

第一百条　采煤工作面必须存有一定数量的备用支护材料。严禁使用折损的坑木、损坏的金属顶梁、失效的单体液压支柱。

在同一采煤工作面中，不得使用不同类型和不同性能的支柱。

在地质条件复杂的采煤工作面中使用不同类型的支柱时，必须制定安全措施。

单体液压支柱入井前必须逐根进行压力试验。

对金属顶梁和单体液压支柱，在采煤工作面回采结束后或者使用时间超过 8 个月后，必须进行检修。检修好的支柱，还必须进行压力试验，合格后方可使用。

采煤工作面严禁使用木支柱（极薄煤层除外）和金属摩擦支柱支护。

第一百零一条 采煤工作面必须及时支护，严禁空顶作业。所有支架必须架设牢固，并有防倒措施。严禁在浮煤或者浮矸上架设支架。单体液压支柱的初撑力，柱径为 100 mm 的不得小于 90 kN，柱径为 80 mm 的不得小于 60 kN。对于软岩条件下初撑力确实达不到要求的，在制定措施、满足安全的条件下，必须经矿总工程师审批。严禁在控顶区域内提前摘柱。碰倒或者损坏、失效的支柱，必须立即恢复或者更换。移动输送机机头、机尾需要拆除附近的支架时，必须先架好临时支架。

采煤工作面遇顶底板松软或者破碎、过断层、过老空区、过煤柱或者冒顶区，以及托伪顶开采时，必须制定安全措施。

第一百零二条 采用锚杆、锚索、锚喷、锚网喷等支护形式时，应当遵守下列规定：

（一）锚杆（索）的形式、规格、安设角度，混凝土强度等级、喷体厚度，挂网规格、搭接方式，以及围岩涌水的处理等，必须在施工组织设计或者作业规程中明确。

（二）采用钻爆法掘进的岩石巷道，应当采用光面爆破。打锚杆眼前，必须采取敲帮问顶等措施。

（三）锚杆拉拔力、锚索预紧力必须符合设计。煤巷、半煤岩巷支护必须进行顶板离层监测，并将监测结果记录在牌板上。对喷体必须做厚度和强度检查并形成检查记录。在井下做锚固力试验时，必须有安全措施。

（四）遇顶板破碎、淋水，过断层、老空区、高应力区等情况时，应加强支护。

第一百零三条　巷道架棚时，支架腿应当落在实底上；支架与顶、帮之间的空隙必须塞紧、背实。支架间应当设牢固的撑杆或者拉杆，可缩性金属支架应当采用金属支拉杆，并用机械或者力矩扳手拧紧卡缆。倾斜井巷支架应当设迎山角；可缩性金属支架可待受压变形稳定后喷射混凝土覆盖。巷道砌碹时，碹体与顶帮之间必须用不燃物充满填实；巷道冒顶空顶部分，可用支护材料接顶，但在碹拱上部必须充填不燃物垫层，其厚度不得小于 0.5 m。

第一百零四条　严格执行敲帮问顶及围岩观测制度。

开工前，班组长必须对工作面安全情况进行全面检查，确认无危险后，方准人员进入工作面。

第一百零五条　采煤工作面用垮落法管理顶板时，必须及时放顶。顶板不垮落、悬顶距离超过作业规程规定的，必须停止采煤，采取人工强制放顶或者其他措施进行处理。

放顶的方法和安全措施，放顶与爆破、机械落煤等工序平行作业的安全距离，放顶区内支架、支柱等的回收方法，必须在作业规程中明确规定。

放顶人员必须站在支架完整，无崩绳、崩柱、甩钩、断绳抽人等危险的安全地点工作。

回柱放顶前，必须对放顶的安全工作进行全面检查，清理好退路。回柱放顶时，必须指定有经验的人员观察顶板。

采煤工作面初次放顶及收尾时，必须制定安全措施。

第一百零六条　采煤工作面采用密集支柱切顶时，两段密集支柱之间必须留有宽 0.5 m 以上的出口，出口间的距离和新密集支柱超前的距离必须在作业规程中明确规定。采煤工作面无密集支柱切顶时，必须有防止工作面冒顶和矸石窜入工作面的措施。

第一百零七条　采用人工假顶分层垮落法开采的采煤工作面，人工假顶必须铺设完好并搭接严密。

采用分层垮落法开采时，必须向采空区注浆或者注水。注浆或者注水的具体要求，应当在作业规程中明确规定。

第一百零八条 采煤工作面用充填法控制顶板时，必须及时充填。控顶距离超过作业规程规定时禁止采煤，严禁人员在充填区空顶作业；且应当根据地表保护级别，编制专项设计并制定安全技术措施。

采用综合机械化充填采煤时，待充填区域的风速应当满足工作面最低风速要求；有人进行充填作业时，严禁操作作业区域的液压支架。

第一百零九条 用水砂充填法控制顶板时，采空区和三角点必须充填满。充填地点的下方，严禁人员通行或者停留。注砂井和充填地点之间，应当保持电话联络，联络中断时，必须立即停止注砂。

清理因跑砂堵塞的倾斜井巷前，必须制定安全措施。

第一百一十条 近距离煤层群开采下一煤层时，必须制定控制顶板的安全措施。

第一百一十一条 采用分层垮落法回采时，下一分层的采煤工作面必须在上一分层顶板垮落的稳定区域内进行回采。

第一百一十二条 采用柔性掩护支架开采急倾斜煤层时，地沟的尺寸，工作面循环进度，支架的角度、结构，支架垫层数和厚度，以及点柱的支设角度、排列方式和密度，钢丝绳的规格和数量，必须在作业规程中规定。

生产中遇断梁、支架悬空、窜矸等情况时，必须及时处理。支架沿走向弯曲、歪斜及角度超过作业规程规定时，必须在下一次放架过程中进行调整。应当经常检查支架上的螺栓和附件，如有松动，必须及时拧紧。

正倾斜柔性掩护支架的每个回采带的两端，必须设置人行眼，并用木板与溜煤眼相隔。对伪倾斜柔性掩护支架工作面上下 2 个出口的要求和工作面的伪倾角，超前溜煤眼的规格、间距和施工方式，必须在作业规程中规定。

掩护支架接近平巷时，应当缩短每次下放支架的距离，并减少同时爆破的炮眼数目和装药量。掩护支架过平巷时，应当加强溜煤眼与平巷连接处的支护或者架设木垛。

第一百一十三条　采用水力采煤时，必须遵守下列规定：

（一）第一次采用水力采煤的矿井，必须根据矿井地质条件、煤层赋存条件等因素编制开采设计，并经行业专家论证。

（二）水采工作面必须采用矿井全风压通风。可以采用多条回采巷道共用 1 条回风巷的布置方式，但回采巷道数量不得超过 3 个，且必须正台阶布置，单枪作业，依次回采。采用倾斜短壁水力采煤法时，回采巷道两侧的回采煤垛应当上下错开，左右交替采煤。

应当根据煤层自然发火期进行区段划分，保证划分区段在自然发火期内采完并及时密闭。密闭设施必须进行专项设计。

（三）相邻回采巷道及工作面回风巷之间必须开凿联络巷，用以通风、运料和行人。应当及时安设和调整风帘（窗）等控风设施。联络巷间距和支护形式必须在作业规程中规定。

（四）采煤工作面应当采用闭式顺序落煤，贯通前的采硐可以采用局部通风机辅助通风。应当在作业规程中明确工作面顶煤、顶板突然垮落时的安全技术措施。

（五）回采水枪应当使用液控水枪，水枪到控制台距离不得小于 10 m。对使用中的水枪，每 3 个月应当至少进行 1 次耐压试验。

（六）采煤工作面附近必须设置通信设备，在水枪附近必须有直通高压泵房的声光兼备的信号装置。

严禁水枪司机在无支护条件下作业。水枪司机与煤水泵司机、高压泵司机之间必须装电话及声光兼备的信号装置。

（七）用明槽输送煤浆时，倾角超过 25°的巷道，明槽必须封闭，否则禁止行人。倾角在 15°～25°时，人行道与明槽之间必须加设挡板或者挡墙，其高度不得小于 1 m；在拐弯、倾角突然变大及有煤浆溅出的地点，在明槽处应当加高挡板或者加盖。在行人经常跨过的明槽处，必须设过桥。必须保持巷道行人侧畅通。

除不行人的急倾斜专用岩石溜煤眼外，不得无槽、无沟沿巷道底板运输煤浆。

（八）工作面回风巷内严禁设置电气设备，在水枪落煤期间严禁行人和安排其他作业。

有下列情形之一的，严禁采用水力采煤：

（一）突出矿井，以及掘进工作面瓦斯涌出量大于 3 m³/min 的高瓦斯矿井。

（二）顶板不稳定的煤层。

（三）顶底板容易泥化或者底鼓的煤层。

（四）容易自燃煤层。

第一百一十四条 采用综合机械化采煤时，必须遵守下列规定：

（一）必须根据矿井各个生产环节、煤层地质条件、厚度、倾角、瓦斯涌出量、自然发火倾向和矿山压力等因素，编制工作面设计。

（二）运送、安装和拆除综采设备时，必须有安全措施，明确规定运送方式、安装质量、拆装工艺和控制顶板的措施。

（三）工作面煤壁、刮板输送机和支架都必须保持直线。支架间的煤、矸必须清理干净。倾角大于 15°时，液压支架必须采取防倒、防滑措施；倾角大于 25°时，必须有防止煤（矸）窜出刮板输送机伤人的措施。

（四）液压支架必须接顶。顶板破碎时必须超前支护。在处理液压支架上方冒顶时，必须制定安全措施。

（五）采煤机采煤时必须及时移架。移架滞后采煤机的距离，应当根据顶板的具体情况在作业规程中明确规定；超过规定距离或者发生冒顶、片帮时，必须停止采煤。

（六）严格控制采高，严禁采高大于支架的最大有效支护高度。当煤层变薄时，采高不得小于支架的最小有效支护高度。

（七）当采高超过 3 m 或者煤壁片帮严重时，液压支架必须设护帮板。当采高超过 4.5 m 时，必须采取防片帮伤人措施。

（八）工作面两端必须使用端头支架或者增设其他形式的支护。

（九）工作面转载机配有破碎机时，必须有安全防护装置。

（十）处理倒架、歪架、压架，更换支架，以及拆修顶梁、支柱、座箱等大型部件时，必须有安全措施。

（十一）在工作面内进行爆破作业时，必须有保护液压支架和其他设备的安全措施。

（十二）乳化液的配制、水质、配比等，必须符合有关要求。泵箱应当设自动给液装置，防止吸空。

（十三）采煤工作面必须进行矿压监测。

第一百一十五条 采用放顶煤开采时，必须遵守下列规定：

（一）矿井第一次采用放顶煤开采，或者在煤层（瓦斯）赋存条件变化较大的区域采用放顶煤开采时，必须根据顶板、煤层、瓦斯、自然发火、水文地质、煤尘爆炸性、冲击地压等地质特征和灾害危险性进行可行性论证和设计，并由煤矿企业组织行业专家论证。

（二）针对煤层开采技术条件和放顶煤开采工艺特点，必须制定防瓦斯、防火、防尘、防水、采放煤工艺、顶板支护、初采和工作面收尾等安全技术措施。

（三）放顶煤工作面初采期间应当根据需要采取强制放顶措施，使顶煤和直接顶充分垮落。

（四）采用预裂爆破处理坚硬顶板或者坚硬顶煤时，应当在工作面未采动区进行，并制定专门的安全技术措施。严禁在工作面内采用炸药爆破方法处理未冒落顶煤、顶板及大块煤（矸）。

（五）高瓦斯、突出矿井的容易自燃煤层，应当采取以预抽方式为主的综合抽采瓦斯措施，保证本煤层瓦斯含量不大于 6 m³/t，并采取综合防灭火措施。

（六）严禁单体支柱放顶煤开采。

有下列情形之一的，严禁采用放顶煤开采：

（一）缓倾斜、倾斜厚煤层的采放比大于 1：3，且未经行业专家论证的；急倾斜水平分段放顶煤采放比大于 1：8 的。

（二）采区或者工作面采出率达不到矿井设计规范规定的。

（三）坚硬顶板、坚硬顶煤不易冒落，且采取措施后冒放性仍然较差，顶板垮落充填采空区的高度不大于采放煤高度的。

（四）放顶煤开采后有可能与地表水、老窑积水和强含水层导通的。

（五）放顶煤开采后有可能沟通火区的。

第一百一十六条　采用连续采煤机开采，必须根据工作面地质条件、瓦斯涌出量、自然发火倾向、回采速度、矿山压力，以及煤层顶底板岩性、厚度、倾角等因素，编制开采设计和回采作业规程，并符合下列要求：

（一）工作面必须形成全风压通风后方可回采。

（二）严禁采煤机司机等人员在空顶区作业。

（三）运输巷与短壁工作面或者回采支巷连接处（出口），必须加强支护。

（四）回收煤柱时，连续采煤机的最大进刀深度应当根据顶板状况、设备配套、采煤工艺等因素合理确定。

（五）采用垮落法控制顶板，对于特殊地质条件下顶板不能及时冒落时，必须采取强制放顶或者其他处理措施。

（六）采用煤柱支承采空区顶板及上覆岩层的部分回采方式时，应当有防止采空区顶板大面积垮塌的措施。

（七）应当及时安设和调整风帘（窗）等控风设施。

（八）容易自燃煤层应当分块段回采，且每个采煤块段必须在自然发火期内回采结束并封闭。

有下列情形之一的，严禁采用连续采煤机开采：

（一）突出矿井或者掘进工作面瓦斯涌出量超过 $3\ \mathrm{m^3/min}$ 的高瓦斯矿井。

（二）倾角大于8°的煤层。

（三）直接顶不稳定的煤层。

第三节　采掘机械

第一百一十七条　使用滚筒式采煤机采煤时，必须遵守下列规定：

（一）采煤机上装有能停止工作面刮板输送机运行的闭锁装置。启动采煤机前，必须先巡视采煤机四周，发出预警信号，确认人员无危险后，方可接通电源。采煤机因故暂停时，必须打开隔离开关和离合器。采煤机停止工作或者检修时，必须切断采煤机前级供电开关电源并断开其隔离开关，断开采煤机隔离开关，打开截割部离合器。

（二）工作面遇有坚硬夹矸或者黄铁矿结核时，应当采取松动爆破处理措施，严禁用采煤机强行截割。

（三）工作面倾角在15°以上时，必须有可靠的防滑装置。

（四）使用有链牵引采煤机时，在开机和改变牵引方向前，必须发出信号。只有在收到返向信号后，才能开机或者改变牵引方向，防止牵引链跳动或者断链伤人。必须经常检查牵引链及其两端的固定连接件，发现问题，及时处理。采煤机运行时，所有人员必须避开牵引链。

（五）更换截齿和滚筒时，采煤机上下 3 m 范围内，必须护帮护顶，禁止操作液压支架。必须切断采煤机前级供电开关电源并断开其隔离开关，断开采煤机隔离开关，打开截割部离合器，并对工作面输送机施行闭锁。

（六）采煤机用刮板输送机作轨道时，必须经常检查刮板输送机的溜槽、挡煤板导向管的连接情况，防止采煤机牵引链因过载而断链；采煤机为无链牵引时，齿（销、链）轨的安设必须紧固、完好，并经常检查。

第一百一十八条　使用刨煤机采煤时，必须遵守下列规定：

（一）工作面至少每隔 30 m 装设能随时停止刨头和刮板输送机的装置，或者装设向刨煤机司机发送信号的装置。

（二）刨煤机应当有刨头位置指示器；必须在刮板输送机两端设置明显标志，防止刨头与刮板输送机机头撞击。

（三）工作面倾角在12°以上时，配套的刮板输送机必须装设防滑、锚固装置。

第一百一十九条　使用掘进机、掘锚一体机、连续采煤机掘进时，必须遵守下列规定：

（一）开机前，在确认铲板前方和截割臂附近无人时，方可启动。采用遥控操作时，司机必须位于安全位置。开机、退机、调机前，必须发出报警信号。

（二）作业时，应当使用内、外喷雾装置，内喷雾装置的工作压力不得小于 2 MPa，外喷雾装置的工作压力不得小于 4 MPa。在内、外喷雾装置工作稳定性得不到保证的情况下，应当使用与掘进机、掘锚一体机或者连续采煤机联动联控的除降尘装置。

（三）截割部运行时，严禁人员在截割臂下停留和穿越，机身与煤（岩）壁之间严禁站人。

（四）在设备非操作侧，必须装有紧急停转按钮（连续采煤机除外）。

（五）必须装有前照明灯和尾灯。

（六）司机离开操作台时，必须切断电源。

（七）停止工作和交班时，必须将切割头落地，并切断电源。

第一百二十条　使用运煤车、铲车、梭车、履带式行走支架、锚杆钻车、给料破碎机、连续运输系统或者桥式转载机等掘进机后配套设备时，必须遵守下列规定：

（一）所有安装机载照明的后配套设备启动前必须开启照明，发出开机信号，确认人员离开，再开机运行。设备停机、检修或者处理故障时，必须停电闭锁。

（二）带电移动的设备电缆应当有防拔脱装置。电缆必须连接牢固、可靠，电缆收放装置必须完好。操作电缆卷筒时，人员不得骑跨或者踩踏电缆。

（三）运煤车、铲车、梭车制动装置必须齐全、可靠。作业时，行驶区间严禁人员进入；检修时，铰接处必须使用限位装置。

（四）给料破碎机与输送机之间应当设联锁装置。给料破碎机行走时两侧严禁站人。

（五）连续运输系统或者桥式转载机运行时，严禁在非行人侧行走或者作业。

（六）锚杆钻车作业时必须有防护操作台，支护作业时必须将临时支护顶棚升至顶板。非操作人员严禁在锚杆钻车周围停留或者作业。

（七）履带行走式支架应当具有预警延时启动装置、系统压力实时显示装置，以及自救、逃逸功能。

第一百二十一条　使用刮板输送机运输时，必须遵守下列规定：

（一）采煤工作面刮板输送机必须安设能发出停止、启动信号和通讯的装置，发出信号点的间距不得超过 15 m。

（二）刮板输送机使用的液力偶合器，必须按所传递的功率大小，注入规定量的难燃液，并经常检查有无漏失。易熔合金塞必须符合标准，并设专人检查、清除塞内污物；严禁使用不符合标准的物品代替。

（三）刮板输送机严禁乘人。

（四）用刮板输送机运送物料时，必须有防止顶人和顶倒支架的安全措施。

（五）移动刮板输送机时，必须有防止冒顶、顶伤人员和损坏设备的安全措施。

第四节　建（构）筑物下、水体下、铁路下及主要井巷煤柱开采

第一百二十二条　建（构）筑物下、水体下、铁路下及主要井巷煤柱开采，必须设立观测站，观测地表和岩层移动与变形，查明垮落带和导水裂缝带的高度，以及水文地质条件变化等情况。取得的实际资料作为本井田建（构）筑物下、水体下、铁路下以及主要井巷煤柱开采的依据。

第一百二十三条　建（构）筑物下、水体下、铁路下，以及主要井巷煤柱开采，必须经过试采。试采前，必须按其重要程度以及可能受到的影响，采取相应技术措施并编制开采设计。

第一百二十四条　试采前，必须完成建（构）筑物、水体、铁路，主要井巷工程及其地质、水文地质调查，观测点设置以及加固和保护等准备工作；试采时，必须及时观测，对受到开采影响的受护体，必须及时维修。试采结束后，必须由原试采方案设计单位提出试采总结报告。

第五节　井巷维修和报废

第一百二十五条　矿井必须制定井巷维修制度，加强井巷维修，保证通风、运输畅通和行人安全。

第一百二十六条　井筒大修时必须编制施工组织设计。

维修井巷支护时，必须有安全措施。严防顶板冒落伤人、堵人和支架歪倒。

扩大和维修井巷时，必须有冒顶堵塞井巷时保证人员撤退的出口。在独头巷道维修支架时，必须保证通风安全并由外向里逐架进行，严禁人员进入维修地点以里。

撤掉支架前，应当先加固作业地点的支架。架设和拆除支架时，在一架未完工之前，不得中止作业。撤换支架的工作应当连续进行，不连续施工时，每次工作结束前，必须接顶封帮。

维修锚网井巷时，施工地点必须有临时支护和防止失修范围扩大的措施。

维修倾斜井巷时，应当停止行车；需要通车作业时，必须制定行车安全措施。严禁上、下段同时作业。

更换巷道支护时，在拆除原有支护前，应当先加固邻近支护，拆除原有支护后，必须及时除掉顶帮活矸和架设永久支护，必要时还应当采取临时支护措施。在倾斜巷道中，必须有防止矸石、物料滚落和支架歪倒的安全措施。

第一百二十七条　修复旧井巷时，必须首先检查瓦斯。当瓦斯积聚时，必须按规定排放，只有在回风流中甲烷浓度不超过1.0%、二氧化碳浓度不超过1.5%、空气成分符合本规程第一百三十五条的要求时，才能作业。

第一百二十八条　从报废的井巷内回收支架和装备时，必须制定安全措施。

第一百二十九条　报废的巷道必须封闭。报废的暗井和倾斜巷道下口的密闭墙必须留泄水孔。

第一百三十条　报废的井巷必须做好隐蔽工程记录，并在井上、下对照图上标明，归档备查。

第一百三十一条 报废的立井应当填实，或者在井口浇注1个大于井筒断面的坚实的钢筋混凝土盖板，并设置栅栏和标志。

报废的斜井（平硐）应当填实，或者在井口以下斜长20 m处砌筑1座砖、石或者混凝土墙，再用泥土填至井口，并加砌封墙。

报废井口的周围有地表水影响时，必须设置排水沟。

第六节　防　止　坠　落

第一百三十二条 立井井口必须用栅栏或者金属网围住，进出口设置栅栏门。井筒与各水平的连接处必须设栅栏。栅栏门只准在通过人员或者车辆时打开。

立井井筒与各水平车场的连接处，必须设专用的人行道，严禁人员通过提升间。

罐笼提升的立井井口和井底、井筒与各水平的连接处，必须设置阻车器。

第一百三十三条 倾角在25°以上的小眼、煤仓、溜煤（矸）眼、人行道、上山和下山的上口，必须设防止人员、物料坠落的设施。

第一百三十四条 煤仓、溜煤（矸）眼必须有防止煤（矸）堵塞的设施。检查煤仓、溜煤（矸）眼和处理堵塞时，必须制定安全措施。处理堵塞时应当遵守本规程第三百六十条的规定，严禁人员从下方进入。

严禁煤仓、溜煤（矸）眼兼做流水道。煤仓与溜煤（矸）眼内有淋水时，必须采取封堵疏干措施；没有得到妥善处理不得使用。

第三章　通风、瓦斯和煤尘爆炸防治

第一节　通　　风

第一百三十五条 井下空气成分必须符合下列要求：

（一）采掘工作面的进风流中，氧气浓度不低于20%，二氧化碳浓度不超过 0.5%。

（二）有害气体的浓度不超过表 4 规定。

表 4　矿井有害气体最高允许浓度

名　称	最高允许浓度/%
一氧化碳 CO	0.0024
氧化氮（换算成 NO_2）	0.00025
二氧化硫 SO_2	0.0005
硫化氢 H_2S	0.00066
氨 NH_3	0.004

甲烷、二氧化碳和氢气的允许浓度按本规程的有关规定执行。
矿井中所有气体的浓度均按体积百分比计算。

第一百三十六条　井巷中的风流速度应当符合表 5 要求。

表 5　井巷中的允许风流速度

井 巷 名 称	允许风速/($m \cdot s^{-1}$)	
	最　低	最　高
无提升设备的风井和风硐		15
专为升降物料的井筒		12
风桥		10
升降人员和物料的井筒		8
主要进、回风巷		8
架线电机车巷道	1.0	8
输送机巷，采区进、回风巷	0.25	6
采煤工作面、掘进中的煤巷和半煤岩巷	0.25	4
掘进中的岩巷	0.15	4
其他通风人行巷道	0.15	

设有梯子间的井筒或者修理中的井筒，风速不得超过 8 m/s；梯子间四周经封闭后，井筒中的最高允许风速可以按表 5 规定执行。

无瓦斯涌出的架线电机车巷道中的最低风速可低于表 5 的规定

值，但不得低于 0.5 m/s。

综合机械化采煤工作面，在采取煤层注水和采煤机喷雾降尘等措施后，其最大风速可高于表 5 的规定值，但不得超过 5 m/s。

第一百三十七条   进风井口以下的空气温度（干球温度，下同）必须在 2 ℃以上。

第一百三十八条   矿井需要的风量应当按下列要求分别计算，并选取其中的最大值：

（一）按井下同时工作的最多人数计算，每人每分钟供给风量不得少于 4 m³。

（二）按采掘工作面、硐室及其他地点实际需要风量的总和进行计算。各地点的实际需要风量，必须使该地点的风流中的甲烷、二氧化碳和其他有害气体的浓度，风速、温度及每人供风量符合本规程的有关规定。

使用煤矿用防爆型柴油动力装置机车运输的矿井，行驶车辆巷道的供风量还应当按同时运行的最多车辆数增加巷道配风量，配风量不小于 4 m³/min·kW。

按实际需要计算风量时，应当避免备用风量过大或者过小。煤矿企业应当根据具体条件制定风量计算方法，至少每 5 年修订 1 次。

第一百三十九条   矿井每年安排采掘作业计划时必须核定矿井生产和通风能力，必须按实际供风量核定矿井产量，严禁超通风能力生产。

第一百四十条   矿井必须建立测风制度，每 10 天至少进行 1 次全面测风。对采掘工作面和其他用风地点，应当根据实际需要随时测风，每次测风结果应当记录并写在测风地点的记录牌上。

应当根据测风结果采取措施，进行风量调节。

第一百四十一条   矿井必须有足够数量的通风安全检测仪表。仪表必须由具备相应资质的检验单位进行检验。

第一百四十二条   矿井必须有完整的独立通风系统。改变全矿井通风系统时，必须编制通风设计及安全措施，由企业技术负责人审批。

第一百四十三条 贯通巷道必须遵守下列规定：

（一）巷道贯通前应当制定贯通专项措施。综合机械化掘进巷道在相距 50 m 前、其他巷道在相距 20 m 前，必须停止一个工作面作业，做好调整通风系统的准备工作。

停掘的工作面必须保持正常通风，设置栅栏及警标，每班必须检查风筒的完好状况和工作面及其回风流中的瓦斯浓度，瓦斯浓度超限时，必须立即处理。

掘进的工作面每次爆破前，必须派专人和瓦斯检查工共同到停掘的工作面检查工作面及其回风流中的瓦斯浓度，瓦斯浓度超限时，必须先停止在掘工作面的工作，然后处理瓦斯，只有在 2 个工作面及其回风流中的甲烷浓度都在 1.0% 以下时，掘进的工作面方可爆破。每次爆破前，2 个工作面入口必须有专人警戒。

（二）贯通时，必须由专人在现场统一指挥。

（三）贯通后，必须停止采区内的一切工作，立即调整通风系统，风流稳定后，方可恢复工作。

间距小于 20 m 的平行巷道的联络巷贯通，必须遵守以上规定。

第一百四十四条 进、回风井之间和主要进、回风巷之间的每条联络巷中，必须砌筑永久性风墙；需要使用的联络巷，必须安设 2 道联锁的正向风门和 2 道反向风门。

第一百四十五条 箕斗提升井或者装有带式输送机的井筒兼作风井使用时，必须遵守下列规定：

（一）生产矿井现有箕斗提升井兼作回风井时，井上下装、卸载装置和井塔（架）必须有防尘和封闭措施，其漏风率不得超过 15%。装有带式输送机的井筒兼作回风井时，井筒中的风速不得超过 6 m/s，且必须装设甲烷断电仪。

（二）箕斗提升井或者装有带式输送机的井筒兼作进风井时，箕斗提升井筒中的风速不得超过 6 m/s、装有带式输送机的井筒中的风速不得超过 4 m/s，并有防尘措施。装有带式输送机的井筒中必须装设自动报警灭火装置、敷设消防管路。

第一百四十六条 进风井口必须布置在粉尘、有害和高温气体不能侵入的地方。已布置在粉尘、有害和高温气体能侵入的地点的，应当制定安全措施。

第一百四十七条 新建高瓦斯矿井、突出矿井、煤层容易自燃矿井及有热害的矿井应当采用分区式通风或者对角式通风；初期采用中央并列式通风的只能布置一个采区生产。

第一百四十八条 矿井开拓新水平和准备新采区的回风，必须引入总回风巷或者主要回风巷中。在未构成通风系统前，可将此回风引入生产水平的进风中；但在有瓦斯喷出或者有突出危险的矿井中，开拓新水平和准备新采区时，必须先在无瓦斯喷出或者无突出危险的煤（岩）层中掘进巷道并构成通风系统，为构成通风系统的掘进巷道的回风，可以引入生产水平的进风中。上述 2 种回风流中的甲烷和二氧化碳浓度都不得超过 0.5%，其他有害气体浓度必须符合本规程第一百三十五条的规定，并制定安全措施，报企业技术负责人审批。

第一百四十九条 生产水平和采（盘）区必须实行分区通风。

准备采区，必须在采区构成通风系统后，方可开掘其他巷道；采用倾斜长壁布置的，大巷必须至少超前 2 个区段，并构成通风系统后，方可开掘其他巷道。采煤工作面必须在采（盘）区构成完整的通风、排水系统后，方可回采。

高瓦斯、突出矿井的每个采（盘）区和开采容易自燃煤层的采（盘）区，必须设置至少 1 条专用回风巷；低瓦斯矿井开采煤层群和分层开采采用联合布置的采（盘）区，必须设置 1 条专用回风巷。

采区进、回风巷必须贯穿整个采区，严禁一段为进风巷、一段为回风巷。

第一百五十条 采、掘工作面应当实行独立通风，严禁 2 个采煤工作面之间串联通风。

同一采区内 1 个采煤工作面与其相连接的 1 个掘进工作面、相邻的 2 个掘进工作面，布置独立通风有困难时，在制定措施后，可采用串联通风，但串联通风的次数不得超过 1 次。

采区内为构成新区段通风系统的掘进巷道或者采煤工作面遇地

质构造而重新掘进的巷道，布置独立通风有困难时，其回风可以串入采煤工作面，但必须制定安全措施，且串联通风的次数不得超过1次；构成独立通风系统后，必须立即改为独立通风。

对于本条规定的串联通风，必须在进入被串联工作面的巷道中装设甲烷传感器，且甲烷和二氧化碳浓度都不得超过0.5%，其他有害气体浓度都应当符合本规程第一百三十五条的要求。

开采有瓦斯喷出、有突出危险的煤层或者在距离突出煤层垂距小于10 m的区域掘进施工时，严禁任何2个工作面之间串联通风。

第一百五十一条 井下所有煤仓和溜煤眼都应当保持一定的存煤，不得放空；有涌水的煤仓和溜煤眼，可以放空，但放空后放煤口闸板必须关闭，并设置引水管。

溜煤眼不得兼作风眼使用。

第一百五十二条 煤层倾角大于12°的采煤工作面采用下行通风时，应当报矿总工程师批准，并遵守下列规定：

（一）采煤工作面风速不得低于1 m/s。

（二）在进、回风巷中必须设置消防供水管路。

（三）有突出危险的采煤工作面严禁采用下行通风。

第一百五十三条 采煤工作面必须采用矿井全风压通风，禁止采用局部通风机稀释瓦斯。

采掘工作面的进风和回风不得经过采空区或者冒顶区。

无煤柱开采沿空送巷和沿空留巷时，应当采取防止从巷道的两帮和顶部向采空区漏风的措施。

矿井在同一煤层、同翼、同一采区相邻正在开采的采煤工作面沿空送巷时，采掘工作面严禁同时作业。

水采和连续采煤机开采的采煤工作面由采空区回风时，工作面必须有足够的新鲜风流，工作面及其回风巷的风流中的甲烷和二氧化碳浓度必须符合本规程第一百七十二条、第一百七十三条和第一百七十四条的规定。

第一百五十四条 采空区必须及时封闭。必须随采煤工作面的推进逐个封闭通至采空区的连通巷道。采区开采结束后45天内，必须在所有与已采区相连通的巷道中设置密闭墙，全部封闭采区。

第一百五十五条 控制风流的风门、风桥、风墙、风窗等设施必须可靠。

不应在倾斜运输巷中设置风门；如果必须设置风门，应当安设自动风门或者设专人管理，并有防止矿车或者风门碰撞人员以及矿车碰坏风门的安全措施。

开采突出煤层时，工作面回风侧不得设置调节风量的设施。

第一百五十六条 新井投产前必须进行 1 次矿井通风阻力测定，以后每 3 年至少测定 1 次。生产矿井转入新水平生产、改变一翼或者全矿井通风系统后，必须重新进行矿井通风阻力测定。

第一百五十七条 矿井通风系统图必须标明风流方向、风量和通风设施的安装地点。必须按季绘制通风系统图，并按月补充修改。多煤层同时开采的矿井，必须绘制分层通风系统图。

应当绘制矿井通风系统立体示意图和矿井通风网络图。

第一百五十八条 矿井必须采用机械通风。

主要通风机的安装和使用应当符合下列要求：

（一）主要通风机必须安装在地面；装有通风机的井口必须封闭严密，其外部漏风率在无提升设备时不得超过 5%，有提升设备时不得超过 15%。

（二）必须保证主要通风机连续运转。

（三）必须安装 2 套同等能力的主要通风机装置，其中 1 套作备用，备用通风机必须能在 10 min 内开动。

（四）严禁采用局部通风机或者风机群作为主要通风机使用。

（五）装有主要通风机的出风井口应当安装防爆门，防爆门每 6 个月检查维修 1 次。

（六）至少每月检查 1 次主要通风机。改变主要通风机转数、叶片角度或者对旋式主要通风机运转级数时，必须经矿总工程师批准。

（七）新安装的主要通风机投入使用前，必须进行试运转和通风机性能测定，以后每 5 年至少进行 1 次性能测定。

（八）主要通风机技术改造及更换叶片后必须进行性能测试。

（九）井下严禁安设辅助通风机。

第一百五十九条 生产矿井主要通风机必须装有反风设施，并能在 10 min 内改变巷道中的风流方向；当风流方向改变后，主要通风机的供给风量不应小于正常供风量的 40%。

每季度应当至少检查 1 次反风设施，每年应当进行 1 次反风演习；矿井通风系统有较大变化时，应当进行 1 次反风演习。

第一百六十条 严禁主要通风机房兼作他用。主要通风机房内必须安装水柱计（压力表）、电流表、电压表、轴承温度计等仪表，还必须有直通矿调度室的电话，并有反风操作系统图、司机岗位责任制和操作规程。主要通风机的运转应当由专职司机负责，司机应当每小时将通风机运转情况记入运转记录簿内；发现异常，立即报告。实现主要通风机集中监控、图像监视的主要通风机房可不设专职司机，但必须实行巡检制度。

第一百六十一条 矿井必须制定主要通风机停止运转的应急预案。因检修、停电或者其他原因停止主要通风机运转时，必须制定停风措施。

变电所或者电厂在停电前，必须将预计停电时间通知矿调度室。

主要通风机停止运转时，必须立即停止工作、切断电源，工作人员先撤到进风巷道中，由值班矿领导组织全矿井工作人员全部撤出。

主要通风机停止运转期间，必须打开井口防爆门和有关风门，利用自然风压通风；对由多台主要通风机联合通风的矿井，必须正确控制风流，防止风流紊乱。

第一百六十二条 矿井开拓或者准备采区时，在设计中必须根据该处全风压供风量和瓦斯涌出量编制通风设计。掘进巷道的通风方式、局部通风机和风筒的安装和使用等应当在作业规程中明确规定。

第一百六十三条 掘进巷道必须采用矿井全风压通风或者局部通风机通风。

煤巷、半煤岩巷和有瓦斯涌出的岩巷掘进采用局部通风机通风时，应当采用压入式，不得采用抽出式（压气、水力引射器不受此限）；如果采用混合式，必须制定安全措施。

瓦斯喷出区域和突出煤层采用局部通风机通风时，必须采用压入式。

第一百六十四条　安装和使用局部通风机和风筒时，必须遵守下列规定：

（一）局部通风机由指定人员负责管理。

（二）压入式局部通风机和启动装置安装在进风巷道中，距掘进巷道回风口不得小于 10 m；全风压供给该处的风量必须大于局部通风机的吸入风量，局部通风机安装地点到回风口间的巷道中的最低风速必须符合本规程第一百三十六条的要求。

（三）高瓦斯、突出矿井的煤巷、半煤岩巷和有瓦斯涌出的岩巷掘进工作面正常工作的局部通风机必须配备安装同等能力的备用局部通风机，并能自动切换。正常工作的局部通风机必须采用三专（专用开关、专用电缆、专用变压器）供电，专用变压器最多可向 4 个不同掘进工作面的局部通风机供电；备用局部通风机电源必须取自同时带电的另一电源，当正常工作的局部通风机故障时，备用局部通风机能自动启动，保持掘进工作面正常通风。

（四）其他掘进工作面和通风地点正常工作的局部通风机可不配备备用局部通风机，但正常工作的局部通风机必须采用三专供电；或者正常工作的局部通风机配备安装一台同等能力的备用局部通风机，并能自动切换。正常工作的局部通风机和备用局部通风机的电源必须取自同时带电的不同母线段的相互独立的电源，保证正常工作的局部通风机故障时，备用局部通风机能投入正常工作。

（五）采用抗静电、阻燃风筒。风筒口到掘进工作面的距离、正常工作的局部通风机和备用局部通风机自动切换的交叉风筒接头的规格和安设标准，应当在作业规程中明确规定。

（六）正常工作和备用局部通风机均失电停止运转后，当电源恢复时，正常工作的局部通风机和备用局部通风机均不得自行启动，必须人工开启局部通风机。

（七）使用局部通风机供风的地点必须实行风电闭锁和甲烷电闭锁，保证当正常工作的局部通风机停止运转或者停风后能切断停风区内全部非本质安全型电气设备的电源。正常工作的局部通风机故障，切换到备用局部通风机工作时，该局部通风机通风范围内应当停止工作，排除故障；待故障被排除，恢复到正常工作的局部通风后方可恢复工作。使用2台局部通风机同时供风的，2台局部通风机都必须同时实现风电闭锁和甲烷电闭锁。

（八）每15天至少进行一次风电闭锁和甲烷电闭锁试验，每天应当进行一次正常工作的局部通风机与备用局部通风机自动切换试验，试验期间不得影响局部通风，试验记录要存档备查。

（九）严禁使用3台及以上局部通风机同时向1个掘进工作面供风。不得使用1台局部通风机同时向2个及以上作业的掘进工作面供风。

第一百六十五条　使用局部通风机通风的掘进工作面，不得停风；因检修、停电、故障等原因停风时，必须将人员全部撤至全风压进风流处，切断电源，设置栅栏、警示标志，禁止人员入内。

第一百六十六条　井下爆炸物品库必须有独立的通风系统，回风风流必须直接引入矿井的总回风巷或者主要回风巷中。新建矿井采用对角式通风系统时，投产初期可利用采区岩石上山或者用不燃性材料支护和不燃性背板背严的煤层上山作爆炸物品库的回风巷。必须保证爆炸物品库每小时能有其总容积4倍的风量。

第一百六十七条　井下充电室必须有独立的通风系统，回风风流应当引入回风巷。

井下充电室，在同一时间内，5 t及以下的电机车充电电池的数量不超过3组、5 t以上的电机车充电电池的数量不超过1组时，可不采用独立通风，但必须在新鲜风流中。

井下充电室风流中以及局部积聚处的氢气浓度，不得超过0.5%。

第一百六十八条　井下机电设备硐室必须设在进风风流中；采用扩散通风的硐室，其深度不得超过6 m、入口宽度不得小于1.5 m，并且无瓦斯涌出。

　　井下个别机电设备设在回风流中的，必须安装甲烷传感器并实现甲烷电闭锁。

　　采区变电所及实现采区变电所功能的中央变电所必须有独立的通风系统。

第二节　瓦　斯　防　治

　　第一百六十九条　一个矿井中只要有一个煤（岩）层发现瓦斯，该矿井即为瓦斯矿井。瓦斯矿井必须依照矿井瓦斯等级进行管理。

　　根据矿井相对瓦斯涌出量、矿井绝对瓦斯涌出量、工作面绝对瓦斯涌出量和瓦斯涌出形式，矿井瓦斯等级划分为：

　　（一）低瓦斯矿井。同时满足下列条件的为低瓦斯矿井：

　　1. 矿井相对瓦斯涌出量不大于 $10\ m^3/t$；

　　2. 矿井绝对瓦斯涌出量不大于 $40\ m^3/min$；

　　3. 矿井任一掘进工作面绝对瓦斯涌出量不大于 $3\ m^3/min$；

　　4. 矿井任一采煤工作面绝对瓦斯涌出量不大于 $5\ m^3/min$。

　　（二）高瓦斯矿井。具备下列条件之一的为高瓦斯矿井：

　　1. 矿井相对瓦斯涌出量大于 $10\ m^3/t$；

　　2. 矿井绝对瓦斯涌出量大于 $40\ m^3/min$；

　　3. 矿井任一掘进工作面绝对瓦斯涌出量大于 $3\ m^3/min$；

　　4. 矿井任一采煤工作面绝对瓦斯涌出量大于 $5\ m^3/min$。

　　（三）突出矿井。

　　第一百七十条　每 2 年必须对低瓦斯矿井进行瓦斯等级和二氧化碳涌出量的鉴定工作，鉴定结果报省级煤炭行业管理部门和省级煤矿安全监察机构。上报时应当包括开采煤层最短发火期和自燃倾向性、煤尘爆炸性的鉴定结果。高瓦斯、突出矿井不再进行周期性瓦斯等级鉴定工作，但应当每年测定和计算矿井、采区、工作面瓦斯和二氧化碳涌出量，并报省级煤炭行业管理部门和煤矿安全监察机构。

　　新建矿井设计文件中，应当有各煤层的瓦斯含量资料。

　　高瓦斯矿井应当测定可采煤层的瓦斯含量、瓦斯压力和抽采半径等参数。

第一百七十一条 矿井总回风巷或者一翼回风巷中甲烷或者二氧化碳浓度超过 0.75% 时，必须立即查明原因，进行处理。

第一百七十二条 采区回风巷、采掘工作面回风巷风流中甲烷浓度超过 1.0% 或者二氧化碳浓度超过 1.5% 时，必须停止工作，撤出人员，采取措施，进行处理。

第一百七十三条 采掘工作面及其他作业地点风流中甲烷浓度达到 1.0% 时，必须停止用电钻打眼；爆破地点附近 20 m 以内风流中甲烷浓度达到 1.0% 时，严禁爆破。

采掘工作面及其他作业地点风流中、电动机或者其开关安设地点附近 20 m 以内风流中的甲烷浓度达到 1.5% 时，必须停止工作，切断电源，撤出人员，进行处理。

采掘工作面及其他巷道内，体积大于 0.5 m³ 的空间内积聚的甲烷浓度达到 2.0% 时，附近 20 m 内必须停止工作，撤出人员，切断电源，进行处理。

对因甲烷浓度超过规定被切断电源的电气设备，必须在甲烷浓度降到 1.0% 以下时，方可通电开动。

第一百七十四条 采掘工作面风流中二氧化碳浓度达到 1.5% 时，必须停止工作，撤出人员，查明原因，制定措施，进行处理。

第一百七十五条 矿井必须从设计和采掘生产管理上采取措施，防止瓦斯积聚；当发生瓦斯积聚时，必须及时处理。当瓦斯超限达到断电浓度时，班组长、瓦斯检查工、矿调度员有权责令现场作业人员停止作业，停电撤人。

矿井必须有因停电和检修主要通风机停止运转或者通风系统遭到破坏以后恢复通风、排除瓦斯和送电的安全措施。恢复正常通风后，所有受到停风影响的地点，都必须经过通风、瓦斯检查人员检查，证实无危险后，方可恢复工作。所有安装电动机及其开关的地点附近 20 m 的巷道内，都必须检查瓦斯，只有甲烷浓度符合本规程规定时，方可开启。

临时停工的地点，不得停风；否则必须切断电源，设置栅栏、警标，禁止人员进入，并向矿调度室报告。停工区内甲烷或者二氧化碳浓度达到3.0%或者其他有害气体浓度超过本规程第一百三十五条的规定不能立即处理时，必须在24 h内封闭完毕。

恢复已封闭的停工区或者采掘工作接近这些地点时，必须事先排除其中积聚的瓦斯。排除瓦斯工作必须制定安全技术措施。

严禁在停风或者瓦斯超限的区域内作业。

第一百七十六条　局部通风机因故停止运转，在恢复通风前，必须首先检查瓦斯，只有停风区中最高甲烷浓度不超过1.0%和最高二氧化碳浓度不超过1.5%，且局部通风机及其开关附近10 m以内风流中的甲烷浓度都不超过0.5%时，方可人工开启局部通风机，恢复正常通风。

停风区中甲烷浓度超过1.0%或者二氧化碳浓度超过1.5%，最高甲烷浓度和二氧化碳浓度不超过3.0%时，必须采取安全措施，控制风流排放瓦斯。

停风区中甲烷浓度或者二氧化碳浓度超过3.0%时，必须制定安全排放瓦斯措施，报矿总工程师批准。

在排放瓦斯过程中，排出的瓦斯与全风压风流混合处的甲烷和二氧化碳浓度均不得超过1.5%，且混合风流经过的所有巷道内必须停电撤人，其他地点的停电撤人范围应当在措施中明确规定。只有恢复通风的巷道风流中甲烷浓度不超过1.0%和二氧化碳浓度不超过1.5%时，方可人工恢复局部通风机供风巷道内电气设备的供电和采区回风系统内的供电。

第一百七十七条　井筒施工以及开拓新水平的井巷第一次接近各开采煤层时，必须按掘进工作面距煤层的准确位置，在距煤层垂距10 m以外开始打探煤钻孔，钻孔超前工作面的距离不得小于5 m，并有专职瓦斯检查工经常检查瓦斯。岩巷掘进遇到煤线或者接近地质破坏带时，必须有专职瓦斯检查工经常检查瓦斯，发现瓦斯大量增加或者其他异常时，必须停止掘进，撤出人员，进行处理。

第一百七十八条　有瓦斯或者二氧化碳喷出的煤（岩）层，开采前必须采取下列措施：

（一）打前探钻孔或者抽排钻孔。

（二）加大喷出危险区域的风量。

（三）将喷出的瓦斯或者二氧化碳直接引入回风巷或者抽采瓦斯管路。

第一百七十九条　在有油气爆炸危险的矿井中，应当使用能检测油气成分的仪器检查各个地点的油气浓度，并定期采样化验油气成分和浓度。对油气浓度的规定可按本规程有关瓦斯的各项规定执行。

第一百八十条　矿井必须建立甲烷、二氧化碳和其他有害气体检查制度，并遵守下列规定：

（一）矿长、矿总工程师、爆破工、采掘区队长、通风区队长、工程技术人员、班长、流动电钳工等下井时，必须携带便携式甲烷检测报警仪。瓦斯检查工必须携带便携式光学甲烷检测仪和便携式甲烷检测报警仪。安全监测工必须携带便携式甲烷检测报警仪。

（二）所有采掘工作面、硐室、使用中的机电设备的设置地点、有人员作业的地点都应当纳入检查范围。

（三）采掘工作面的甲烷浓度检查次数如下：

1. 低瓦斯矿井，每班至少 2 次；

2. 高瓦斯矿井，每班至少 3 次；

3. 突出煤层、有瓦斯喷出危险或者瓦斯涌出较大、变化异常的采掘工作面，必须有专人经常检查。

（四）采掘工作面二氧化碳浓度应当每班至少检查 2 次；有煤（岩）与二氧化碳突出危险或者二氧化碳涌出量较大、变化异常的采掘工作面，必须有专人经常检查二氧化碳浓度。对于未进行作业的采掘工作面，可能涌出或者积聚甲烷、二氧化碳的硐室和巷道，应当每班至少检查 1 次甲烷、二氧化碳浓度。

（五）瓦斯检查工必须执行瓦斯巡回检查制度和请示报告制度，并认真填写瓦斯检查班报。每次检查结果必须记入瓦斯检查班报手册和检查地点的记录牌上，并通知现场工作人员。甲烷浓度超过本规程规定时，瓦斯检查工有权责令现场人员停止工作，并撤到安全地点。

（六）在有自然发火危险的矿井，必须定期检查一氧化碳浓度、气体温度等变化情况。

（七）井下停风地点栅栏外风流中的甲烷浓度每天至少检查1次，密闭外的甲烷浓度每周至少检查1次。

（八）通风值班人员必须审阅瓦斯班报，掌握瓦斯变化情况，发现问题，及时处理，并向矿调度室汇报。

通风瓦斯日报必须送矿长、矿总工程师审阅，一矿多井的矿必须同时送井长、井技术负责人审阅。对重大的通风、瓦斯问题，应当制定措施，进行处理。

第一百八十一条　突出矿井必须建立地面永久抽采瓦斯系统。

有下列情况之一的矿井，必须建立地面永久抽采瓦斯系统或者井下临时抽采瓦斯系统：

（一）任一采煤工作面的瓦斯涌出量大于 5 m^3/min 或者任一掘进工作面瓦斯涌出量大于 3 m^3/min，用通风方法解决瓦斯问题不合理的。

（二）矿井绝对瓦斯涌出量达到下列条件的：

1. 大于或者等于 40 m^3/min；

2. 年产量 1.0 ~ 1.5 Mt 的矿井，大于 30 m^3/min；

3. 年产量 0.6 ~ 1.0 Mt 的矿井，大于 25 m^3/min；

4. 年产量 0.4 ~ 0.6 Mt 的矿井，大于 20 m^3/min；

5. 年产量小于或者等于 0.4 Mt 的矿井，大于 15 m^3/min。

第一百八十二条　抽采瓦斯设施应当符合下列要求：

（一）地面泵房必须用不燃性材料建筑，并必须有防雷电装置，其距进风井口和主要建筑物不得小于 50 m，并用栅栏或者围墙保护。

（二）地面泵房和泵房周围 20 m 范围内，禁止堆积易燃物和有明火。

（三）抽采瓦斯泵及其附属设备，至少应当有 1 套备用，备用泵能力不得小于运行泵中最大一台单泵的能力。

（四）地面泵房内电气设备、照明和其他电气仪表都应当采用矿用防爆型；否则必须采取安全措施。

（五）泵房必须有直通矿调度室的电话和检测管道瓦斯浓度、流量、压力等参数的仪表或者自动监测系统。

（六）干式抽采瓦斯泵吸气侧管路系统中，必须装设有防回火、防回流和防爆炸作用的安全装置，并定期检查。抽采瓦斯泵站放空管的高度应当超过泵房房顶3 m。

泵房必须有专人值班，经常检测各参数，做好记录。当抽采瓦斯泵停止运转时，必须立即向矿调度室报告。如果利用瓦斯，在瓦斯泵停止运转后和恢复运转前，必须通知使用瓦斯的单位，取得同意后，方可供应瓦斯。

第一百八十三条 设置井下临时抽采瓦斯泵站时，必须遵守下列规定：

（一）临时抽采瓦斯泵站应当安设在抽采瓦斯地点附近的新鲜风流中。

（二）抽出的瓦斯可引排到地面、总回风巷、一翼回风巷或者分区回风巷，但必须保证稀释后风流中的瓦斯浓度不超限。在建有地面永久抽采系统的矿井，临时泵站抽出的瓦斯可送至永久抽采系统的管路，但矿井抽采系统的瓦斯浓度必须符合本规程第一百八十四条的规定。

（三）抽出的瓦斯排入回风巷时，在排瓦斯管路出口必须设置栅栏、悬挂警戒牌等。栅栏设置的位置是上风侧距管路出口5 m、下风侧距管路出口30 m，两栅栏间禁止任何作业。

第一百八十四条 抽采瓦斯必须遵守下列规定：

（一）抽采容易自燃和自燃煤层的采空区瓦斯时，抽采管路应当安设一氧化碳、甲烷、温度传感器，实现实时监测监控。发现有自然发火征兆时，应当立即采取措施。

（二）井上下敷设的瓦斯管路，不得与带电物体接触并应当有防止砸坏管路的措施。

（三）采用干式抽采瓦斯设备时，抽采瓦斯浓度不得低于25%。

（四）利用瓦斯时，在利用瓦斯的系统中必须装设有防回火、防回流和防爆炸作用的安全装置。

（五）抽采的瓦斯浓度低于 30% 时，不得作为燃气直接燃烧。进行管道输送、瓦斯利用或者排空时，必须按有关标准的规定执行，并制定安全技术措施。

第三节　瓦斯和煤尘爆炸防治

第一百八十五条　新建矿井或者生产矿井每延深一个新水平，应当进行 1 次煤尘爆炸性鉴定工作，鉴定结果必须报省级煤炭行业管理部门和煤矿安全监察机构。

煤矿企业应当根据鉴定结果采取相应的安全措施。

第一百八十六条　开采有煤尘爆炸危险煤层的矿井，必须有预防和隔绝煤尘爆炸的措施。矿井的两翼、相邻的采区、相邻的煤层、相邻的采煤工作面间，掘进煤巷同与其相连的巷道间，煤仓同与其相连的巷道间，采用独立通风并有煤尘爆炸危险的其他地点同与其相连的巷道间，必须用水棚或者岩粉棚隔开。

必须及时清除巷道中的浮煤，清扫、冲洗沉积煤尘或者定期撒布岩粉；应当定期对主要大巷刷浆。

第一百八十七条　矿井应当每年制定综合防尘措施、预防和隔绝煤尘爆炸措施及管理制度，并组织实施。

矿井应当每周至少检查 1 次隔爆设施的安装地点、数量、水量或者岩粉量及安装质量是否符合要求。

第一百八十八条　高瓦斯矿井、突出矿井和有煤尘爆炸危险的矿井，煤巷和半煤岩巷掘进工作面应当安设隔爆设施。

第四章　煤（岩）与瓦斯
（二氧化碳）突出防治

第一节　一　般　规　定

第一百八十九条　在矿井井田范围内发生过煤（岩）与瓦斯

（二氧化碳）突出的煤（岩）层或者经鉴定、认定为有突出危险的煤（岩）层为突出煤（岩）层。在矿井的开拓、生产范围内有突出煤（岩）层的矿井为突出矿井。

煤矿发生生产安全事故，经事故调查认定为突出事故的，发生事故的煤层直接认定为突出煤层，该矿井为突出矿井。

有下列情况之一的煤层，应当立即进行煤层突出危险性鉴定，否则直接认定为突出煤层；鉴定未完成前，应当按照突出煤层管理：

（一）有瓦斯动力现象的。

（二）瓦斯压力达到或者超过 0.74 MPa 的。

（三）相邻矿井开采的同一煤层发生突出事故或者被鉴定、认定为突出煤层的。

煤矿企业应当将突出矿井及突出煤层的鉴定结果报省级煤炭行业管理部门和煤矿安全监察机构。

新建矿井应当对井田范围内采掘工程可能揭露的所有平均厚度在 0.3 m 以上的煤层进行突出危险性评估，评估结论作为矿井初步设计和建井期间井巷揭煤作业的依据。评估为有突出危险时，建井期间应当对开采煤层及其他可能对采掘活动造成威胁的煤层进行突出危险性鉴定或者认定。

第一百九十条 新建突出矿井设计生产能力不得低于 0.9 Mt/a，第一生产水平开采深度不得超过 800 m。中型及以上的突出生产矿井延深水平开采深度不得超过 1200 m，小型的突出生产矿井开采深度不得超过 600 m。

第一百九十一条 突出矿井的防突工作必须坚持区域综合防突措施先行、局部综合防突措施补充的原则。

区域综合防突措施包括区域突出危险性预测、区域防突措施、区域防突措施效果检验和区域验证等内容。

局部综合防突措施包括工作面突出危险性预测、工作面防突措施、工作面防突措施效果检验和安全防护措施等内容。

突出矿井的新采区和新水平进行开拓设计前，应当对开拓采区或者开拓水平内平均厚度在 0.3 m 以上的煤层进行突出危险性评估，评估结论作为开拓采区或者开拓水平设计的依据。对评估为无突出危险的煤层，所有井巷揭煤作业还必须采取区域或者局部综合防突措施；对评估为有突出危险的煤层，按突出煤层进行设计。

突出煤层突出危险区必须采取区域防突措施，严禁在区域防突措施效果未达到要求的区域进行采掘作业。

施工中发现有突出预兆或者发生突出的区域，必须采取区域综合防突措施。

经区域验证有突出危险，则该区域必须采取区域或者局部综合防突措施。

按突出煤层管理的煤层，必须采取区域或者局部综合防突措施。

在突出煤层进行采掘作业期间必须采取安全防护措施。

第一百九十二条　突出矿井必须确定合理的采掘部署，使煤层的开采顺序、巷道布置、采煤方法、采掘接替等有利于区域防突措施的实施。

突出矿井在编制生产发展规划和年度生产计划时，必须同时编制相应的区域防突措施规划和年度实施计划，将保护层开采、区域预抽煤层瓦斯等工程与矿井采掘部署、工程接替等统一安排，使矿井的开拓区、抽采区、保护层开采区和被保护层有效区按比例协调配置，确保采掘作业在区域防突措施有效区内进行。

第一百九十三条　有突出危险煤层的新建矿井及突出矿井的新水平、新采区的设计，必须有防突设计篇章。

非突出矿井升级为突出矿井时，必须编制防突专项设计。

第一百九十四条　突出矿井的防突工作应当遵守下列规定：

（一）配置满足防突工作需要的防突机构、专业防突队伍、检测分析仪器仪表和设备。

（二）建立防突管理制度和各级岗位责任制，健全防突技术管理和培训制度。突出矿井的管理人员和井下作业人员必须接受防突知识培训，经培训合格后方可上岗作业。

（三）加强两个"四位一体"综合防突措施实施过程的安全管理和质量管控，实现质量可靠、过程可溯、数据可查。区域预测、区域预抽、区域效果检验等的钻孔施工应当采用视频监视等可追溯的措施，并建立核查分析制度。

（四）不具备按照要求实施区域防突措施条件，或者实施区域防突措施时不能满足安全生产要求的突出煤层、突出危险区，不得进行采掘活动，并划定禁采区。

（五）煤层瓦斯压力达到或者超过 3 MPa 的区域，必须采用地面钻井预抽煤层瓦斯，或者开采保护层的区域防突措施，或者采用井下顶（底）板巷道远程操控方式施工区域防突措施钻孔，并编制专项设计。

（六）井巷揭穿突出煤层必须编制防突专项设计，并报企业技术负责人审批。

（七）突出煤层采掘工作面必须编制防突专项设计。

（八）矿井必须对防突措施的技术参数和效果进行实际考察确定。

第一百九十五条 突出矿井的采掘布置应当遵守下列规定：

（一）主要巷道应当布置在岩层或者无突出危险煤层内。突出煤层的巷道优先布置在被保护区域或者其他无突出危险区域内。

（二）应当减少井巷揭开（穿）突出煤层的次数，揭开（穿）突出煤层的地点应当合理避开地质构造带。

（三）在同一突出煤层的集中应力影响范围内，不得布置 2 个工作面相向回采或者掘进。

第一百九十六条 突出煤层的采掘工作应当遵守下列规定：

（一）严禁采用水力采煤法、倒台阶采煤法或者其他非正规采煤法。

（二）在急倾斜煤层中掘进上山时，应当采用双上山、伪倾斜上山等掘进方式，并加强支护。

（三）上山掘进工作面采用爆破作业时，应当采用深度不大于 1.0 m 的炮眼远距离全断面一次爆破。

（四）预测或者认定为突出危险区的采掘工作面严禁使用风镐作业。

（五）在过突出孔洞及其附近 30 m 范围内进行采掘作业时，必须加强支护。

（六）在突出煤层的煤巷中安装、更换、维修或者回收支架时，必须采取预防煤体冒落引起突出的措施。

第一百九十七条　有突出危险煤层的新建矿井或者突出矿井，开拓新水平的井巷第一次揭穿（开）厚度为 0.3 m 及以上煤层时，必须超前探测煤层厚度及地质构造、测定煤层瓦斯压力及瓦斯含量等与突出危险性相关的参数。

第一百九十八条　在突出煤层顶、底板掘进岩巷时，必须超前探测煤层及地质构造情况，分析勘测验证地质资料，编制巷道剖面图，及时掌握施工动态和围岩变化情况，防止误穿突出煤层。

第一百九十九条　有突出矿井的煤矿企业应当填写突出卡片、分析突出资料、掌握突出规律、制定防突措施；在每年第一季度内，将上年度的突出资料报省级煤炭行业管理部门。

第二百条　突出矿井必须编制并及时更新矿井瓦斯地质图，更新周期不得超过 1 年，图中应当标明采掘进度、被保护范围、煤层赋存条件、地质构造、突出点的位置、突出强度、瓦斯基本参数等，作为突出危险性区域预测和制定防突措施的依据。

第二百零一条　突出煤层工作面的作业人员、瓦斯检查工、班组长应当掌握突出预兆。发现突出预兆时，必须立即停止作业，按避灾路线撤出，并报告矿调度室。

班组长、瓦斯检查工、矿调度员有权责令相关现场作业人员停止作业，停电撤人。

第二百零二条　煤与二氧化碳突出、岩石与二氧化碳突出、岩石与瓦斯突出的管理和防治措施参照本章规定执行。

第二节　区域综合防突措施

第二百零三条　突出矿井应当对突出煤层进行区域突出危险性预测（以下简称区域预测）。经区域预测后，突出煤层划分为无突出危险区和突出危险区。未进行区域预测的区域视为突出危险区。

第二百零四条　具备开采保护层条件的突出危险区，必须开采保护层。选择保护层应当遵循下列原则：

（一）优先选择无突出危险的煤层作为保护层。矿井中所有煤层都有突出危险时，应当选择突出危险程度较小的煤层作保护层。

（二）应当优先选择上保护层；选择下保护层开采时，不得破坏被保护层的开采条件。

开采保护层后，在有效保护范围内的被保护层区域为无突出危险区，超出有效保护范围的区域仍然为突出危险区。

第二百零五条　有效保护范围的划定及有关参数应当实际考察确定。正在开采的保护层采煤工作面，必须超前于被保护层的掘进工作面，其超前距离不得小于保护层与被保护层之间法向距离的 3 倍，并不得小于 100 m。

第二百零六条　对不具备保护层开采条件的突出厚煤层，利用上分层或者上区段开采后形成的卸压作用保护下分层或者下区段时，应当依据实际考察结果来确定其有效保护范围。

第二百零七条　开采保护层时，应当不留设煤（岩）柱。特殊情况需留煤（岩）柱时，必须将煤（岩）柱的位置和尺寸准确标注在采掘工程平面图和瓦斯地质图上，在瓦斯地质图上还应当标出煤（岩）柱的影响范围。在煤（岩）柱及其影响范围内采掘作业前，必须采取区域预抽煤层瓦斯防突措施。

第二百零八条　开采保护层时，应当同时抽采被保护层和邻近层的瓦斯。开采近距离保护层时，必须采取防止误穿突出煤层和被保护层卸压瓦斯突然涌入保护层工作面的措施。

第二百零九条　采取预抽煤层瓦斯区域防突措施时，应当遵守下列规定：

（一）预抽区段煤层瓦斯区域防突措施的钻孔应当控制区段内整个回采区域、两侧回采巷道及其外侧如下范围内的煤层：倾斜、急倾斜煤层巷道上帮轮廓线外至少 20 m，下帮至少 10 m；其他煤层为巷道两侧轮廓线外至少各 15 m。以上所述的钻孔控制范围均为沿煤层层面方向（以下同）。

（二）顺层钻孔或者穿层钻孔预抽回采区域煤层瓦斯区域防突措施的钻孔，应当控制整个回采区域的煤层。

（三）穿层钻孔预抽煤巷条带煤层瓦斯区域防突措施的钻孔，应当控制整条煤层巷道及其两侧一定范围内的煤层，该范围要求与本条（一）的规定相同。

（四）穿层钻孔预抽井巷（含石门、立井、斜井、平硐）揭煤区域煤层瓦斯区域防突措施的钻孔，应当在揭煤工作面距煤层最小法向距离7 m以前实施，并控制井巷及其外侧至少以下范围的煤层：揭煤处巷道轮廓线外12 m（急倾斜煤层底部或者下帮6 m），且应当保证控制范围的外边缘到巷道轮廓线（包括预计前方揭煤段巷道的轮廓线）的最小距离不小于5 m。当区域防突措施难以一次施工完成时可分段实施，但每一段都应当能够保证揭煤工作面到巷道前方至少20 m之间的煤层内，区域防突措施控制范围符合上述要求。

（五）顺层钻孔预抽煤巷条带煤层瓦斯区域防突措施的钻孔，应当控制的煤巷条带前方长度不小于60 m，煤巷两侧控制范围要求与本条（一）的规定相同。钻孔预抽煤层瓦斯的有效抽采时间不得少于20天，如果在钻孔施工过程中发现有喷孔、顶钻或者卡钻等动力现象的，有效抽采时间不得少于60天。

（六）定向长钻孔预抽煤巷条带煤层瓦斯区域防突措施的钻孔，应当采用定向钻进工艺施工，控制煤巷条带煤层前方长度不小于300 m和煤巷两侧轮廓线外一定范围，该范围要求与本条（一）的规定相同。

（七）厚煤层分层开采时，预抽钻孔应当控制开采分层及其上部法向距离至少20 m、下部10 m范围内的煤层。

（八）应当采取保证预抽瓦斯钻孔能够按设计参数控制整个预抽区域的措施。

（九）当煤巷掘进和采煤工作面在预抽防突效果有效的区域内作业时，工作面距前方未预抽或者预抽防突效果无效范围的边界不得小于20 m。

第二百一十条　有下列条件之一的突出煤层，不得将在本巷道施工顺煤层钻孔预抽煤巷条带瓦斯作为区域防突措施：

（一）新建矿井的突出煤层。

（二）历史上发生过突出强度大于 500 t/次的。

（三）开采范围内煤层坚固性系数小于 0.3 的；或者煤层坚固性系数为 0.3～0.5，且埋深大于 500 m 的；或者煤层坚固性系数为 0.5～0.8，且埋深大于 600 m 的；或者煤层埋深大于 700 m 的；或者煤巷条带位于开采应力集中区的。

第二百一十一条 保护层的开采厚度不大于 0.5 m、上保护层与突出煤层间距大于 50 m 或者下保护层与突出煤层间距大于 80 m 时，必须对每个被保护层工作面的保护效果进行检验。

采用预抽煤层瓦斯防突措施的区域，必须对区域防突措施效果进行检验。

检验无效时，仍为突出危险区。检验有效时，无突出危险区的采掘工作面每推进 10～50 m 至少进行 2 次区域验证，并保留完整的工程设计、施工和效果检验的原始资料。

第三节　局部综合防突措施

第二百一十二条 突出煤层采掘工作面经工作面预测后划分为突出危险工作面和无突出危险工作面。

未进行突出预测的采掘工作面视为突出危险工作面。

当预测为突出危险工作面时，必须实施工作面防突措施和工作面防突措施效果检验。只有经效果检验有效后，方可进行采掘作业。

第二百一十三条 井巷揭煤工作面的防突措施包括预抽煤层瓦斯、排放钻孔、金属骨架、煤体固化、水力冲孔或者其他经试验证明有效的措施。

第二百一十四条 井巷揭穿（开）突出煤层必须遵守下列规定：

（一）在工作面距煤层法向距离 10 m（地质构造复杂、岩石破碎的区域 20 m）之外，至少施工 2 个前探钻孔，掌握煤层赋存条件、地质构造、瓦斯情况等。

（二）从工作面距煤层法向距离大于 5 m 处开始，直至揭穿煤层全过程都应当采取局部综合防突措施。

（三）揭煤工作面距煤层法向距离2 m至进入顶（底）板2 m的范围，均应当采用远距离爆破掘进工艺。

（四）厚度小于0.3 m的突出煤层，在满足（一）的条件下可直接采用远距离爆破掘进工艺揭穿。

（五）禁止使用震动爆破揭穿突出煤层。

第二百一十五条　煤巷掘进工作面应当选用超前钻孔预抽瓦斯、超前钻孔排放瓦斯的防突措施或者其他经试验证实有效的防突措施。

第二百一十六条　采煤工作面可以选用超前钻孔预抽瓦斯、超前钻孔排放瓦斯、注水湿润煤体、松动爆破或者其他经试验证实有效的防突措施。

第二百一十七条　突出煤层的采掘工作面，应当根据煤层实际情况选用防突措施，并遵守下列规定：

（一）不得选用水力冲孔措施，倾角在8°以上的上山掘进工作面不得选用松动爆破、水力疏松措施。

（二）突出煤层煤巷掘进工作面前方遇到落差超过煤层厚度的断层，应当按井巷揭煤的措施执行。

（三）采煤工作面采用超前钻孔预抽瓦斯和超前钻孔排放瓦斯作为工作面防突措施时，超前钻孔的孔数、孔底间距等应当根据钻孔的有效抽排半径确定。

（四）松动爆破时，应当按远距离爆破的要求执行。

第二百一十八条　工作面执行防突措施后，必须对防突措施效果进行检验。如果工作面措施效果检验结果均小于指标临界值，且未发现其他异常情况，则措施有效；否则必须重新执行区域综合防突措施或者局部综合防突措施。

第二百一十九条　在煤巷掘进工作面第一次执行局部防突措施或者无措施超前距时，必须采取小直径钻孔排放瓦斯等防突措施，只有在工作面前方形成5 m以上的安全屏障后，方可进入正常防突措施循环。

第二百二十条　井巷揭穿突出煤层和在突出煤层中进行采掘作

业时，必须采取避难硐室、反向风门、压风自救装置、隔离式自救器、远距离爆破等安全防护措施。

第二百二十一条 突出煤层的石门揭煤、煤巷和半煤岩巷掘进工作面进风侧必须设置至少 2 道反向风门。爆破作业时，反向风门必须关闭。反向风门距工作面的距离，应当根据掘进工作面的通风系统和预计的突出强度确定。

第二百二十二条 井巷揭煤采用远距离爆破时，必须明确起爆地点、避灾路线、警戒范围，制定停电撤人等措施。

井筒起爆及撤人地点必须位于地面距井口边缘 20 m 以外，暗立（斜）井及石门揭煤起爆及撤人地点必须位于反向风门外 500 m 以上全风压通风的新鲜风流中或者 300 m 以外的避难硐室内。

煤巷掘进工作面采用远距离爆破时，起爆地点必须设在进风侧反向风门之外的全风压通风的新鲜风流中或者避险设施内，起爆地点距工作面的距离必须在措施中明确规定。

远距离爆破时，回风系统必须停电撤人。爆破后，进入工作面检查的时间应当在措施中明确规定，但不得小于 30 min。

第二百二十三条 突出煤层采掘工作面附近、爆破撤离人员集中地点、起爆地点必须设有直通矿调度室的电话，并设置有供给压缩空气的避险设施或者压风自救装置。工作面回风系统中有人作业的地点，也应当设置压风自救装置。

第二百二十四条 清理突出的煤（岩）时，必须制定防煤尘、片帮、冒顶、瓦斯超限、出现火源，以及防止再次发生突出事故的安全措施。

第五章 冲击地压防治

第一节 一般规定

第二百二十五条 在矿井井田范围内发生过冲击地压现象的煤层，或者经鉴定煤层（或者其顶底板岩层）具有冲击倾向性且评价具有冲击危险性的煤层为冲击地压煤层。有冲击地压煤层的矿井为冲击地压矿井。

第二百二十六条 有下列情况之一的，应当进行煤岩冲击倾向性鉴定：

（一）有强烈震动、瞬间底（帮）鼓、煤岩弹射等动力现象的。

（二）埋深超过 400 m 的煤层，且煤层上方 100 m 范围内存在单层厚度超过 10 m 的坚硬岩层。

（三）相邻矿井开采的同一煤层发生过冲击地压的。

（四）冲击地压矿井开采新水平、新煤层。

第二百二十七条 开采具有冲击倾向性的煤层，必须进行冲击危险性评价。

第二百二十八条 矿井防治冲击地压（以下简称防冲）工作应当遵守下列规定：

（一）设专门的机构与人员。

（二）坚持"区域先行、局部跟进、分区管理、分类防治"的防冲原则。

（三）必须编制中长期防冲规划与年度防冲计划，采掘工作面作业规程中必须包括防冲专项措施。

（四）开采冲击地压煤层时，必须采取冲击危险性预测、监测预警、防范治理、效果检验、安全防护等综合性防治措施。

（五）必须建立防冲培训制度。

（六）必须建立冲击危险区人员准入制度，实行限员管理。

（七）必须建立生产矿长（总工程师）日分析制度和日生产进度通知单制度。

（八）必须建立防冲工程措施实施与验收记录台账，保证防冲过程可追溯。

第二百二十九条 新建矿井和冲击地压矿井的新水平、新采区、新煤层有冲击地压危险的，必须编制防冲设计。防冲设计应当包括开拓方式、保护层的选择、采区巷道布置、工作面开采顺序、采煤方法、生产能力、支护形式、冲击危险性预测方法、冲击地压监测预警方法、防冲措施及效果检验方法、安全防护措施等内容。

第二百三十条　新建矿井在可行性研究阶段应当进行冲击地压评估工作，并在建设期间完成煤（岩）层冲击倾向性鉴定及冲击危险性评价工作。

经评估、鉴定或者评价煤层具有冲击危险性的新建矿井，应当严格按照相关规定进行设计，建成后生产能力不得超过 8 Mt/a，不得核增产能。

冲击地压生产矿井应当按照采掘工作面的防冲要求进行矿井生产能力核定。矿井改建和水平延深时，必须进行防冲安全性论证。

非冲击地压矿井升级为冲击地压矿井时，应当编制矿井防冲设计，并按照防冲要求进行矿井生产能力核定。

采取综合防冲措施后不能将冲击危险性指标降低至临界值以下的，不得进行采掘作业。

第二百三十一条　冲击地压矿井巷道布置与采掘作业应当遵守下列规定：

（一）开采冲击地压煤层时，在应力集中区内不得布置 2 个工作面同时进行采掘作业。2 个掘进工作面之间的距离小于 150 m 时，采煤工作面与掘进工作面之间的距离小于 350 m 时，2 个采煤工作面之间的距离小于 500 m 时，必须停止其中一个工作面。相邻矿井、相邻采区之间应当避免开采相互影响。

（二）开拓巷道不得布置在严重冲击地压煤层中，永久硐室不得布置在冲击地压煤层中。煤层巷道与硐室布置不应留底煤，如果留有底煤必须采取底板预卸压措施。

（三）严重冲击地压厚煤层中的巷道应当布置在应力集中区外。双巷掘进时 2 条平行巷道在时间、空间上应当避免相互影响。

（四）冲击地压煤层应当严格按顺序开采，不得留孤岛煤柱。在采空区内不得留有煤柱，如果必须在采空区内留煤柱时，应当进行论证，报企业技术负责人审批，并将煤柱的位置、尺寸以及影响范围标在采掘工程平面图上。开采孤岛煤柱的，应当进行防冲安全开采论证；严重冲击地压矿井不得开采孤岛煤柱。

（五）对冲击地压煤层，应当根据顶底板岩性适当加大掘进巷道宽度。应当优先选择无煤柱护巷工艺，采用大煤柱护巷时应当避开应力集中区，严禁留大煤柱影响邻近层开采。巷道严禁采用刚性支护。

（六）采用垮落法管理顶板时，支架（柱）应当有足够的支护强度，采空区中所有支柱必须回净。

（七）冲击地压煤层掘进工作面临近大型地质构造、采空区、其他应力集中区时，必须制定专项措施。

（八）应当在作业规程中明确规定初次来压、周期来压、采空区"见方"等期间的防冲措施。

（九）在无冲击地压煤层中的三面或者四面被采空区所包围的区域开采和回收煤柱时，必须制定专项防冲措施。

（十）采动影响区域内严禁巷道扩修与回采平行作业、严禁同一区域两点及以上同时扩修。

第二百三十二条　具有冲击地压危险的高瓦斯、突出煤层的矿井，应当根据本矿井条件，制定专门技术措施。

第二百三十三条　开采具有冲击地压危险的急倾斜、特厚等煤层时，应当制定专项防冲措施，并由企业技术负责人审批。

第二节　冲击危险性预测

第二百三十四条　冲击地压矿井必须进行区域危险性预测（以下简称区域预测）和局部危险性预测（以下简称局部预测）。区域与局部预测可根据地质与开采技术条件等，优先采用综合指数法确定冲击危险性。

第二百三十五条　必须建立区域与局部相结合的冲击地压危险性监测制度。

应当根据现场实际考察资料和积累的数据确定冲击危险性预警临界指标。

第二百三十六条　冲击地压危险区域必须进行日常监测预警，预警有冲击地压危险时，应当立即停止作业，切断电源，撤出人员，并报告矿调度室。在实施解危措施、确认危险解除后方可恢复正常作业。

停产 3 天及以上冲击地压危险采掘工作面恢复生产前，应当评估冲击地压危险程度，并采取相应的安全措施。

第三节　区域与局部防冲措施

第二百三十七条　冲击地压矿井应当选择合理的开拓方式、采掘部署、开采顺序、采煤工艺及开采保护层等区域防冲措施。

第二百三十八条　保护层开采应当遵守下列规定：

（一）具备开采保护层条件的冲击地压煤层，应当开采保护层。

（二）应当根据矿井实际条件确定保护层的有效保护范围，保护层回采超前被保护层采掘工作面的距离应当符合本规程第二百三十一条的规定。

（三）开采保护层后，仍存在冲击地压危险的区域，必须采取防冲措施。

第二百三十九条　冲击地压煤层的采煤方法与工艺确定应当遵守下列规定：

（一）采用长壁综合机械化开采方法。

（二）缓倾斜、倾斜厚及特厚煤层采用综采放顶煤工艺开采时，直接顶不能随采随冒的，应当预先对顶板进行弱化处理。

第二百四十条　冲击地压煤层采用局部防冲措施应当遵守下列规定：

（一）采用钻孔卸压措施时，必须制定防止诱发冲击伤人的安全防护措施。

（二）采用煤层爆破措施时，应当根据实际情况选取超前松动爆破、卸压爆破等方法，确定合理的爆破参数，起爆点到爆破地点的距离不得小于 300 m。

（三）采用煤层注水措施时，应当根据煤层条件，确定合理的注水参数，并检验注水效果。

（四）采用底板卸压、顶板预裂、水力压裂等措施时，应当根据煤岩层条件，确定合理的参数。

第二百四十一条 采掘工作面实施解危措施时，必须撤出与实施解危措施无关的人员。

冲击地压危险工作面实施解危措施后，必须进行效果检验，确认检验结果小于临界值后，方可进行采掘作业。

第四节 冲击地压安全防护措施

第二百四十二条 进入严重冲击地压危险区域的人员必须采取特殊的个体防护措施。

第二百四十三条 有冲击地压危险的采掘工作面，供电、供液等设备应当放置在采动应力集中影响区外。对危险区域内的设备、管线、物品等应当采取固定措施，管路应当吊挂在巷道腰线以下。

第二百四十四条 冲击地压危险区域的巷道必须加强支护。

采煤工作面必须加大上下出口和巷道的超前支护范围与强度，弱冲击危险区域的工作面超前支护长度不得小于 70 m；厚煤层放顶煤工作面、中等及以上冲击危险区域的工作面超前支护长度不得小于 120 m，超前支护应当满足支护强度和支护整体稳定性要求。

严重（强）冲击地压危险区域，必须采取防底鼓措施。

第二百四十五条 有冲击地压危险的采掘工作面必须设置压风自救系统，明确发生冲击地压时的避灾路线。

第六章 防 灭 火

第一节 一 般 规 定

第二百四十六条 煤矿必须制定井上、下防火措施。煤矿的所有地面建（构）筑物、煤堆、矸石山、木料场等处的防火措施和制度，必须遵守国家有关防火的规定。

第二百四十七条 木料场、矸石山等堆放场距离进风井口不得小于 80 m。木料场距离矸石山不得小于 50 m。

不得将矸石山设在进风井的主导风向上风侧、表土层 10 m 以浅有煤层的地面上和漏风采空区上方的塌陷范围内。

第二百四十八条　新建矿井的永久井架和井口房、以井口为中心的联合建筑，必须用不燃性材料建筑。

对现有生产矿井用可燃性材料建筑的井架和井口房，必须制定防火措施。

第二百四十九条　矿井必须设地面消防水池和井下消防管路系统。井下消防管路系统应当敷设到采掘工作面，每隔 100 m 设置支管和阀门，但在带式输送机巷道中应当每隔 50 m 设置支管和阀门。地面的消防水池必须经常保持不少于 200 m^3 的水量。消防用水同生产、生活用水共用同一水池时，应当有确保消防用水的措施。

开采下部水平的矿井，除地面消防水池外，可以利用上部水平或者生产水平的水仓作为消防水池。

第二百五十条　进风井口应当装设防火铁门，防火铁门必须严密并易于关闭，打开时不妨碍提升、运输和人员通行，并定期维修；如果不设防火铁门，必须有防止烟火进入矿井的安全措施。

罐笼提升立井井口还应当采取以下措施：

（一）井口操车系统基础下部的负层空间应当与井筒隔离，并设置消防设施。

（二）操车系统液压管路应当采用金属管或者阻燃高压非金属管，传动介质使用难燃液，液压站不得安装在封闭空间内。

（三）井筒及负层空间的动力电缆、信号电缆和控制电缆应当采用煤矿用阻燃电缆，并与操车系统液压管路分开布置。

（四）操车系统机坑及井口负层空间内应当及时清理漏油，每天检查清理情况，不得留存杂物和易燃物。

第二百五十一条　井口房和通风机房附近 20 m 内，不得有烟火或者用火炉取暖。通风机房位于工业广场以外时，除开采有瓦斯喷出的矿井和突出矿井外，可用隔焰式火炉或者防爆式电热器取暖。

暖风道和压入式通风的风硐必须用不燃性材料砌筑，并至少装设 2 道防火门。

第二百五十二条　井筒与各水平的连接处及井底车场，主要绞车道与主要运输巷、回风巷的连接处，井下机电设备硐室，主要巷道内带式输送机机头前后两端各 20 m 范围内，都必须用不燃性材料支护。

在井下和井口房，严禁采用可燃性材料搭设临时操作间、休息间。

第二百五十三条　井下严禁使用灯泡取暖和使用电炉。

第二百五十四条　井下和井口房内不得进行电焊、气焊和喷灯焊接等作业。如果必须在井下主要硐室、主要进风井巷和井口房内进行电焊、气焊和喷灯焊接等工作，每次必须制定安全措施，由矿长批准并遵守下列规定：

（一）指定专人在场检查和监督。

（二）电焊、气焊和喷灯焊接等工作地点的前后两端各 10 m 的井巷范围内，应当是不燃性材料支护，并有供水管路，有专人负责喷水，焊接前应当清理或者隔离焊碴飞溅区域内的可燃物。上述工作地点应当至少备有 2 个灭火器。

（三）在井口房、井筒和倾斜巷道内进行电焊、气焊和喷灯焊接等工作时，必须在工作地点的下方用不燃性材料设施接受火星。

（四）电焊、气焊和喷灯焊接等工作地点的风流中，甲烷浓度不得超过 0.5%，只有在检查证明作业地点附近 20 m 范围内巷道顶部和支护背板后无瓦斯积存时，方可进行作业。

（五）电焊、气焊和喷灯焊接等作业完毕后，作业地点应当再次用水喷洒，并有专人在作业地点检查 1 h，发现异常，立即处理。

（六）突出矿井井下进行电焊、气焊和喷灯焊接时，必须停止突出煤层的掘进、回采、钻孔、支护以及其他所有扰动突出煤层的作业。

煤层中未采用砌碹或者喷浆封闭的主要硐室和主要进风大巷中，不得进行电焊、气焊和喷灯焊接等工作。

第二百五十五条　井下使用的汽油、煤油必须装入盖严的铁桶内，由专人押运送至使用地点，剩余的汽油、煤油必须运回地面，严禁在井下存放。

井下使用的润滑油、棉纱、布头和纸等，必须存放在盖严的铁桶内。用过的棉纱、布头和纸，也必须放在盖严的铁桶内，并由专人定期送到地面处理，不得乱放乱扔。严禁将剩油、废油泼洒在井巷或者硐室内。

井下清洗风动工具时，必须在专用硐室进行，并必须使用不燃性和无毒性洗涤剂。

第二百五十六条　井上、下必须设置消防材料库，并符合下列要求：

（一）井上消防材料库应当设在井口附近，但不得设在井口房内。

（二）井下消防材料库应当设在每一个生产水平的井底车场或者主要运输大巷中，并装备消防车辆。

（三）消防材料库储存的消防材料和工具的品种和数量应当符合有关要求，并定期检查和更换；消防材料和工具不得挪作他用。

第二百五十七条　井下爆炸物品库、机电设备硐室、检修硐室、材料库、井底车场、使用带式输送机或者液力偶合器的巷道以及采掘工作面附近的巷道中，必须备有灭火器材，其数量、规格和存放地点，应当在灾害预防和处理计划中确定。

井下工作人员必须熟悉灭火器材的使用方法，并熟悉本职工作区域内灭火器材的存放地点。

井下爆炸物品库、机电设备硐室、检修硐室、材料库的支护和风门、风窗必须采用不燃性材料。

第二百五十八条　每季度应当对井上、下消防管路系统、防火门、消防材料库和消防器材的设置情况进行1次检查，发现问题，及时解决。

第二百五十九条　矿井防灭火使用的凝胶、阻化剂及进行充填、堵漏、加固用的高分子材料，应当对其安全性和环保性进行评估，并制定安全监测制度和防范措施。使用时，井巷空气成分必须符合本规程第一百三十五条要求。

第二节　井下火灾防治

第二百六十条　煤的自燃倾向性分为容易自燃、自燃、不易自燃3类。

新设计矿井应当将所有煤层的自燃倾向性鉴定结果报省级煤炭行业管理部门及省级煤矿安全监察机构。

生产矿井延深新水平时，必须对所有煤层的自燃倾向性进行鉴定。

开采容易自燃和自燃煤层的矿井，必须编制矿井防灭火专项设计，采取综合预防煤层自然发火的措施。

第二百六十一条　开采容易自燃和自燃煤层时，必须开展自然发火监测工作，建立自然发火监测系统，确定煤层自然发火标志气体及临界值，健全自然发火预测预报及管理制度。

第二百六十二条　对开采容易自燃和自燃的单一厚煤层或者煤层群的矿井，集中运输大巷和总回风巷应当布置在岩层内或者不易自燃的煤层内；布置在容易自燃和自燃的煤层内时，必须锚喷或者砌碹，碹后的空隙和冒落处必须用不燃性材料充填密实，或者用无腐蚀性、无毒性的材料进行处理。

第二百六十三条　开采容易自燃和自燃煤层时，采煤工作面必须采用后退式开采，并根据采取防火措施后的煤层自然发火期确定采（盘）区开采期限。在地质构造复杂、断层带、残留煤柱等区域开采时，应当根据矿井地质和开采技术条件，在作业规程中另行确定采（盘）区开采方式和开采期限。回采过程中不得任意留设计外煤柱和顶煤。采煤工作面采到终采线时，必须采取措施使顶板冒落严实。

第二百六十四条　开采容易自燃和自燃的急倾斜煤层用垮落法管理顶板时，在主石门和采区运输石门上方，必须留有煤柱。禁止采掘留在主石门上方的煤柱。留在采区运输石门上方的煤柱，在采区结束后可以回收，但必须采取防止自然发火措施。

第二百六十五条　开采容易自燃和自燃煤层时，必须制定防治采空区（特别是工作面始采线、终采线、上下煤柱线和三角点）、巷道高冒区、煤柱破坏区自然发火的技术措施。

当井下发现自然发火征兆时，必须停止作业，立即采取有效措施处理。在发火征兆不能得到有效控制时，必须撤出人员，封闭危险区域。进行封闭施工作业时，其他区域所有人员必须全部撤出。

第二百六十六条 采用灌浆防灭火时，应当遵守下列规定：

（一）采（盘）区设计应当明确规定巷道布置方式、隔离煤柱尺寸、灌浆系统、疏水系统、预筑防火墙的位置以及采掘顺序。

（二）安排生产计划时，应当同时安排防火灌浆计划，落实灌浆地点、时间、进度、灌浆浓度和灌浆量。

（三）对采（盘）区始采线、终采线、上下煤柱线内的采空区，应当加强防火灌浆。

（四）应当有灌浆前疏水和灌浆后防止溃浆、透水的措施。

第二百六十七条 在灌浆区下部进行采掘前，必须查明灌浆区内的浆水积存情况。发现积存浆水，必须在采掘之前放出；在未放出前，严禁在灌浆区下部进行采掘作业。

第二百六十八条 采用阻化剂防灭火时，应当遵守下列规定：

（一）选用的阻化剂材料不得污染井下空气和危害人体健康。

（二）必须在设计中对阻化剂的种类和数量、阻化效果等主要参数作出明确规定。

（三）应当采取防止阻化剂腐蚀机械设备、支架等金属构件的措施。

第二百六十九条 采用凝胶防灭火时，编制的设计中应当明确规定凝胶的配方、促凝时间和压注量等参数。压注的凝胶必须充填满全部空间，其外表面应当喷浆封闭，并定期观测，发现老化、干裂时重新压注。

第二百七十条 采用均压技术防灭火时，应当遵守下列规定：

（一）有完整的区域风压和风阻资料以及完善的检测手段。

（二）有专人定期观测与分析采空区和火区的漏风量、漏风方向、空气温度、防火墙内外空气压差等状况，并记录在专用的防火记录簿内。

（三）改变矿井通风方式、主要通风机工况以及井下通风系统时，对均压地点的均压状况必须及时进行调整，保证均压状态的稳定。

（四）经常检查均压区域内的巷道中风流流动状态，并有防止瓦斯积聚的安全措施。

第二百七十一条　采用氮气防灭火时，应当遵守下列规定：

（一）氮气源稳定可靠。

（二）注入的氮气浓度不小于97%。

（三）至少有1套专用的氮气输送管路系统及其附属安全设施。

（四）有能连续监测采空区气体成分变化的监测系统。

（五）有固定或者移动的温度观测站（点）和监测手段。

（六）有专人定期进行检测、分析和整理有关记录、发现问题及时报告处理等规章制度。

第二百七十二条　采用全部充填采煤法时，严禁采用可燃物作充填材料。

第二百七十三条　开采容易自燃和自燃煤层时，在采（盘）区开采设计中，必须预先选定构筑防火门的位置。当采煤工作面通风系统形成后，必须按设计构筑防火门墙，并储备足够数量的封闭防火门的材料。

第二百七十四条　矿井必须制定防止采空区自然发火的封闭及管理专项措施。采煤工作面回采结束后，必须在45天内进行永久性封闭，每周至少1次抽取封闭采空区内气样进行分析，并建立台账。

开采自燃和容易自燃煤层，应当及时构筑各类密闭并保证质量。

与封闭采空区连通的各类废弃钻孔必须永久封闭。

构筑、维修采空区密闭时必须编制设计和制定专项安全措施。

采空区疏放水前，应当对采空区自然发火的风险进行评估；采空区疏放水时，应当加强对采空区自然发火危险的监测与防控；采空区疏放水后，应当及时关闭疏水闸阀、采用自动放水装置或者永久封堵，防止通过放水管漏风。

第二百七十五条 任何人发现井下火灾时，应当视火灾性质、灾区通风和瓦斯情况，立即采取一切可能的方法直接灭火，控制火势，并迅速报告矿调度室。矿调度室在接到井下火灾报告后，应当立即按灾害预防和处理计划通知有关人员组织抢救灾区人员和实施灭火工作。

矿值班调度和在现场的区、队、班组长应当依照灾害预防和处理计划的规定，将所有可能受火灾威胁区域中的人员撤离，并组织人员灭火。电气设备着火时，应当首先切断其电源；在切断电源前，必须使用不导电的灭火器材进行灭火。

抢救人员和灭火过程中，必须指定专人检查甲烷、一氧化碳、煤尘、其他有害气体浓度和风向、风量的变化，并采取防止瓦斯、煤尘爆炸和人员中毒的安全措施。

第二百七十六条 封闭火区时，应当合理确定封闭范围，必须指定专人检查甲烷、氧气、一氧化碳、煤尘以及其他有害气体浓度和风向、风量的变化，并采取防止瓦斯、煤尘爆炸和人员中毒的安全措施。

第三节 井下火区管理

第二百七十七条 煤矿必须绘制火区位置关系图，注明所有火区和曾经发火的地点。每一处火区都要按形成的先后顺序进行编号，并建立火区管理卡片。火区位置关系图和火区管理卡片必须永久保存。

第二百七十八条 永久性密闭墙的管理应当遵守下列规定：

（一）每个密闭墙附近必须设置栅栏、警标，禁止人员入内，并悬挂说明牌。

（二）定期测定和分析密闭墙内的气体成分和空气温度。

（三）定期检查密闭墙外的空气温度、瓦斯浓度，密闭墙内外空气压差以及密闭墙墙体。发现封闭不严、有其他缺陷或者火区有异常变化时，必须采取措施及时处理。

（四）所有测定和检查结果，必须记入防火记录簿。

（五）矿井做大幅度风量调整时，应当测定密闭墙内的气体成分和空气温度。

（六）井下所有永久性密闭墙都应当编号，并在火区位置关系图中注明。

密闭墙的质量标准由煤矿企业统一制定。

第二百七十九条　封闭的火区，只有经取样化验证实火已熄灭后，方可启封或者注销。

火区同时具备下列条件时，方可认为火已熄灭：

（一）火区内的空气温度下降到 30 ℃ 以下，或者与火灾发生前该区的日常空气温度相同。

（二）火区内空气中的氧气浓度降到 5.0% 以下。

（三）火区内空气中不含有乙烯、乙炔，一氧化碳浓度在封闭期间内逐渐下降，并稳定在 0.001% 以下。

（四）火区的出水温度低于 25 ℃，或者与火灾发生前该区的日常出水温度相同。

（五）上述 4 项指标持续稳定 1 个月以上。

第二百八十条　启封已熄灭的火区前，必须制定安全措施。

启封火区时，应当逐段恢复通风，同时测定回风流中一氧化碳、甲烷浓度和风流温度。发现复燃征兆时，必须立即停止向火区送风，并重新封闭火区。

启封火区和恢复火区初期通风等工作，必须由矿山救护队负责进行，火区回风风流所经过巷道中的人员必须全部撤出。

在启封火区工作完毕后的 3 天内，每班必须由矿山救护队检查通风工作，并测定水温、空气温度和空气成分。只有在确认火区完全熄灭、通风等情况良好后，方可进行生产工作。

第二百八十一条　不得在火区的同一煤层的周围进行采掘工作。

在同一煤层同一水平的火区两侧、煤层倾角小于 35° 的火区下部区段、火区下方邻近煤层进行采掘时，必须编制设计，并遵守下列规定：

（一）必须留有足够宽（厚）度的隔离火区煤（岩）柱，回采时及回采后能有效隔离火区，不影响火区的灭火工作。

（二）掘进巷道时，必须有防止误冒、误透火区的安全措施。

煤层倾角在35°及以上的火区下部区段严禁进行采掘工作。

第七章 防 治 水

第一节 一 般 规 定

第二百八十二条 煤矿防治水工作应当坚持"预测预报、有疑必探、先探后掘、先治后采"基本原则，采取"防、堵、疏、排、截"综合防治措施。

第二百八十三条 煤矿企业应当建立健全各项防治水制度，配备满足工作需要的防治水专业技术人员，配齐专用探放水设备，建立专门的探放水作业队伍，储备必要的水害抢险救灾设备和物资。

水文地质条件复杂、极复杂的煤矿，应当设立专门的防治水机构。

第二百八十四条 煤矿应当编制本单位防治水中长期规划（5~10年）和年度计划，并组织实施。

矿井水文地质类型应当每3年修订一次。发生重大及以上突（透）水事故后，矿井应当在恢复生产前重新确定矿井水文地质类型。

水文地质条件复杂、极复杂矿井应当每月至少开展1次水害隐患排查，其他矿井应当每季度至少开展1次。

第二百八十五条 当矿井水文地质条件尚未查清时，应当进行水文地质补充勘探工作。

第二百八十六条 矿井应当对主要含水层进行长期水位、水质动态观测，设置矿井和各出水点涌水量观测点，建立涌水量观测成果等防治水基础台账，并开展水位动态预测分析工作。

第二百八十七条 矿井应当编制下列防治水图件，并至少每半年修订1次：

（一）矿井充水性图。

（二）矿井涌水量与相关因素动态曲线图。

（三）矿井综合水文地质图。

（四）矿井综合水文地质柱状图。

（五）矿井水文地质剖面图。

第二百八十八条　采掘工作面或者其他地点发现有煤层变湿、挂红、挂汗、空气变冷、出现雾气、水叫、顶板来压、片帮、淋水加大、底板鼓起或者裂隙渗水、钻孔喷水、煤壁溃水、水色发浑、有臭味等透水征兆时，应当立即停止作业，撤出所有受水患威胁地点的人员，报告矿调度室，并发出警报。在原因未查清、隐患未排除之前，不得进行任何采掘活动。

第二节　地面防治水

第二百八十九条　煤矿每年雨季前必须对防治水工作进行全面检查。受雨季降水威胁的矿井，应当制定雨季防治水措施，建立雨季巡视制度并组织抢险队伍，储备足够的防洪抢险物资。当暴雨威胁矿井安全时，必须立即停产撤出井下全部人员，只有在确认暴雨洪水隐患消除后方可恢复生产。

第二百九十条　煤矿应当查清井田及周边地面水系和有关水利工程的汇水、疏水、渗漏情况；了解当地水库、水电站大坝、江河大堤、河道、河道中障碍物等情况；掌握当地历年降水量和最高洪水位资料，建立疏水、防水和排水系统。

煤矿应当建立灾害性天气预警和预防机制，加强与周边相邻矿井的信息沟通，发现矿井水害可能影响相邻矿井时，立即向周边相邻矿井发出预警。

第二百九十一条　矿井井口和工业场地内建筑物的地面标高必须高于当地历年最高洪水位；在山区还必须避开可能发生泥石流、滑坡等地质灾害危险的地段。

矿井井口及工业场地内主要建筑物的地面标高低于当地历年最高洪水位的，应当修筑堤坝、沟渠或者采取其他可靠防御洪水的措施。不能采取可靠安全措施的，应当封闭填实该井口。

第二百九十二条　当矿井井口附近或者开采塌陷波及区域的地表有水体或者积水时，必须采取安全防范措施，并遵守下列规定：

（一）当地表出现威胁矿井生产安全的积水区时，应当修筑泄水沟渠或者排水设施，防止积水渗入井下。

（二）当矿井受到河流、山洪威胁时，应当修筑堤坝和泄洪渠，防止洪水侵入。

（三）对于排到地面的矿井水，应当妥善疏导，避免渗入井下。

（四）对于漏水的沟渠和河床，应当及时堵漏或者改道；地面裂缝和塌陷地点应当及时填塞，填塞工作必须有安全措施。

第二百九十三条　降大到暴雨时和降雨后，应当有专业人员观测地面积水与洪水情况、井下涌水量等有关水文变化情况和井田范围及附近地面有无裂缝、采空塌陷、井上下连通的钻孔和岩溶塌陷等现象，及时向矿调度室及有关负责人报告，并将上述情况记录在案，存档备查。

情况危急时，矿调度室及有关负责人应当立即组织井下撤人。

第二百九十四条　当矿井井口附近或者开采塌陷波及区域的地表出现滑坡或者泥石流等地质灾害威胁煤矿安全时，应当及时撤出受威胁区域的人员，并采取防治措施。

第二百九十五条　严禁将矸石、杂物、垃圾堆放在山洪、河流可能冲刷到的地段，防止淤塞河道和沟渠等。

发现与矿井防治水有关系的河道中存在障碍物或者堤坝破损时，应当及时报告当地人民政府，清理障碍物或者修复堤坝，防止地表水进入井下。

第二百九十六条　使用中的钻孔，应当安装孔口盖。报废的钻孔应当及时封孔，并将封孔资料和实施负责人的情况记录在案，存档备查。

第三节　井下防治水

第二百九十七条　相邻矿井的分界处，应当留防隔水煤（岩）

柱；矿井以断层分界的，应当在断层两侧留有防隔水煤（岩）柱。

矿井防隔水煤（岩）柱一经确定，不得随意变动，并通报相邻矿井。严禁在设计确定的各类防隔水煤（岩）柱中进行采掘活动。

第二百九十八条　在采掘工程平面图和矿井充水性图上必须标绘出井巷出水点的位置及其涌水量、积水的井巷及采空区范围、底板标高、积水量、地表水体和水患异常区等。在水淹区域应当标出积水线、探水线和警戒线的位置。

第二百九十九条　受水淹区积水威胁的区域，必须在排除积水、消除威胁后方可进行采掘作业；如果无法排除积水，开采倾斜、缓倾斜煤层的，必须按照《建筑物、水体、铁路及主要井巷煤柱留设与压煤开采规程》中有关水体下开采的规定，编制专项开采设计，由煤矿企业主要负责人审批后，方可进行。

严禁开采地表水体、强含水层、采空区水淹区域下且水患威胁未消除的急倾斜煤层。

第三百条　在未固结的灌浆区、有淤泥的废弃井巷、岩石洞穴附近采掘时，应当制定专项安全技术措施。

第三百零一条　开采水淹区域下的废弃防隔水煤柱时，应当彻底疏干上部积水，进行安全性论证，确保无溃浆（砂）威胁。严禁顶水作业。

第三百零二条　井田内有与河流、湖泊、充水溶洞、强或者极强含水层等存在水力联系的导水断层、裂隙（带）、陷落柱和封闭不良钻孔等通道时，应当查明其确切位置，并采取留设防隔水煤（岩）柱等防治水措施。

第三百零三条　顶、底板存在强富水含水层且有突水危险的采掘工作面，应当提前编制防治水设计，制定并落实水害防治措施。

在火成岩、砂岩、灰岩等厚层坚硬岩层下开采受离层水威胁的采煤工作面，应当分析探查离层发育的层位和导含水情况，超前采取防治措施。

开采浅埋深煤层或者急倾斜煤层的矿井，必须编制防止季节性地表积水或者洪水溃入井下的专项措施，并由煤矿企业主要负责人审批。

第三百零四条 煤层顶板存在富水性中等及以上含水层或者其他水体威胁时，应当实测垮落带、导水裂隙带发育高度，进行专项设计，确定防隔水煤（岩）柱尺寸。当导水裂隙带范围内的含水层或者老空积水等水体影响采掘安全时，应当超前进行钻探疏放或者注浆改造含水层，待疏放水完毕或者注浆改造等工程结束、消除突水威胁后，方可进行采掘活动。

第三百零五条 开采底板有承压含水层的煤层，隔水层能够承受的水头值应当大于实际水头值；当承压含水层与开采煤层之间的隔水层能够承受的水头值小于实际水头值时，应当采取疏水降压、注浆加固底板改造含水层或者充填开采等措施，并进行效果检验，制定专项安全技术措施，报企业技术负责人审批。

第三百零六条 矿井建设和延深中，当开拓到设计水平时，必须在建成防、排水系统后方可开拓掘进。

第三百零七条 煤层顶、底板分布有强岩溶承压含水层时，主要运输巷、轨道巷和回风巷应当布置在不受水害威胁的层位中，并以石门分区隔离开采。对已经不具备石门隔离开采条件的应当制定防突水安全技术措施，并报矿总工程师审批。

第三百零八条 水文地质条件复杂、极复杂或者有突水淹井危险的矿井，应当在井底车场周围设置防水闸门或者在正常排水系统基础上另外安设由地面直接供电控制，且排水能力不小于最大涌水量的潜水泵。在其他有突水危险的采掘区域，应当在其附近设置防水闸门；不具备设置防水闸门条件的，应当制定防突（透）水措施，报企业主要负责人审批。

防水闸门应当符合下列要求：

（一）防水闸门必须采用定型设计。

（二）防水闸门的施工及其质量，必须符合设计。闸门和闸门硐室不得漏水。

（三）防水闸门硐室前、后两端，应当分别砌筑不小于 5 m 的混凝土护硐，硐后用混凝土填实，不得空帮、空顶。防水闸门硐室和护碹必须采用高标号水泥进行注浆加固，注浆压力应当符合设计。

（四）防水闸门来水一侧 15～25 m 处，应当加设 1 道挡物箅子门。防水闸门与箅子门之间，不得停放车辆或者堆放杂物。来水时先关箅子门，后关防水闸门。如果采用双向防水闸门，应当在两侧各设 1 道箅子门。

（五）通过防水闸门的轨道、电机车架空线、带式输送机等必须灵活易拆；通过防水闸门墙体的各种管路和安设在闸门外侧的闸阀的耐压能力，都必须与防水闸门设计压力相一致；电缆、管道通过防水闸门墙体时，必须用堵头和阀门封堵严密，不得漏水。

（六）防水闸门必须安设观测水压的装置，并有放水管和放水闸阀。

（七）防水闸门竣工后，必须按设计要求进行验收；对新掘进巷道内建筑的防水闸门，必须进行注水耐压试验，防水闸门内巷道的长度不得大于 15 m，试验的压力不得低于设计水压，其稳压时间应当在 24 h 以上，试压时应当有专门安全措施。

（八）防水闸门必须灵活可靠，并每年进行 2 次关闭试验，其中 1 次应当在雨季前进行。关闭闸门所用的工具和零配件必须专人保管，专地点存放，不得挪用丢失。

第三百零九条　井下防水闸墙的设置应当根据矿井水文地质条件确定，防水闸墙的设计经煤矿企业技术负责人批准后方可施工，投入使用前应当由煤矿企业技术负责人组织竣工验收。

第三百一十条　井巷揭穿含水层或者地质构造带等可能突水地段前，必须编制探放水设计，并制定相应的防治水措施。

井巷揭露的主要出水点或者地段，必须进行水温、水量、水质和水压（位）等地下水动态和松散含水层涌水含砂量综合观测和分析，防止滞后突水。

第四节　井　下　排　水

第三百一十一条　矿井应当配备与矿井涌水量相匹配的水泵、排水管路、配电设备和水仓等，并满足矿井排水的需要。除正在检修的水泵外，应当有工作水泵和备用水泵。工作水泵的能力，应当能在 20 h 内排出矿井 24 h 的正常涌水量（包括充填水及其他用水）。备用水泵的能力，应当不小于工作水泵能力的 70%。检修水泵的能力，应当不小于工作水泵能力的 25%。工作和备用水泵的总能力，应当能在 20 h 内排出矿井 24 h 的最大涌水量。

排水管路应当有工作和备用水管。工作排水管路的能力，应当能配合工作水泵在 20 h 内排出矿井 24 h 的正常涌水量。工作和备用排水管路的总能力，应当能配合工作和备用水泵在 20 h 内排出矿井 24 h 的最大涌水量。

配电设备的能力应当与工作、备用和检修水泵的能力相匹配，能够保证全部水泵同时运转。

第三百一十二条 主要泵房至少有 2 个出口，一个出口用斜巷通到井筒，并高出泵房底板 7 m 以上；另一个出口通到井底车场，在此出口通路内，应当设置易于关闭的既能防水又能防火的密闭门。泵房和水仓的连接通道，应当设置控制闸门。

排水系统集中控制的主要泵房可不设专人值守，但必须实现图像监视和专人巡检。

第三百一十三条 矿井主要水仓应当有主仓和副仓，当一个水仓清理时，另一个水仓能够正常使用。

新建、改扩建矿井或者生产矿井的新水平，正常涌水量在 1000 m³/h 以下时，主要水仓的有效容量应当能容纳 8 h 的正常涌水量。

正常涌水量大于 1000 m³/h 的矿井，主要水仓有效容量可以按照下式计算：

$$V = 2(Q + 3000)$$

式中　V——主要水仓的有效容量，m³；

　　　Q——矿井每小时的正常涌水量，m³。

采区水仓的有效容量应当能容纳 4 h 的采区正常涌水量。

水仓进口处应当设置箅子。对水砂充填和其他涌水中带有大量杂质的矿井，还应当设置沉淀池。水仓的空仓容量应当经常保持在总容量的 50% 以上。

第三百一十四条　水泵、水管、闸阀、配电设备和线路，必须经常检查和维护。在每年雨季之前，必须全面检修 1 次，并对全部工作水泵和备用水泵进行 1 次联合排水试验，提交联合排水试验报告。

水仓、沉淀池和水沟中的淤泥，应当及时清理，每年雨季前必须清理 1 次。

第三百一十五条　大型、特大型矿井排水系统可以根据井下生产布局及涌水情况分区建设，每个排水分区可以实现独立排水，但泵房设计、排水能力及水仓容量必须符合本规程第三百一十一条至第三百一十四条要求。

第三百一十六条　井下采区、巷道有突水危险或者可能积水的，应当优先施工安装防、排水系统，并保证有足够的排水能力。

第五节　探　放　水

第三百一十七条　在地面无法查明水文地质条件时，应当在采掘前采用物探、钻探或者化探等方法查清采掘工作面及其周围的水文地质条件。

采掘工作面遇有下列情况之一时，应当立即停止施工，确定探水线，实施超前探放水，经确认无水害威胁后，方可施工：

（一）接近水淹或者可能积水的井巷、老空区或者相邻煤矿时。

（二）接近含水层、导水断层、溶洞和导水陷落柱时。

（三）打开隔离煤柱放水时。

（四）接近可能与河流、湖泊、水库、蓄水池、水井等相通的导水通道时。

（五）接近有出水可能的钻孔时。

（六）接近水文地质条件不清的区域时。

（七）接近有积水的灌浆区时。

（八）接近其他可能突（透）水的区域时。

第三百一十八条　采掘工作面超前探放水应当采用钻探方法，同时配合物探、化探等其他方法查清采掘工作面及周边老空水、含水层富水性以及地质构造等情况。

井下探放水应当采用专用钻机，由专业人员和专职探放水队伍施工。

探放水前应当编制探放水设计，采取防止有害气体危害的安全措施。探放水结束后，应当提交探放水总结报告存档备查。

第三百一十九条　井下安装钻机进行探放水前，应当遵守下列规定：

（一）加强钻孔附近的巷道支护，并在工作面迎头打好坚固的立柱和挡板，严禁空顶、空帮作业。

（二）清理巷道，挖好排水沟。探放水钻孔位于巷道低洼处时，应当配备与探放水量相适应的排水设备。

（三）在打钻地点或者其附近安设专用电话，保证人员撤离通道畅通。

（四）由测量人员依据设计现场标定探放水孔位置，与负责探放水工作的人员共同确定钻孔的方位、倾角、深度和钻孔数量等。

探放水钻孔的布置和超前距离，应当根据水压大小、煤（岩）层厚度和硬度以及安全措施等，在探放水设计中做出具体规定。探放老空积水最小超前水平钻距不得小于 30 m，止水套管长度不得小于 10 m。

第三百二十条　在预计水压大于 0.1 MPa 的地点探放水时，应当预先固结套管，在套管口安装控制闸阀，进行耐压试验。套管长度应当在探放水设计中规定。预先开掘安全躲避硐室，制定避灾路线等安全措施，并使每个作业人员了解和掌握。

第三百二十一条　预计钻孔内水压大于 1.5 MPa 时，应当采用反压和有防喷装置的方法钻进，并制定防止孔口管和煤（岩）壁突然鼓出的措施。

第三百二十二条　在探放水钻进时，发现煤岩松软、片帮、来压或者钻孔中水压、水量突然增大和顶钻等突（透）水征兆时，应当立即停止钻进，但不得拔出钻杆；现场负责人员应当立即向矿井调度室汇报，撤出所有受水威胁区域的人员，采取安全措施，派专业技术人员监测水情并进行分析，妥善处理。

第三百二十三条　探放老空水前，应当首先分析查明老空水体的空间位置、积水范围、积水量和水压等。探放水时，应当撤出探放水点标高以下受水害威胁区域所有人员。放水时，应当监视放水全过程，核对放水量和水压等，直到老空水放完为止，并进行检测验证。

钻探接近老空时，应当安排专职瓦斯检查工或者矿山救护队员在现场值班，随时检查空气成分。如果甲烷或者其他有害气体浓度超过有关规定，应当立即停止钻进，切断电源，撤出人员，并报告矿调度室，及时采取措施进行处理。

第三百二十四条　钻孔放水前，应当估计积水量，并根据矿井排水能力和水仓容量，控制放水流量，防止淹井；放水时，应当有专人监测钻孔出水情况，测定水量和水压，做好记录。如果水量突然变化，应当立即报告矿调度室，分析原因，及时处理。

第三百二十五条　排除井筒和下山的积水及恢复被淹井巷前，应当制定安全措施，防止被水封闭的有毒、有害气体突然涌出。

排水过程中，应当定时观测排水量、水位和观测孔水位，并由矿山救护队随时检查水面上的空气成分，发现有害气体，及时采取措施进行处理。

第八章　爆炸物品和井下爆破

第一节　爆炸物品贮存

第三百二十六条　爆炸物品的贮存，永久性地面爆炸物品库建筑结构（包括永久性埋入式库房）及各种防护措施，总库区的内、外部安全距离等，必须遵守国家有关规定。

井上、下接触爆炸物品的人员，必须穿棉布或者抗静电衣服。

第三百二十七条　建有爆炸物品制造厂的矿区总库，所有库房贮存各种炸药的总容量不得超过该厂1个月生产量，雷管的总容量不得超过 3 个月生产量。没有爆炸物品制造厂的矿区总库，所有库房贮存各种炸药的总容量不得超过由该库所供应的矿井 2 个月的计划需要量，雷管的总容量不得超过 6 个月的计划需要量。单个库房的最大容量：炸药不得超过 200 t，雷管不得超过 500 万发。

地面分库所有库房贮存爆炸物品的总容量：炸药不得超过 75 t，雷管不得超过 25 万发。单个库房的炸药最大容量不得超过 25 t。地面分库贮存各种爆炸物品的数量，不得超过由该库所供应矿井 3 个月的计划需要量。

第三百二十八条　开凿平硐或者利用已有平硐作为爆炸物品库时，必须遵守下列规定：

（一）硐口必须装有向外开启的 2 道门，由外往里第一道门为包铁皮的木板门，第二道门为栅栏门。

（二）硐口到最近贮存硐室之间的距离超过 15 m 时，必须有 2 个入口。

（三）硐口前必须设置横堤，横堤必须高出硐口 1.5 m，横堤的顶部长度不得小于硐口宽度的 3 倍，顶部厚度不得小于 1 m。横堤的底部长度和厚度，应当根据所用建筑材料的静止角确定。

（四）库房底板必须高于通向爆炸物品库巷道的底板，硐口到库房的巷道坡度为 5‰，并有带盖的排水沟，巷道内可以铺设不延深到硐室内的轨道。

（五）除有运输爆炸物品用的巷道外，还必须有通风巷道（钻眼、探井或者平硐），其入口和通风设备必须设置在围墙以内。

（六）库房必须采用不燃性材料支护。巷道内采用固定式照明时，开关必须设在地面。

（七）爆炸物品库上面覆盖层厚度小于 10 m 时，必须装设防雷电设备。

（八）检查电雷管的工作，必须在爆炸物品贮存硐室外设有安全设施的专用房间或者硐室内进行。

第三百二十九条　各种爆炸物品的每一品种都应当专库贮存；当条件限制时，按国家有关同库贮存的规定贮存。

存放爆炸物品的木架每格只准放 1 层爆炸物品箱。

第三百三十条　地面爆炸物品库必须有发放爆炸物品的专用套间或者单独房间。分库的炸药发放套间内，可临时保存爆破工的空爆炸物品箱与发爆器。在分库的雷管发放套间内发放雷管时，必须在铺有导电的软质垫层并有边缘突起的桌子上进行。

第三百三十一条　井下爆炸物品库应当采用硐室式、壁槽式或者含壁槽的硐室式。

爆炸物品必须贮存在硐室或者壁槽内，硐室之间或者壁槽之间的距离，必须符合爆炸物品安全距离的规定。

井下爆炸物品库应当包括库房、辅助硐室和通向库房的巷道。辅助硐室中，应当有检查电雷管全电阻、发放炸药以及保存爆破工空爆炸物品箱等的专用硐室。

第三百三十二条　井下爆炸物品库的布置必须符合下列要求：

（一）库房距井筒、井底车场、主要运输巷道、主要硐室以及影响全矿井或者一翼通风的风门的法线距离：硐室式不得小于 100 m，壁槽式不得小于 60 m。

（二）库房距行人巷道的法线距离：硐室式不得小于 35 m，壁槽式不得小于 20 m。

（三）库房距地面或者上下巷道的法线距离：硐室式不得小于 30 m，壁槽式不得小于 15 m。

（四）库房与外部巷道之间，必须用 3 条相互垂直的连通巷道相连。连通巷道的相交处必须延长 2 m，断面积不得小于 4 m²，在连通巷道尽头还必须设置缓冲砂箱隔墙，不得将连通巷道的延长段兼作辅助硐室使用。库房两端的通道与库房连接处必须设置齿形阻波墙。

（五）每个爆炸物品库房必须有 2 个出口，一个出口供发放爆炸物品及行人，出口的一端必须装有能自动关闭的抗冲击波活门；另一出口布置在爆炸物品库回风侧，可以铺设轨道运送爆炸物品，该出口与库房连接处必须装有 1 道常闭的抗冲击波密闭门。

（六）库房地面必须高于外部巷道的地面，库房和通道应当设置水沟。

（七）贮存爆炸物品的各硐室、壁槽的间距应当大于殉爆安全距离。

第三百三十三条　井下爆炸物品库必须采用砌碹或者用非金属不燃性材料支护，不得渗漏水，并采取防潮措施。爆炸物品库出口两侧的巷道，必须采用砌碹或者用不燃性材料支护，支护长度不得小于5 m。库房必须备有足够数量的消防器材。

第三百三十四条　井下爆炸物品库的最大贮存量，不得超过矿井3天的炸药需要量和10天的电雷管需要量。

井下爆炸物品库的炸药和电雷管必须分开贮存。

每个硐室贮存的炸药量不得超过2 t，电雷管不得超过10天的需要量；每个壁槽贮存的炸药量不得超过400 kg，电雷管不得超过2天的需要量。

库房的发放爆炸物品硐室允许存放当班待发的炸药，最大存放量不得超过3箱。

第三百三十五条　在多水平生产的矿井、井下爆炸物品库距爆破工作地点超过2.5 km的矿井以及井下不设置爆炸物品库的矿井内，可以设爆炸物品发放硐室，并必须遵守下列规定：

（一）发放硐室必须设在独立通风的专用巷道内，距使用的巷道法线距离不得小于25 m。

（二）发放硐室爆炸物品的贮存量不得超过1天的需要量，其中炸药量不得超过400 kg。

（三）炸药和电雷管必须分开贮存，并用不小于240 mm厚的砖墙或者混凝土墙隔开。

（四）发放硐室应当有单独的发放间，发放硐室出口处必须设1道能自动关闭的抗冲击波活门。

（五）建井期间的爆炸物品发放硐室必须有独立通风系统。必须制定预防爆炸物品爆炸的安全措施。

（六）管理制度必须与井下爆炸物品库相同。

第三百三十六条　井下爆炸物品库必须采用矿用防爆型（矿用增安型除外）照明设备，照明线必须使用阻燃电缆，电压不得超过

127 V。严禁在贮存爆炸物品的硐室或者壁槽内安设照明设备。

不设固定式照明设备的爆炸物品库，可使用带绝缘套的矿灯。

任何人员不得携带矿灯进入井下爆炸物品库房内。库内照明设备或者线路发生故障时，检修人员可以在库房管理人员的监护下使用带绝缘套的矿灯进入库内工作。

第三百三十七条　煤矿企业必须建立爆炸物品领退制度和爆炸物品丢失处理办法。

电雷管（包括清退入库的电雷管）在发给爆破工前，必须用电雷管检测仪逐个测试电阻值，并将脚线扭结成短路。

发放的爆炸物品必须是有效期内的合格产品，并且雷管应当严格按同一厂家和同一品种进行发放。

爆炸物品的销毁，必须遵守《民用爆炸物品安全管理条例》。

第二节　爆炸物品运输

第三百三十八条　在地面运输爆炸物品时，必须遵守《民用爆炸物品安全管理条例》以及有关标准规定。

第三百三十九条　在井筒内运送爆炸物品时，应当遵守下列规定：

（一）电雷管和炸药必须分开运送；但在开凿或者延深井筒时，符合本规程第三百四十五条规定的，不受此限。

（二）必须事先通知绞车司机和井上、下把钩工。

（三）运送电雷管时，罐笼内只准放置 1 层爆炸物品箱，不得滑动。运送炸药时，爆炸物品箱堆放的高度不得超过罐笼高度的 2/3。采用将装有炸药或者电雷管的车辆直接推入罐笼内的方式运送时，车辆必须符合本规程第三百四十条（二）的规定。使用吊桶运送爆炸物品时，必须使用专用箱。

（四）在装有爆炸物品的罐笼或者吊桶内，除爆破工或者护送人员外，不得有其他人员。

（五）罐笼升降速度，运送电雷管时，不得超过 2 m/s；运送其他类爆炸物品时，不得超过 4 m/s。吊桶升降速度，不论运送何种爆炸物品，都不得超过 1 m/s。司机在启动和停绞车时，应当保证罐笼或者吊桶不震动。

（六）在交接班、人员上下井的时间内，严禁运送爆炸物品。

（七）禁止将爆炸物品存放在井口房、井底车场或者其他巷道内。

第三百四十条　井下用机车运送爆炸物品时，应当遵守下列规定：

（一）炸药和电雷管在同一列车内运输时，装有炸药与装有电雷管的车辆之间，以及装有炸药或者电雷管的车辆与机车之间，必须用空车分别隔开，隔开长度不得小于 3 m。

（二）电雷管必须装在专用的、带盖的、有木质隔板的车厢内，车厢内部应当铺有胶皮或者麻袋等软质垫层，并只准放置 1 层爆炸物品箱。炸药箱可以装在矿车内，但堆放高度不得超过矿车上缘。运输炸药、电雷管的矿车或者车厢必须有专门的警示标识。

（三）爆炸物品必须由井下爆炸物品库负责人或者经过专门培训的人员专人护送。跟车工、护送人员和装卸人员应当坐在尾车内，严禁其他人员乘车。

（四）列车的行驶速度不得超过 2 m/s。

（五）装有爆炸物品的列车不得同时运送其他物品。

井下采用无轨胶轮车运送爆炸物品时，应当按照民用爆炸物品运输管理有关规定执行。

第三百四十一条　水平巷道和倾斜巷道内有可靠的信号装置时，可以用钢丝绳牵引的车辆运送爆炸物品，炸药和电雷管必须分开运输，运输速度不得超过 1 m/s。运输电雷管的车辆必须加盖、加垫，车厢内以软质垫物塞紧，防止震动和撞击。

严禁用刮板输送机、带式输送机等运输爆炸物品。

第三百四十二条　由爆炸物品库直接向工作地点用人力运送爆炸物品时，应当遵守下列规定：

（一）电雷管必须由爆破工亲自运送，炸药应当由爆破工或者在爆破工监护下运送。

（二）爆炸物品必须装在耐压和抗撞冲、防震、防静电的非金属容器内，不得将电雷管和炸药混装。严禁将爆炸物品装在衣袋内。领到爆炸物品后，应当直接送到工作地点，严禁中途逗留。

（三）携带爆炸物品上、下井时，在每层罐笼内搭乘的携带爆炸物品的人员不得超过4人，其他人员不得同罐上下。

（四）在交接班、人员上下井的时间内，严禁携带爆炸物品人员沿井筒上下。

第三节 井 下 爆 破

第三百四十三条 煤矿必须指定部门对爆破工作专门管理，配备专业管理人员。

所有爆破人员，包括爆破、送药、装药人员，必须熟悉爆炸物品性能和本规程规定。

第三百四十四条 开凿或者延深立井井筒，向井底工作面运送爆炸物品和在井筒内装药时，除负责装药爆破的人员、信号工、看盘工和水泵司机外，其他人员必须撤到地面或者上水平巷道中。

第三百四十五条 开凿或者延深立井井筒中的装配起爆药卷工作，必须在地面专用的房间内进行。

专用房间距井筒、厂房、建筑物和主要通路的安全距离必须符合国家有关规定，且距离井筒不得小于50 m。

严禁将起爆药卷与炸药装在同一爆炸物品容器内运往井底工作面。

第三百四十六条 在开凿或者延深立井井筒时，必须在地面或者在生产水平巷道内进行起爆。

在爆破母线与电力起爆接线盒引线接通之前，井筒内所有电气设备必须断电。

只有在爆破工完成装药和连线工作，将所有井盖门打开，井筒、井口房内的人员全部撤出，设备、工具提升到安全高度以后，方可起爆。

爆破通风后，必须仔细检查井筒，清除崩落在井圈上、吊盘上或者其他设备上的矸石。

爆破后乘吊桶检查井底工作面时，吊桶不得蹾撞工作面。

第三百四十七条 井下爆破工作必须由专职爆破工担任。突出煤层采掘工作面爆破工作必须由固定的专职爆破工担任。爆破作业必须执行"一炮三检"和"三人连锁爆破"制度，并在起爆前检查起爆地点的甲烷浓度。

第三百四十八条 爆破作业必须编制爆破作业说明书，并符合下列要求：

（一）炮眼布置图必须标明采煤工作面的高度和打眼范围或者掘进工作面的巷道断面尺寸，炮眼的位置、个数、深度、角度及炮眼编号，并用正面图、平面图和剖面图表示。

（二）炮眼说明表必须说明炮眼的名称、深度、角度，使用炸药、雷管的品种，装药量，封泥长度，连线方法和起爆顺序。

（三）必须编入采掘作业规程，并及时修改补充。

钻眼、爆破人员必须依照说明书进行作业。

第三百四十九条 不得使用过期或者变质的爆炸物品。不能使用的爆炸物品必须交回爆炸物品库。

第三百五十条 井下爆破作业，必须使用煤矿许用炸药和煤矿许用电雷管。一次爆破必须使用同一厂家、同一品种的煤矿许用炸药和电雷管。煤矿许用炸药的选用必须遵守下列规定：

（一）低瓦斯矿井的岩石掘进工作面，使用安全等级不低于一级的煤矿许用炸药。

（二）低瓦斯矿井的煤层采掘工作面、半煤岩掘进工作面，使用安全等级不低于二级的煤矿许用炸药。

（三）高瓦斯矿井，使用安全等级不低于三级的煤矿许用炸药。

（四）突出矿井，使用安全等级不低于三级的煤矿许用含水炸药。

在采掘工作面，必须使用煤矿许用瞬发电雷管、煤矿许用毫秒延期电雷管或者煤矿许用数码电雷管。使用煤矿许用毫秒延期电雷管时，最后一段的延期时间不得超过130 ms。使用煤矿许用数码电雷管时，一次起爆总时间差不得超过 130 ms，并应当与专用起爆器配套使用。

第三百五十一条　在有瓦斯或者煤尘爆炸危险的采掘工作面，应当采用毫秒爆破。在掘进工作面应当全断面一次起爆，不能全断面一次起爆的，必须采取安全措施。在采煤工作面可分组装药，但一组装药必须一次起爆。

严禁在 1 个采煤工作面使用 2 台发爆器同时进行爆破。

第三百五十二条　在高瓦斯矿井采掘工作面采用毫秒爆破时，若采用反向起爆，必须制定安全技术措施。

第三百五十三条　在高瓦斯、突出矿井的采掘工作面实体煤中，为增加煤体裂隙、松动煤体而进行的 10 m 以上的深孔预裂控制爆破，可以使用二级煤矿许用炸药，并制定安全措施。

第三百五十四条　爆破工必须把炸药、电雷管分开存放在专用的爆炸物品箱内，并加锁，严禁乱扔、乱放。爆炸物品箱必须放在顶板完好、支护完整，避开有机械、电气设备的地点。爆破时必须把爆炸物品箱放置在警戒线以外的安全地点。

第三百五十五条　从成束的电雷管中抽取单个电雷管时，不得手拉脚线硬拽管体，也不得手拉管体硬拽脚线，应当将成束的电雷管顺好，拉住前端脚线将电雷管抽出。抽出单个电雷管后，必须将其脚线扭结成短路。

第三百五十六条　装配起爆药卷时，必须遵守下列规定：

（一）必须在顶板完好、支护完整，避开电气设备和导电体的爆破工作地点附近进行。严禁坐在爆炸物品箱上装配起爆药卷。装配起爆药卷数量，以当时爆破作业需要的数量为限。

（二）装配起爆药卷必须防止电雷管受震动、冲击，折断电雷管脚线和损坏脚线绝缘层。

（三）电雷管必须由药卷的顶部装入，严禁用电雷管代替竹、木棍扎眼。电雷管必须全部插入药卷内。严禁将电雷管斜插在药卷的中部或者捆在药卷上。

（四）电雷管插入药卷后，必须用脚线将药卷缠住，并将电雷管脚线扭结成短路。

第三百五十七条 装药前，必须首先清除炮眼内的煤粉或者岩粉，再用木质或者竹质炮棍将药卷轻轻推入，不得冲撞或者捣实。炮眼内的各药卷必须彼此密接。

有水的炮眼，应当使用抗水型炸药。

装药后，必须把电雷管脚线悬空，严禁电雷管脚线、爆破母线与机械电气设备等导电体相接触。

第三百五十八条 炮眼封泥必须使用水炮泥，水炮泥外剩余的炮眼部分应当用黏土炮泥或者用不燃性、可塑性松散材料制成的炮泥封实。严禁用煤粉、块状材料或者其他可燃性材料作炮眼封泥。

无封泥、封泥不足或者不实的炮眼，严禁爆破。

严禁裸露爆破。

第三百五十九条 炮眼深度和炮眼的封泥长度应当符合下列要求：

（一）炮眼深度小于 0.6 m 时，不得装药、爆破；在特殊条件下，如挖底、刷帮、挑顶确需进行炮眼深度小于 0.6 m 的浅孔爆破时，必须制定安全措施并封满炮泥。

（二）炮眼深度为 0.6~1 m 时，封泥长度不得小于炮眼深度的 1/2。

（三）炮眼深度超过 1 m 时，封泥长度不得小于 0.5 m。

（四）炮眼深度超过 2.5 m 时，封泥长度不得小于 1 m。

（五）深孔爆破时，封泥长度不得小于孔深的 1/3。

（六）光面爆破时，周边光爆炮眼应当用炮泥封实，且封泥长度不得小于 0.3 m。

（七）工作面有 2 个及以上自由面时，在煤层中最小抵抗线不得小于 0.5 m，在岩层中最小抵抗线不得小于 0.3 m。浅孔装药爆破大块岩石时，最小抵抗线和封泥长度都不得小于 0.3 m。

第三百六十条 处理卡在溜煤（矸）眼中的煤、矸时，如果确无爆破以外的其他方法，可爆破处理，但必须遵守下列规定：

（一）爆破前检查溜煤（矸）眼内堵塞部位的上部和下部空间

的瓦斯浓度。

（二）爆破前必须洒水。

（三）使用用于溜煤（矸）眼的煤矿许用刚性被筒炸药，或者不低于该安全等级的煤矿许用炸药。

（四）每次爆破只准使用 1 个煤矿许用电雷管，最大装药量不得超过 450 g。

第三百六十一条　装药前和爆破前有下列情况之一的，严禁装药、爆破：

（一）采掘工作面控顶距离不符合作业规程的规定，或者有支架损坏，或者伞檐超过规定。

（二）爆破地点附近 20 m 以内风流中甲烷浓度达到或者超过 1.0%。

（三）在爆破地点 20 m 以内，矿车、未清除的煤（矸）或者其他物体堵塞巷道断面 1/3 以上。

（四）炮眼内发现异状、温度骤高骤低、有显著瓦斯涌出、煤岩松散、透老空区等情况。

（五）采掘工作面风量不足。

第三百六十二条　在有煤尘爆炸危险的煤层中，掘进工作面爆破前后，附近 20 m 的巷道内必须洒水降尘。

第三百六十三条　爆破前，必须加强对机电设备、液压支架和电缆等的保护。

爆破前，班组长必须亲自布置专人将工作面所有人员撤离警戒区域，并在警戒线和可能进入爆破地点的所有通路上布置专人担任警戒工作。警戒人员必须在安全地点警戒。警戒线处应当设置警戒牌、栏杆或者拉绳。

第三百六十四条　爆破母线和连接线必须符合下列要求：

（一）爆破母线符合标准。

（二）爆破母线和连接线、电雷管脚线和连接线、脚线和脚线之间的接头相互扭紧并悬空，不得与轨道、金属管、金属网、钢丝绳、刮板输送机等导电体相接触。

（三）巷道掘进时，爆破母线应当随用随挂。不得使用固定爆破母线，特殊情况下，在采取安全措施后，可不受此限。

（四）爆破母线与电缆应当分别挂在巷道的两侧。如果必须挂在同一侧，爆破母线必须挂在电缆的下方，并保持0.3 m以上的距离。

（五）只准采用绝缘母线单回路爆破，严禁用轨道、金属管、金属网、水或者大地等当作回路。

（六）爆破前，爆破母线必须扭结成短路。

第三百六十五条 井下爆破必须使用发爆器。开凿或者延深通达地面的井筒时，无瓦斯的井底工作面中可使用其他电源起爆，但电压不得超过380 V，并必须有电力起爆接线盒。

发爆器或者电力起爆接线盒必须采用矿用防爆型（矿用增安型除外）。

发爆器必须统一管理、发放。必须定期校验发爆器的各项性能参数，并进行防爆性能检查，不符合要求的严禁使用。

第三百六十六条 每次爆破作业前，爆破工必须做电爆网路全电阻检测。严禁采用发爆器打火放电的方法检测电爆网路。

第三百六十七条 爆破工必须最后离开爆破地点，并在安全地点起爆。撤人、警戒等措施及起爆地点到爆破地点的距离必须在作业规程中具体规定。

起爆地点到爆破地点的距离应当符合下列要求：

（一）岩巷直线巷道大于130 m，拐弯巷道大于100 m。

（二）煤（半煤岩）巷直线巷道大于100 m，拐弯巷道大于75 m。

（三）采煤工作面大于75 m，且位于工作面进风巷内。

第三百六十八条 发爆器的把手、钥匙或者电力起爆接线盒的钥匙，必须由爆破工随身携带，严禁转交他人。只有在爆破通电时，方可将把手或者钥匙插入发爆器或者电力起爆接线盒内。爆破后，必须立即将把手或者钥匙拔出，摘掉母线并扭结成短路。

第三百六十九条 爆破前，脚线的连接工作可由经过专门训练的班组长协助爆破工进行。爆破母线连接脚线、检查线路和通电工作，只准爆破工一人操作。

爆破前，班组长必须清点人数，确认无误后，方准下达起爆命令。

爆破工接到起爆命令后，必须先发出爆破警号，至少再等 5 s 后方可起爆。

装药的炮眼应当当班爆破完毕。特殊情况下，当班留有尚未爆破的已装药的炮眼时，当班爆破工必须在现场向下一班爆破工交接清楚。

第三百七十条　爆破后，待工作面的炮烟被吹散，爆破工、瓦斯检查工和班组长必须首先巡视爆破地点，检查通风、瓦斯、煤尘、顶板、支架、拒爆、残爆等情况。发现危险情况，必须立即处理。

第三百七十一条　通电以后拒爆时，爆破工必须先取下把手或者钥匙，并将爆破母线从电源上摘下，扭结成短路；再等待一定时间（使用瞬发电雷管，至少等待 5 min；使用延期电雷管，至少等待 15 min），才可沿线路检查，找出拒爆的原因。

第三百七十二条　处理拒爆、残爆时，应当在班组长指导下进行，并在当班处理完毕。如果当班未能完成处理工作，当班爆破工必须在现场向下一班爆破工交接清楚。

处理拒爆时，必须遵守下列规定：

（一）由于连线不良造成的拒爆，可重新连线起爆。

（二）在距拒爆炮眼 0.3 m 以外另打与拒爆炮眼平行的新炮眼，重新装药起爆。

（三）严禁用镐刨或者从炮眼中取出原放置的起爆药卷，或者从起爆药卷中拉出电雷管。不论有无残余炸药，严禁将炮眼残底继续加深；严禁使用打孔的方法往外掏药；严禁使用压风吹拒爆、残爆炮眼。

（四）处理拒爆的炮眼爆炸后，爆破工必须详细检查炸落的煤、矸，收集未爆的电雷管。

（五）在拒爆处理完毕以前，严禁在该地点进行与处理拒爆无关的工作。

第三百七十三条　爆炸物品库和爆炸物品发放硐室附近 30 m 范围内，严禁爆破。

第九章　运输、提升和空气压缩机

第一节　平巷和倾斜井巷运输

第三百七十四条　采用滚筒驱动带式输送机运输时，应当遵守下列规定：

（一）采用非金属聚合物制造的输送带、托辊和滚筒包胶材料等，其阻燃性能和抗静电性能必须符合有关标准的规定。

（二）必须装设防打滑、跑偏、堆煤、撕裂等保护装置，同时应当装设温度、烟雾监测装置和自动洒水装置。

（三）应当具备沿线急停闭锁功能。

（四）主要运输巷道中使用的带式输送机，必须装设输送带张紧力下降保护装置。

（五）倾斜井巷中使用的带式输送机，上运时，必须装设防逆转装置和制动装置；下运时，应当装设软制动装置且必须装设防超速保护装置。

（六）在大于 16°的倾斜井巷中使用带式输送机，应当设置防护网，并采取防止物料下滑、滚落等的安全措施。

（七）液力偶合器严禁使用可燃性传动介质（调速型液力偶合器不受此限）。

（八）机头、机尾及搭接处，应当有照明。

（九）机头、机尾、驱动滚筒和改向滚筒处，应当设防护栏及警示牌。行人跨越带式输送机处，应当设过桥。

（十）输送带设计安全系数，应当按下列规定选取：

1. 棉织物芯输送带，8～9。

2. 尼龙、聚酯织物芯输送带，10～12。

3. 钢丝绳芯输送带，7～9；当带式输送机采取可控软启动、制动措施时，5～7。

第三百七十五条　新建矿井不得使用钢丝绳牵引带式输送机。生产矿井采用钢丝绳牵引带式输送机运输时，必须遵守下列规定：

（一）装设过速保护、过电流和欠电压保护、钢丝绳和输送带脱槽保护、输送带局部过载保护、钢丝绳张紧车到达终点和张紧重锤落地保护，并定期进行检查和试验。

（二）在倾斜井巷中，必须在低速驱动轮上装设液控盘式失效安全型制动装置，制动力矩与设计最大静拉力差在闸轮上作用力矩之比在2～3之间；制动装置应当具备手动和自动双重制动功能。

（三）采用钢丝绳牵引带式输送机运送人员时，应当遵守下列规定：

1. 输送带至巷道顶部的垂距，在上、下人员的20 m区段内不得小于1.4 m，行驶区段内不得小于1 m。下行带乘人时，上、下输送带间的垂距不得小于1 m。

2. 输送带的宽度不得小于0.8 m，运行速度不得超过1.8 m/s，绳槽至输送带边的宽度不得小于60 mm。

3. 人员乘坐间距不得小于4 m。乘坐人员不得站立或者仰卧，应当面向行进方向。严禁携带笨重物品和超长物品，严禁触摸输送带侧帮。

4. 上、下人员的地点应当设有平台和照明。上行带平台的长度不得小于5 m，宽度不得小于0.8 m，并有栏杆。上、下人的区段内不得有支架或者悬挂装置。下人地点应当有标志或者声光信号，距离下人区段末端前方2 m处，必须设有能自动停车的安全装置。在机头机尾下人处，必须设有人员越位的防护设施或者保护装置，并装设机械式倾斜挡板。

5. 运送人员前，必须卸除输送带上的物料。

6. 应当装有在输送机全长任何地点可由乘坐人员或者其他人员操作的紧急停车装置。

第三百七十六条　采用轨道机车运输时，轨道机车的选用应当遵守下列规定：

（一）突出矿井必须使用符合防爆要求的机车。

（二）新建高瓦斯矿井不得使用架线电机车运输。高瓦斯矿井在用的架线电机车运输，必须遵守下列规定：

1. 沿煤层或者穿过煤层的巷道必须采用砌碹或者锚喷支护；

2. 有瓦斯涌出的掘进巷道的回风流，不得进入有架线的巷道中；

3. 采用炭素滑板或者其他能减小火花的集电器。

（三）低瓦斯矿井的主要回风巷、采区进（回）风巷应当使用符合防爆要求的机车。低瓦斯矿井进风的主要运输巷道，可以使用架线电机车，并使用不燃性材料支护。

（四）各种车辆的两端必须装置碰头，每端突出的长度不得小于100 mm。

第三百七十七条　采用轨道机车运输时，应当遵守下列规定：

（一）生产矿井同一水平行驶 7 台及以上机车时，应当设置机车运输监控系统；同一水平行驶 5 台及以上机车时，应当设置机车运输集中信号控制系统。新建大型矿井的井底车场和运输大巷，应当设置机车运输监控系统或者运输集中信号控制系统。

（二）列车或者单独机车均必须前有照明，后有红灯。

（三）列车通过的风门，必须设有当列车通过时能够发出在风门两侧都能接收到声光信号的装置。

（四）巷道内应当装设路标和警标。

（五）必须定期检查和维护机车，发现隐患，及时处理。机车的闸、灯、警铃（喇叭）、连接装置和撒砂装置，任何一项不正常或者失爆时，机车不得使用。

（六）正常运行时，机车必须在列车前端。机车行近巷道口、硐室口、弯道、道岔或者噪声大等地段，以及前有车辆或者视线有障碍时，必须减速慢行，并发出警号。

（七）2 辆机车或者 2 列列车在同一轨道同一方向行驶时，必须保持不少于 100 m 的距离。

（八）同一区段线路上，不得同时行驶非机动车辆。

（九）必须有用矿灯发送紧急停车信号的规定。非危险情况下，任何人不得使用紧急停车信号。

（十）机车司机开车前必须对机车进行安全检查确认；启动前，必须关闭车门并发出开车信号；机车运行中，严禁司机将头或者身体探出车外；司机离开座位时，必须切断电动机电源，取下控制手把（钥匙），扳紧停车制动。在运输线路上临时停车时，不得关闭车灯。

（十一）新投用机车应当测定制动距离，之后每年测定 1 次。运送物料时制动距离不得超过 40 m；运送人员时制动距离不得超过 20 m。

第三百七十八条　使用的矿用防爆型柴油动力装置，应满足以下要求：

（一）具有发动机排气超温、冷却水超温、尾气水箱水位、润滑油压力等保护装置。

（二）排气口的排气温度不得超过 77 ℃，其表面温度不得超过 150 ℃。

（三）发动机壳体不得采用铝合金制造；非金属部件应具有阻燃和抗静电性能；油箱及管路必须采用不燃性材料制造；油箱最大容量不得超过 8 h 用油量。

（四）冷却水温度不得超过 95 ℃。

（五）在正常运行条件下，尾气排放应满足相关规定。

（六）必须配备灭火器。

第三百七十九条　使用的蓄电池动力装置，必须符合下列要求：

（一）充电必须在充电硐室内进行。

（二）充电硐室内的电气设备必须采用矿用防爆型。

（三）检修应当在车库内进行，测定电压时必须在揭开电池盖 10 min 后测试。

第三百八十条　轨道线路应当符合下列要求：

（一）运行 7 t 及以上机车、3 t 及以上矿车，或者运送 15 t 及以上载荷的矿井、采区主要巷道轨道线路，应当使用不小于 30 kg/m 的钢轨；其他线路应当使用不小于 18 kg/m 的钢轨。

（二）卡轨车、齿轨车和胶套轮车运行的轨道线路，应当采用不小于 22 kg/m 的钢轨。

（三）同一线路必须使用同一型号钢轨，道岔的钢轨型号不得低于线路的钢轨型号。

（四）轨道线路必须按标准铺设，使用期间应当加强维护及检修。

第三百八十一条　采用架线电机车运输时，架空线及轨道应当符合下列要求：

（一）架空线悬挂高度、与巷道顶或者棚梁之间的距离等，应当保证机车的安全运行。

（二）架空线的直流电压不得超过 600 V。

（三）轨道应当符合下列规定：

1. 两平行钢轨之间，每隔 50 m 应当连接 1 根断面不小于 50 mm² 的铜线或者其他具有等效电阻的导线。

2. 线路上所有钢轨接缝处，必须用导线或者采用轨缝焊接工艺加以连接。连接后每个接缝处的电阻应当符合要求。

3. 不回电的轨道与架线电机车回电轨道之间，必须加以绝缘。第一绝缘点设在 2 种轨道的连接处；第二绝缘点设在不回电的轨道上，其与第一绝缘点之间的距离必须大于 1 列车的长度。在与架线电机车线路相连通的轨道上有钢丝绳跨越时，钢丝绳不得与轨道相接触。

第三百八十二条　长度超过 1.5 km 的主要运输平巷或者高差超过 50 m 的人员上下的主要倾斜井巷，应当采用机械方式运送人员。

运送人员的车辆必须为专用车辆，严禁使用非乘人装置运送人员。

严禁人、物料混运。

第三百八十三条　采用架空乘人装置运送人员时，应当遵守下列规定：

（一）有专项设计。

（二）吊椅中心至巷道一侧突出部分的距离不得小于 0.7 m，双向同时运送人员时钢丝绳间距不得小于0.8 m，固定抱索器的钢丝绳间距不得小于1.0 m。乘人吊椅距底板的高度不得小于0.2 m，在上下人站处不大于0.5 m。乘坐间距不应小于牵引钢丝绳5 s的运行距离，且不得小于6 m。除采用固定抱索器的架空乘人装置外，应当设置乘人间距提示或者保护装置。

（三）固定抱索器最大运行坡度不得超过28°，可摘挂抱索器最大运行坡度不得超过25°，运行速度应当满足表6的规定。运行速度超过1.2 m/s时，不得采用固定抱索器；运行速度超过1.4 m/s时，应当设置调速装置，并实现静止状态上下人员，严禁人员在非乘人站上下。

表6　架空乘人装置运行速度规定　　　　　　m/s

巷道坡度 $\theta/(°)$	$28 \geqslant \theta > 25$	$25 \geqslant \theta > 20$	$20 \geqslant \theta > 14$	$\theta \leqslant 14$
固定抱索器	≤0.8	≤1.2		
可摘挂抱索器	—	≤1.2	≤1.4	≤1.7

（四）驱动系统必须设置失效安全型工作制动装置和安全制动装置，安全制动装置必须设置在驱动轮上。

（五）各乘人站设上下人平台，乘人平台处钢丝绳距巷道壁不小于1 m，路面应当进行防滑处理。

（六）架空乘人装置必须装设超速、打滑、全程急停、防脱绳、变坡点防掉绳、张紧力下降、越位等保护，安全保护装置发生保护动作后，需经人工复位，方可重新启动。

应当有断轴保护措施。

减速器应当设置油温检测装置，当油温异常时能发出报警信号。沿线应当设置延时启动声光预警信号。各上下人地点应当设置信号通信装置。

（七）倾斜巷道中架空乘人装置与轨道提升系统同巷布置时，必须设置电气闭锁，2种设备不得同时运行。

倾斜巷道中架空乘人装置与带式输送机同巷布置时，必须采取可靠的隔离措施。

（八）巷道应当设置照明。

（九）每日至少对整个装置进行 1 次检查，每年至少对整个装置进行 1 次安全检测检验。

（十）严禁同时运送携带爆炸物品的人员。

第三百八十四条 新建、扩建矿井严禁采用普通轨斜井人车运输。

生产矿井在用的普通轨斜井人车运输，必须遵守下列规定：

（一）车辆必须设置可靠的制动装置。断绳时，制动装置既能自动发生作用，也能人工操纵。

（二）必须设置使跟车工在运行途中任何地点都能发送紧急停车信号的装置。

（三）多水平运输时，从各水平发出的信号必须有区别。

（四）人员上下地点应当悬挂信号牌。任一区段行车时，各水平必须有信号显示。

（五）应当有跟车工，跟车工必须坐在设有手动制动装置把手的位置。

（六）每班运送人员前，必须检查人车的连接装置、保险链和制动装置，并先空载运行一次。

第三百八十五条 采用平巷人车运送人员时，必须遵守下列规定：

（一）每班发车前，应当检查各车的连接装置、轮轴、车门（防护链）和车闸等。

（二）严禁同时运送易燃易爆或者腐蚀性的物品，或者附挂物料车。

（三）列车行驶速度不得超过 4 m/s。

（四）人员上下车地点应当有照明，架空线必须设置分段开关或者自动停送电开关，人员上下车时必须切断该区段架空线电源。

（五）双轨巷道乘车场必须设置信号区间闭锁，人员上下车时，严禁其他车辆进入乘车场。

（六）应当设跟车工，遇有紧急情况时立即向司机发出停车信号。

（七）两车在车场会车时，驶入车辆应当停止运行，让驶出车辆先行。

第三百八十六条　人员乘坐人车时，必须遵守下列规定：

（一）听从司机及跟车工的指挥，开车前必须关闭车门或者挂上防护链。

（二）人体及所携带的工具、零部件，严禁露出车外。

（三）列车行驶中及尚未停稳时，严禁上下车和在车内站立。

（四）严禁在机车上或者任意 2 车厢之间搭乘。

（五）严禁扒车、跳车和超员乘坐。

第三百八十七条　倾斜井巷内使用串车提升时，必须遵守下列规定：

（一）在倾斜井巷内安设能够将运行中断绳、脱钩的车辆阻止住的跑车防护装置。

（二）在各车场安设能够防止带绳车辆误入非运行车场或者区段的阻车器。

（三）在上部平车场入口安设能够控制车辆进入摘挂钩地点的阻车器。

（四）在上部平车场接近变坡点处，安设能够阻止未连挂的车辆滑入斜巷的阻车器。

（五）在变坡点下方略大于 1 列车长度的地点，设置能够防止未连挂的车辆继续往下跑车的挡车栏。

上述挡车装置必须经常关闭，放车时方准打开。兼作行驶人车的倾斜井巷，在提升人员时，倾斜井巷中的挡车装置和跑车防护装置必须是常开状态并闭锁。

第三百八十八条　倾斜井巷使用提升机或者绞车提升时，必须遵守下列规定：

（一）采取轨道防滑措施。

（二）按设计要求设置托绳轮（辊），并保持转动灵活。

（三）井巷上端的过卷距离，应当根据巷道倾角、设计载荷、最大提升速度和实际制动力等参量计算确定，并有 1.5 倍的备用系数。

（四）串车提升的各车场设有信号硐室及躲避硐；运人斜井各车场设有信号和候车硐室，候车硐室具有足够的空间。

（五）提升信号参照本规程第四百零三条和第四百零四条规定。

（六）运送物料时，开车前把钩工必须检查牵引车数、各车的连接和装载情况。牵引车数超过规定，连接不良，或者装载物料超重、超高、超宽或者偏载严重有翻车危险时，严禁发出开车信号。

（七）提升时严禁蹬钩、行人。

第三百八十九条 人力推车必须遵守下列规定：

（一）1 次只准推 1 辆车。严禁在矿车两侧推车。同向推车的间距，在轨道坡度小于或者等于 5‰时，不得小于 10 m；坡度大于 5‰时，不得小于 30 m。

（二）推车时必须时刻注意前方。在开始推车、停车、掉道、发现前方有人或者有障碍物，从坡度较大的地方向下推车以及接近道岔、弯道、巷道口、风门、硐室出口时，推车人必须及时发出警号。

（三）严禁放飞车和在巷道坡度大于 7‰时人力推车。

（四）不得在能自动滑行的坡道上停放车辆，确需停放时必须用可靠的制动器或者阻车器将车辆稳住。

第三百九十条 使用的单轨吊车、卡轨车、齿轨车、胶套轮车、无极绳连续牵引车，应当符合下列要求：

（一）运行坡度、速度和载重，不得超过设计规定值。

（二）安全制动和停车制动装置必须为失效安全型，制动力应当为额定牵引力的 1.5~2 倍。

（三）必须设置既可手动又能自动的安全闸。安全闸应当具备下列性能：

1. 绳牵引式运输设备运行速度超过额定速度 30% 时，其他设备运行速度超过额定速度 15% 时，能自动施闸；施闸时的空动时间不大于 0.7 s。

2. 在最大载荷最大坡度上以最大设计速度向下运行时，制动距离应当不超过相当于在这一速度下 6 s 的行程。

3. 在最小载荷最大坡度上向上运行时，制动减速度不大于 5 m/s²。

（四）胶套轮材料与钢轨的摩擦系数，不得小于 0.4。

（五）柴油机和蓄电池单轨吊车、齿轨车和胶套轮车的牵引机车或者头车上，必须设置车灯和喇叭，列车的尾部必须设置红灯。

（六）柴油机和蓄电池单轨吊车，必须具备 2 路以上相对独立回油的制动系统，必须设置超速保护装置。司机应当配备通信装置。

（七）无极绳连续牵引车、绳牵引卡轨车、绳牵引单轨吊车，还应当符合下列要求：

1. 必须设置越位、超速、张紧力下降等保护。

2. 必须设置司机与相关岗位工之间的信号联络装置；设有跟车工时，必须设置跟车工与牵引绞车司机联络用的信号和通信装置。在驱动部、各车场，应当设置行车报警和信号装置。

3. 运送人员时，必须设置卡轨或者护轨装置，采用具有制动功能的专用乘人装置，必须设置跟车工。制动装置必须定期试验。

4. 运行时绳道内严禁有人。

5. 车辆脱轨后复轨时，必须先释放牵引钢丝绳的弹性张力。人员严禁在脱轨车辆的前方或者后方工作。

第三百九十一条　采用单轨吊车运输时，应当遵守下列规定：

（一）柴油机单轨吊车运行巷道坡度不大于 25°，蓄电池单轨吊车不大于 15°，钢丝绳单轨吊车不大于 25°。

（二）必须根据起吊重物的最大载荷设计起吊梁和吊挂轨道，其安装与铺设应当保证单轨吊车的安全运行。

（三）单轨吊车运行中应当设置跟车工。起吊或者下放设备、材料时，人员严禁在起吊梁两侧；机车过风门、道岔、弯道时，必须确认安全，方可缓慢通过。

（四）采用柴油机、蓄电池单轨吊车运送人员时，必须使用人车车厢；两端必须设置制动装置，两侧必须设置防护装置。

（五）采用钢丝绳牵引单轨吊车运输时，严禁在巷道弯道内侧设置人行道。

（六）单轨吊车的检修工作应当在平巷内进行。若必须在斜巷内处理故障时，应当制定安全措施。

（七）有防止淋水侵蚀轨道的措施。

第三百九十二条　采用无轨胶轮车运输时，应当遵守下列规定：

（一）严禁非防爆、不完好无轨胶轮车下井运行。

（二）驾驶员持有"中华人民共和国机动车驾驶证"。

（三）建立无轨胶轮车入井运行和检查制度。

（四）设置工作制动、紧急制动和停车制动，工作制动必须采用湿式制动器。

（五）必须设置车前照明灯和尾部红色信号灯，配备灭火器和警示牌。

（六）运行中应当符合下列要求：

1. 运送人员必须使用专用人车，严禁超员；

2. 运行速度，运人时不超过 25 km/h，运送物料时不超过 40 km/h；

3. 同向行驶车辆必须保持不小于 50 m 的安全运行距离；

4. 严禁车辆空挡滑行；

5. 应当设置随车通信系统或者车辆位置监测系统；

6. 严禁进入专用回风巷和微风、无风区域。

（七）巷道路面、坡度、质量，应当满足车辆安全运行要求。

（八）巷道和路面应当设置行车标识和交通管控信号。

（九）长坡段巷道内必须采取车辆失速安全措施。

（十）巷道转弯处应当设置防撞装置。人员躲避硐室、车辆躲避硐室附近应当设置标识。

（十一）井下行驶特殊车辆或者运送超长、超宽物料时，必须制定安全措施。

第二节　立　井　提　升

第三百九十三条　立井提升容器和载荷，必须符合下列要求：

（一）立井中升降人员应当使用罐笼。在井筒内作业或者因其他原因，需要使用普通箕斗或者救急罐升降人员时，必须制定安全措施。

（二）升降人员或者升降人员和物料的单绳提升罐笼必须装设可靠的防坠器。

（三）罐笼和箕斗的最大提升载荷和最大提升载荷差应当在井口公布，严禁超载和超最大载荷差运行。

（四）箕斗提升必须采用定重装载。

第三百九十四条　专为升降人员和升降人员与物料的罐笼，必须符合下列要求：

（一）乘人层顶部应当设置可以打开的铁盖或者铁门，两侧装设扶手。

（二）罐底必须满铺钢板，如果需要设孔时，必须设置牢固可靠的门；两侧用钢板挡严，并不得有孔。

（三）进出口必须装设罐门或者罐帘，高度不得小于 1.2 m。罐门或者罐帘下部边缘至罐底的距离不得超过 250 mm，罐帘横杆的间距不得大于 200 mm。罐门不得向外开，门轴必须防脱。

（四）提升矿车的罐笼内必须装有阻车器。升降无轨胶轮车时，必须设置专用定车或者锁车装置。

（五）单层罐笼和多层罐笼的最上层净高（带弹簧的主拉杆除外）不得小于 1.9 m，其他各层净高不得小于 1.8 m。带弹簧的主拉杆必须设保护套筒。

（六）罐笼内每人占有的有效面积应当不小于 $0.18 \, \text{m}^2$。罐笼每层内 1 次能容纳的人数应当明确规定。超过规定人数时，把钩工必须制止。

（七）严禁在罐笼同一层内人员和物料混合提升。升降无轨胶轮车时，仅限司机一人留在车内，且按提升人员要求运行。

第三百九十五条　立井罐笼提升井口、井底和各水平的安全门与罐笼位置、摇台或者锁罐装置、阻车器之间的联锁，必须符合下列要求：

（一）井口、井底和中间运输巷的安全门必须与罐位和提升信号联锁：罐笼到位并发出停车信号后安全门才能打开；安全门未关闭，只能发出调平和换层信号，但发不出开车信号；安全门关闭后才能发出开车信号；发出开车信号后，安全门不能打开。

（二）井口、井底和中间运输巷都应当设置摇台或者锁罐装置，并与罐笼停止位置、阻车器和提升信号系统联锁：罐笼未到位，放不下摇台或者锁罐装置，打不开阻车器；摇台或者锁罐装置未抬起，阻车器未关闭，发不出开车信号。

（三）立井井口和井底使用罐座时，必须设置闭锁装置，罐座未打开，发不出开车信号。升降人员时，严禁使用罐座。

第三百九十六条 提升容器的罐耳与罐道之间的间隙，应当符合下列要求：

（一）安装时，罐耳与罐道之间所留间隙应当符合下列要求：

1. 使用滑动罐耳的刚性罐道每侧不得超过 5 mm，木罐道每侧不得超过 10 mm。

2. 钢丝绳罐道的罐耳滑套直径与钢丝绳直径之差不得大于 5 mm。

3. 采用滚轮罐耳的矩形钢罐道的辅助滑动罐耳，每侧间隙应当保持 10~15 mm。

（二）使用时，罐耳和罐道的磨损量或者总间隙达到下列限值时，必须更换：

1. 木罐道任一侧磨损量超过 15 mm 或者总间隙超过 40 mm。

2. 钢轨罐道轨头任一侧磨损量超过 8 mm，或者轨腰磨损量超过原有厚度的 25%；罐耳的任一侧磨损量超过 8 mm，或者在同一侧罐耳和罐道的总磨损量超过 10 mm，或者罐耳与罐道的总间隙超过 20 mm。

3. 矩形钢罐道任一侧的磨损量超过原有厚度的 50%。

4. 钢丝绳罐道与滑套的总间隙超过 15 mm。

第三百九十七条 立井提升容器间及提升容器与井壁、罐道梁、井梁之间的最小间隙，必须符合表7要求。

提升容器在安装或者检修后，第一次开车前必须检查各个间隙，不符合要求时不得开车。

采用钢丝绳罐道，当提升容器之间的间隙小于表7要求时，必须设防撞绳。

表7　立井提升容器间及提升容器与井壁、

罐道梁、井梁间的最小间隙值　　　　　mm

罐道和井梁布置		容器与容器之间	容器与井壁之间	容器与罐道梁之间	容器与井梁之间	备　注
罐道布置在容器一侧		200	150	40	150	罐耳与罐道卡子之间为20
罐道布置在容器两侧	木罐道		200	50	200	有卸载滑轮的容器，滑轮与罐道梁间隙增加25
	钢罐道		150	40	150	
罐道布置在容器正面	木罐道	200	200	50	200	
	钢罐道	200	150	40	150	
钢丝绳罐道		500	350		350	设防撞绳时，容器之间最小间隙为200

第三百九十八条　钢丝绳罐道应当优先选用密封式钢丝绳。

每个提升容器（平衡锤）有4根罐道绳时，每根罐道绳的最小刚性系数不得小于500 N/m，各罐道绳张紧力之差不得小于平均张紧力的5%，内侧张紧力大，外侧张紧力小。

每个提升容器（平衡锤）有2根罐道绳时，每根罐道绳的刚性系数不得小于1000 N/m，各罐道绳的张紧力应当相等。单绳提升的2根主提升钢丝绳必须采用同一捻向或者阻旋转钢丝绳。

第三百九十九条　应当每年检查1次金属井架、井筒罐道梁和其他装备的固定和锈蚀情况，发现松动及时加固，发现防腐层剥落及时补刷防腐剂。检查和处理结果应当详细记录。

建井用金属井架，每次移设后都应当涂防腐剂。

第四百条　提升系统各部分每天必须由专职人员至少检查 1 次，每月还必须组织有关人员至少进行 1 次全面检查。

检查中发现问题，必须立即处理，检查和处理结果都应当详细记录。

第四百零一条　检修人员站在罐笼或箕斗顶上工作时，必须遵守下列规定：

（一）在罐笼或箕斗顶上，必须装设保险伞和栏杆。

（二）必须系好保险带。

（三）提升容器的速度，一般为 0.3 ~ 0.5 m/s，最大不得超过 2 m/s。

（四）检修用信号必须安全可靠。

第四百零二条　罐笼提升的井口和井底车场必须有把钩工。

人员上下井时，必须遵守乘罐制度，听从把钩工指挥。开车信号发出后严禁进出罐笼。

第四百零三条　每一提升装置，必须装有从井底信号工发给井口信号工和从井口信号工发给司机的信号装置。井口信号装置必须与提升机的控制回路相闭锁，只有在井口信号工发出信号后，提升机才能启动。除常用的信号装置外，还必须有备用信号装置。井底车场与井口之间、井口与司机操控台之间，除有上述信号装置外，还必须装设直通电话。

1 套提升装置服务多个水平时，从各水平发出的信号必须有区别。

第四百零四条　井底车场的信号必须经由井口信号工转发，不得越过井口信号工直接向提升机司机发送开车信号；但有下列情况之一时，不受此限：

（一）发送紧急停车信号。

（二）箕斗提升。

（三）单容器提升。

（四）井上下信号联锁的自动化提升系统。

第四百零五条　用多层罐笼升降人员或者物料时，井上、下各层出车平台都必须设有信号工。各信号工发送信号时，必须遵守下列规定：

（一）井下各水平的总信号工收齐该水平各层信号工的信号后，方可向井口总信号工发出信号。

（二）井口总信号工收齐井口各层信号工信号并接到井下水平总信号工信号后，才可向提升机司机发出信号。

信号系统必须设有保证按上述顺序发出信号的闭锁装置。

第四百零六条　在提升速度大于 3 m/s 的提升系统内，必须设防撞梁和托罐装置。防撞梁必须能够挡住过卷后上升的容器或者平衡锤，并不得兼作他用；托罐装置必须能够将撞击防撞梁后再下落的容器或者配重托住，并保证其下落的距离不超过 0.5 m。

第四百零七条　立井提升装置的过卷和过放应当符合下列要求：

（一）罐笼和箕斗提升，过卷和过放距离不得小于表 8 所列数值。

表8　立井提升装置的过卷和过放距离

提升速度*/(m·s⁻¹)	≤3	4	6	8	≥10
过卷、过放距离/m	4.0	4.75	6.5	8.25	≥10.0

＊提升速度为表 8 中所列速度的中间值时，用插值法计算。

（二）在过卷和过放距离内，应当安设性能可靠的缓冲装置。缓冲装置应当能将全速过卷（过放）的容器或者平衡锤平稳地停住，并保证不再反向下滑或者反弹。

（三）过放距离内不得积水和堆积杂物。

（四）缓冲托罐装置必须每年至少进行 1 次检查和保养。

第三节　钢丝绳和连接装置

第四百零八条　各种用途钢丝绳的安全系数，必须符合下列要求：

（一）各种用途钢丝绳悬挂时的安全系数，必须符合表 9 的要求。

表9　钢丝绳安全系数最小值

用　途　分　类			安全系数*的最小值
单绳缠绕式提升装置	专为升降人员		9
	升降人员和物料	升降人员时	9
		混合提升时**	9
		升降物料时	7.5
	专为升降物料		6.5
摩擦轮式提升装置	专为升降人员		$9.2 - 0.0005H$***
	升降人员和物料	升降人员时	$9.2 - 0.0005H$
		混合提升时	$9.2 - 0.0005H$
		升降物料时	$8.2 - 0.0005H$
	专为升降物料		$7.2 - 0.0005H$
倾斜钢丝绳牵引带式输送机	运人		$6.5 - 0.001L$****但不得小于6
	运物		$5 - 0.001L$但不得小于4
倾斜无极绳绞车	运人		$6.5 - 0.001L$但不得小于6
	运物		$5 - 0.001L$但不得小于3.5
架空乘人装置			6
悬挂安全梯用的钢丝绳			6
罐道绳、防撞绳、起重用的钢丝绳			6
悬挂吊盘、水泵、排水管、抓岩机等用的钢丝绳			6
悬挂风筒、风管、供水管、注浆管、输料管、电缆用的钢丝绳			5
拉紧装置用的钢丝绳			5
防坠器的制动绳和缓冲绳（按动载荷计算）			3

* 钢丝绳的安全系数，等于实测的合格钢丝拉断力的总和与其所承受的最大静拉力（包括绳端载荷和钢丝绳自重所引起的静拉力）之比；

** 混合提升指多层罐笼同一次在不同层内提升人员和物料；

*** H 为钢丝绳悬挂长度，m；

**** L 为由驱动轮到尾部绳轮的长度，m。

（二）在用的缠绕式提升钢丝绳在定期检验时，安全系数小于下列规定值时，应当及时更换：

1. 专为升降人员用的小于7。

2. 升降人员和物料用的钢丝绳：升降人员时小于7，升降物料时小于6。

3. 专为升降物料和悬挂吊盘用的小于5。

第四百零九条　各种用途钢丝绳的韧性指标，必须符合表10的要求。

第四百一十条　新钢丝绳的使用与管理，必须遵守下列规定：

（一）钢丝绳到货后，应当进行性能检验。合格后应当妥善保管备用，防止损坏或者锈蚀。

表10　不同钢丝绳的韧性指标

钢丝绳用途	钢丝绳种类	钢丝绳韧性指标下限		说　明
		新　绳	在用绳	
升降人员或升降人员和物料	光面绳	MT 716 中光面钢丝绳韧性指标	新绳韧性指标的90%	在用绳按 MT 717 标准（面接触绳除外）
	镀锌绳	MT 716 中 AB 类镀锌钢丝韧性指标	新绳韧性指标的85%	
	面接触绳	GB/T 16269 中钢丝韧性指标	新绳韧性指标的90%	
升降物料	光面绳	MT 716 中光面钢丝绳韧性指标	新绳韧性指标的80%	
	镀锌绳	MT 716 中 A 类镀锌钢丝韧性指标	新绳韧性指标的80%	
	面接触绳	GB/T 16269 中钢丝韧性指标	新绳韧性指标的80%	
罐道绳	密封绳	特级	普级	按 YB/T 5295 标准

（二）每根钢丝绳的出厂合格证、验收检验报告等原始资料应当保存完整。

（三）存放时间超过1年的钢丝绳，在悬挂前必须再进行性能检测，合格后方可使用。

（四）钢丝绳悬挂前，必须对每根钢丝做拉断、弯曲和扭转 3 种试验，以公称直径为准对试验结果进行计算和判定：

1. 不合格钢丝的断面积与钢丝总断面积之比达到 6%，不得用作升降人员；达到 10%，不得用作升降物料。

2. 钢丝绳的安全系数小于本规程第四百零八条的规定时，该钢丝绳不得使用。

（五）主要提升装置必须有检验合格的备用钢丝绳。

（六）专用于斜井提升物料且直径不大于 18 mm 的钢丝绳，有产品合格证和检测检验报告等，外观检查无锈蚀和损伤的，可以不进行（一）、（三）所要求的检验。

第四百一十一条　在用钢丝绳的检验、检查与维护，应当遵守下列规定：

（一）升降人员或者升降人员和物料用的缠绕式提升钢丝绳，自悬挂使用后每 6 个月进行 1 次性能检验；悬挂吊盘的钢丝绳，每 12 个月检验 1 次。

（二）升降物料用的缠绕式提升钢丝绳，悬挂使用 12 个月内必须进行第一次性能检验，以后每 6 个月检验 1 次。

（三）缠绕式提升钢丝绳的定期检验，可以只做每根钢丝的拉断和弯曲 2 种试验。试验结果，以公称直径为准进行计算和判定。出现下列情况的钢丝绳，必须停止使用：

1. 不合格钢丝的断面积与钢丝总断面积之比达到 25% 时；

2. 钢丝绳的安全系数小于本规程第四百零八条规定时。

（四）摩擦式提升钢丝绳、架空乘人装置钢丝绳、平衡钢丝绳以及专用于斜井提升物料且直径不大于 18 mm 的钢丝绳，不受（一）、（二）限制。

（五）提升钢丝绳必须每天检查 1 次，平衡钢丝绳、罐道绳、防坠器制动绳（包括缓冲绳）、架空乘人装置钢丝绳、钢丝绳牵引带式输送机钢丝绳和井筒悬吊钢丝绳必须每周至少检查 1 次。对易损坏和断丝或者锈蚀较多的一段应当停车详细检查。断丝的突出部分应当在检查时剪下。检查结果应当记入钢丝绳检查记录簿。

（六）对使用中的钢丝绳，应当根据井巷条件及锈蚀情况，采取防腐措施。摩擦提升钢丝绳的摩擦传动段应当涂、浸专用的钢丝绳增摩脂。

（七）平衡钢丝绳的长度必须与提升容器过卷高度相适应，防止过卷时损坏平衡钢丝绳。使用圆形平衡钢丝绳时，必须有避免平衡钢丝绳扭结的装置。

（八）严禁平衡钢丝绳浸泡水中。

（九）多绳提升的任意一根钢丝绳的张力与平均张力之差不得超过±10%。

第四百一十二条 钢丝绳的报废和更换，应当遵守下列规定：

（一）钢丝绳的报废类型、内容及标准应当符合表11的要求。达到其中一项的，必须报废。

表11 钢丝绳的报废类型、内容及标准

项目	钢丝绳类别		报废标准	说 明
使用期限	摩擦式提升机	提升钢丝绳	2年	如果钢丝绳的断丝、直径缩小和锈蚀程度不超过本表断丝、直径缩小、锈蚀类型的规定，可继续使用1年
		平衡钢丝绳	4年	
	井筒中悬挂水泵、抓岩机的钢丝绳		1年	
	悬挂风管、输料管、安全梯和电缆的钢丝绳		2年	到期后经检查鉴定，锈蚀程度不超过本表锈蚀类型的规定，可以继续使用
断丝	升降人员或者升降人员和物料用钢丝绳		5%	各种股捻钢丝绳在1个捻距内断丝断面积与钢丝总断面积之比
	专为升降物料用的钢丝绳、平衡钢丝绳、防坠器的制动钢丝绳（包括缓冲绳）、兼作运人的钢丝绳牵引带式输送机的钢丝绳和架空乘人装置的钢丝绳		10%	
	罐道钢丝绳		15%	
	无极绳运输和专为运物料的钢丝绳牵引带式输送机用的钢丝绳		25%	

表 11 （续）

项目	钢丝绳类别	报废标准	说　明
直径缩小	提升钢丝绳、架空乘人装置或者制动钢丝绳	10%	1. 以钢丝绳公称直径为准计算的直径减小量 2. 使用密封式钢丝绳时，外层钢丝厚度磨损量达到50%时，应当更换
	罐道钢丝绳	15%	
锈蚀	各类钢丝绳		1. 钢丝出现变黑、锈皮、点蚀麻坑等损伤时，不得再用作升降人员 2. 钢丝绳锈蚀严重，或者点蚀麻坑形成沟纹，或者外层钢丝松动时，不论断丝数多少或者绳径是否变化，应当立即更换

（二）更换摩擦式提升机钢丝绳时，必须同时更换全部钢丝绳。

第四百一十三条　钢丝绳在运行中遭受到卡罐、突然停车等猛烈拉力时，必须立即停车检查，发现下列情况之一者，必须将受损段剁掉或者更换全绳：

（一）钢丝绳产生严重扭曲或者变形。

（二）断丝超过本规程第四百一十二条的规定。

（三）直径减小量超过本规程第四百一十二条的规定。

（四）遭受猛烈拉力的一段的长度伸长0.5%以上。

在钢丝绳使用期间，断丝数突然增加或者伸长突然加快，必须立即更换。

第四百一十四条　有接头的钢丝绳，仅限于下列设备中使用：

（一）平巷运输设备。

（二）无极绳绞车。

（三）架空乘人装置。

（四）钢丝绳牵引带式输送机。

钢丝绳接头的插接长度不得小于钢丝绳直径的1000倍。

第四百一十五条　新安装或者大修后的防坠器，必须进行脱钩试验，合格后方可使用。对使用中的立井罐笼防坠器，应当每6个月进行1次不脱钩试验，每年进行1次脱钩试验。对使用中的斜井人车防坠器，应当每班进行1次手动落闸试验、每月进行1次静止松绳落闸试验、每年进行1次重载全速脱钩试验。防坠器的各个连接和传动部分，必须处于灵活状态。

第四百一十六条　立井和斜井使用的连接装置的性能指标和投用前的试验，必须符合下列要求：

（一）各类连接装置的安全系数必须符合表12的要求。

表12　各类连接装置的安全系数最小值

用　　途		安全系数最小值
专门升降人员的提升容器连接装置		13
升降人员和物料的提升容器连接装置	升降人员时	13
	升降物料时	10
专为升降物料的提升容器的连接装置		10
斜井人车的连接装置		13
矿车的车梁、碰头和连接插销		6
无极绳的连接装置		8
吊桶的连接装置		13
凿井用吊盘、安全梯、水泵、抓岩机的悬挂装置		10
凿井用风管、水管、风筒、注浆管的悬挂装置		8
倾斜井巷中使用的单轨吊车、卡轨车和齿轨车的连接装置	运人时	13
	运物时	10

注：连接装置的安全系数等于主要受力部件的破断力与其所承受的最大静载荷之比。

（二）各种环链的安全系数，必须以曲梁理论计算的应力为准，并同时符合下列要求：

1. 按材料屈服强度计算的安全系数，不小于 2.5；

2. 以模拟使用状态拉断力计算的安全系数，不小于 13。

（三）各种连接装置主要受力件的冲击功必须符合下列要求：

1. 常温（15 ℃）下不小于 100 J；

2. 低温（-30 ℃）下不小于 70 J。

（四）各种保险链以及矿车的连接环、链和插销等，必须符合下列要求：

1. 批量生产的，必须做抽样拉断试验，不符合要求时不得使用；

2. 初次使用前和使用后每隔 2 年，必须逐个以 2 倍于其最大静荷重的拉力进行试验，发现裂纹或者永久伸长量超过 0.2% 时，不得使用。

（五）立井提升容器与提升钢丝绳的连接，应当采用楔形连接装置。每次更换钢丝绳时，必须对连接装置的主要受力部件进行探伤检验，合格后方可继续使用。楔形连接装置的累计使用期限：单绳提升不得超过 10 年；多绳提升不得超过 15 年。

（六）倾斜井巷运输时，矿车之间的连接、矿车与钢丝绳之间的连接，必须使用不能自行脱落的连接装置，并加装保险绳。

（七）倾斜井巷运输用的钢丝绳连接装置，在每次换钢丝绳时，必须用 2 倍于其最大静荷重的拉力进行试验。

（八）倾斜井巷运输用的矿车连接装置，必须至少每年进行 1 次 2 倍于其最大静荷重的拉力试验。

第四节　提　升　装　置

第四百一十七条　提升装置的天轮、卷筒、摩擦轮、导向轮和导向滚等的最小直径与钢丝绳直径之比值，应当符合表 13 的要求。

第四百一十八条　各种提升装置的卷筒上缠绕的钢丝绳层数，必须符合下列要求：

（一）立井中升降人员或者升降人员和物料的不超过 1 层，专为升降物料的不超过 2 层。

表 13　提升装置的天轮、卷筒、摩擦轮、导向轮和
导向滚等的最小直径与钢丝绳直径之比值

用　　途		最小比值	说　明
落地式摩擦提升装置的摩擦轮及天轮、围抱角大于 180° 的塔式摩擦提升装置的摩擦轮	井上	90	在这些提升装置中，如使用密封式提升钢丝绳，应当将各相应的比值增加 20%
	井下	80	
围抱角为 180° 的塔式摩擦提升装置的摩擦轮	井上	80	
	井下	70	
摩擦提升装置的导向轮		80	
地面缠绕式提升装置的卷筒和围抱角大于 90° 的天轮		80	
地面缠绕式提升装置围抱角小于 90° 的天轮		60	
井下缠绕式提升机和凿井提升机的卷筒，井下架空乘人装置的主导轮和尾导轮、围抱角大于 90° 的天轮		60	
井下缠绕式提升机、凿井提升机和井下架空乘人装置围抱角小于 90° 的天轮		40	
斜井提升的游动天轮	围抱角大于 60°	60	在这些提升装置中，如使用密封式提升钢丝绳，应当将各相应的比值增加 20%
	围抱角在 35°~60°	40	
	围抱角小于 35°	20	
矸石山绞车的卷筒和天轮		50	
悬挂水泵、吊盘、管子用的卷筒和天轮，凿井时运输物料的提升机卷筒和天轮，倾斜井巷提升机的游动轮，矸石山绞车的压绳轮以及无极绳运输的导向滚等		20	

（二）倾斜井巷中升降人员或者升降人员和物料的不超过 2 层，

升降物料的不超过 3 层。

（三）建井期间升降人员和物料的不超过 2 层。

（四）现有生产矿井在用的绞车，如果在滚筒上装设过渡绳楔，滚筒强度满足要求且滚筒边缘高度符合本规程第四百一十九条要求，可按本条（一）、（二）所规定的层数增加 1 层。

（五）移动式或者辅助性专为升降物料的（包括矸石山和向天桥上提升等），不受本条（一）、（二）、（三）的限制。

第四百一十九条　缠绕 2 层或者 2 层以上钢丝绳的卷筒，必须符合下列要求：

（一）卷筒边缘高出最外层钢丝绳的高度，至少为钢丝绳直径的 2.5 倍。

（二）卷筒上必须设有带绳槽的衬垫。

（三）钢丝绳由下层转到上层的临界段（相当于绳圈 1/4 长的部分）必须经常检查，并每季度将钢丝绳移动 1/4 绳圈的位置。

对现有不带绳槽衬垫的在用提升机，只要在卷筒板上刻有绳槽或者用 1 层钢丝绳作底绳，可继续使用。

第四百二十条　钢丝绳绳头固定在卷筒上时，应当符合下列要求：

（一）必须有特备的容绳或者卡绳装置，严禁系在卷筒轴上。

（二）绳孔不得有锐利的边缘，钢丝绳的弯曲不得形成锐角。

（三）卷筒上应当缠留 3 圈绳，以减轻固定处的张力，还必须留有定期检验用绳。

第四百二十一条　通过天轮的钢丝绳必须低于天轮的边缘，其高差：提升用天轮不得小于钢丝绳直径的 1.5 倍，悬吊用天轮不得小于钢丝绳直径的 1 倍。

天轮和摩擦轮绳槽衬垫磨损达到下列限值，必须更换：

（一）天轮绳槽衬垫磨损达到 1 根钢丝绳直径的深度，或者沿侧面磨损达到钢丝绳直径的 1/2。

（二）摩擦轮绳槽衬垫磨损剩余厚度小于钢丝绳直径，绳槽磨损深度超过 70 mm。

第四百二十二条　矿井提升系统的加（减）速度和提升速度必须符合表14的要求。

表14　矿井提升系统的加（减）速度和提升速度值

项　目	立井提升		斜井提升	
	升降人员	升降物料	串车提升	箕斗提升
加（减）速度/（m·s^{-2}）	≤0.75		≤0.5	
提升速度/（m·s^{-1}）	$v≤0.5\sqrt{H}$，且不超过12	$v≤0.6\sqrt{H}$	≤5	≤7，当铺设固定道床且钢轨≥38 kg/m时，≤9

注：v—最大提升速度，m/s；H—提升高度，m。

第四百二十三条　提升装置必须按下列要求装设安全保护：

（一）过卷和过放保护：当提升容器超过正常终端停止位置或者出车平台0.5 m时，必须能自动断电，且使制动器实施安全制动。

（二）超速保护：当提升速度超过最大速度15%时，必须能自动断电，且使制动器实施安全制动。

（三）过负荷和欠电压保护。

（四）限速保护：提升速度超过3 m/s的提升机应当装设限速保护，以保证提升容器或者平衡锤到达终端位置时的速度不超过2 m/s。当减速段速度超过设定值的10%时，必须能自动断电，且使制动器实施安全制动。

（五）提升容器位置指示保护：当位置指示失效时，能自动断电，且使制动器实施安全制动。

（六）闸瓦间隙保护：当闸瓦间隙超过规定值时，能报警并闭锁下次开车。

（七）松绳保护：缠绕式提升机应当设置松绳保护装置并接入安全回路或者报警回路。箕斗提升时，松绳保护装置动作后，严禁受煤仓放煤。

（八）仓位超限保护：箕斗提升的井口煤仓仓位超限时，能报警并闭锁开车。

（九）减速功能保护：当提升容器或者平衡锤到达设计减速点时，能示警并开始减速。

（十）错向运行保护：当发生错向时，能自动断电，且使制动器实施安全制动。

过卷保护、超速保护、限速保护和减速功能保护应当设置为相互独立的双线型式。

缠绕式提升机应当加设定车装置。

第四百二十四条　提升机必须装设可靠的提升容器位置指示器、减速声光示警装置，必须设置机械制动和电气制动装置。

严禁司机擅自离开工作岗位。

第四百二十五条　机械制动装置应当采用弹簧式，能实现工作制动和安全制动。

工作制动必须采用可调节的机械制动装置。

安全制动必须有并联冗余的回油通道。

双滚筒提升机每个滚筒的制动装置必须能够独立控制，并具有调绳功能。

第四百二十六条　提升机机械制动装置的性能，必须符合下列要求：

（一）制动闸空动时间：盘式制动装置不得超过 0.3 s，径向制动装置不得超过 0.5 s。

（二）盘形闸的闸瓦与闸盘之间的间隙不得超过 2 mm。

（三）制动力矩倍数必须符合下列要求：

1. 制动装置产生的制动力矩与实际提升最大载荷旋转力矩之比 K 值不得小于 3。

2. 对质量模数较小的提升机，上提重载保险闸的制动减速度超过本规程规定值时，K 值可以适当降低，但不得小于 2。

3. 在调整双滚筒提升机滚筒旋转的相对位置时，制动装置在各滚筒闸轮上所产生的力矩，不得小于该滚筒所悬重量（钢丝绳重量与提升容器重量之和）形成的旋转力矩的 1.2 倍。

　　4. 计算制动力矩时，闸轮和闸瓦的摩擦系数应当根据实测确定，一般采用 0.30 ~ 0.35。

　　第四百二十七条　各类提升机的制动装置发生作用时，提升系统的安全制动减速度，必须符合下列要求：

　　（一）提升系统的安全制动减速度必须符合表 15 的要求。

表 15　提升系统安全制动减速度规定值

减速度	$\theta \leqslant 30°$	$\theta > 30°$
提升减速度/($\text{m} \cdot \text{s}^{-2}$)	$\leqslant A_c^{\,*}$	$\leqslant 5$
下放减速度/($\text{m} \cdot \text{s}^{-2}$)	$\geqslant 0.75$	$\geqslant 1.5$

$* A_c = g(\sin\theta + f\cos\theta)$

式中　A_c—自然减速度，m/s^2；

　　　　g—重力加速度，m/s^2；

　　　　θ—井巷倾角，（°）；

　　　　f—绳端载荷的运行阻力系数，一般取 0.010 ~ 0.015。

　　（二）摩擦式提升机安全制动时，除必须符合表 15 的要求外，还必须符合下列防滑要求：

　　1. 在各种载荷（满载或者空载）和提升状态（上提或者下放重物）下，制动装置所产生的制动减速度计算值不得超过滑动极限。钢丝绳与摩擦轮衬垫间摩擦系数的取值不得大于 0.25。由钢丝绳自重所引起的不平衡重必须计入。

　　2. 在各种载荷和提升状态下，制动装置发生作用时，钢丝绳都不出现滑动。

　　计算或者验算时，以本条第（二）款第 1 项为准；在用设备，以本条第（二）款第 2 项为准。

　　第四百二十八条　提升机操作必须遵守下列规定：

　　（一）主要提升装置应当配有正、副司机。自动化运行的专用于提升物料的箕斗提升机，可不配备司机值守，但应当设图像监视并定时巡检。

（二）升降人员的主要提升装置在交接班升降人员的时间内，必须正司机操作，副司机监护。

（三）每班升降人员前，应当先空载运行 1 次，检查提升机动作情况；但连续运转时，不受此限。

（四）如发生故障，必须立即停止提升机运行，并向矿调度室报告。

第四百二十九条　新安装的矿井提升机，必须验收合格后方可投入运行。专门升降人员及混合提升的系统应当每年进行 1 次性能检测，其他提升系统每 3 年进行 1 次性能检测，检测合格后方可继续使用。

第四百三十条　提升装置管理必须具备下列资料，并妥善保管：

（一）提升机说明书。

（二）提升机总装配图。

（三）制动装置结构图和制动系统图。

（四）电气系统图。

（五）提升机、钢丝绳、天轮、提升容器、防坠器和罐道等的检查记录簿。

（六）钢丝绳的检验和更换记录簿。

（七）安全保护装置试验记录簿。

（八）故障记录簿。

（九）岗位责任制和设备完好标准。

（十）司机交接班记录簿。

（十一）操作规程。

制动系统图、电气系统图、提升装置的技术特征和岗位责任制等应当悬挂在提升机房内。

第五节　空气压缩机

第四百三十一条　矿井应当在地面集中设置空气压缩机站。

在井下设置空气压缩设备时，应当遵守下列规定：

（一）应当采用螺杆式空气压缩机，严禁使用滑片式空气压缩机。

（二）固定式空气压缩机和储气罐必须分别设置在2个独立硐室内，并保证独立通风。

（三）移动式空气压缩机必须设置在采用不燃性材料支护且具有新鲜风流的巷道中。

（四）应当设自动灭火装置。

（五）运行时必须有人值守。

第四百三十二条　空气压缩机站设备必须符合下列要求：

（一）设有压力表和安全阀。压力表和安全阀应当定期校准。安全阀和压力调节器应当动作可靠，安全阀动作压力不得超过额定压力的1.1倍。

（二）使用闪点不低于215℃的压缩机油。

（三）使用油润滑的空气压缩机必须装设断油保护装置或者断油信号显示装置。水冷式空气压缩机必须装设断水保护装置或者断水信号显示装置。

第四百三十三条　空气压缩机站的储气罐必须符合下列要求：

（一）储气罐上装有动作可靠的安全阀和放水阀，并有检查孔。定期清除风包内的油垢。

（二）新安装或者检修后的储气罐，应当用1.5倍空气压缩机工作压力做水压试验。

（三）在储气罐出口管路上必须加装释压阀，其口径不得小于出风管的直径，释放压力应当为空气压缩机最高工作压力的1.25～1.4倍。

（四）避免阳光直晒地面空气压缩机站的储气罐。

第四百三十四条　空气压缩设备的保护，必须遵守下列规定：

（一）螺杆式空气压缩机的排气温度不得超过120℃，离心式空气压缩机的排气温度不得超过130℃。必须装设温度保护装置，在超温时能自动切断电源并报警。

（二）储气罐内的温度应当保持在120℃以下，并装有超温保护装置，在超温时能自动切断电源并报警。

第十章　电　　气

第一节　一　般　规　定

第四百三十五条　煤矿地面、井下各种电气设备和电力系统的设计、选型、安装、验收、运行、检修、试验等必须按本规程执行。

第四百三十六条　矿井应当有两回路电源线路（即来自两个不同变电站或者来自不同电源进线的同一变电站的两段母线）。当任一回路发生故障停止供电时，另一回路应当担负矿井全部用电负荷。区域内不具备两回路供电条件的矿井采用单回路供电时，应当报安全生产许可证的发放部门审查。采用单回路供电时，必须有备用电源。备用电源的容量必须满足通风、排水、提升等要求，并保证主要通风机等在 10 min 内可靠启动和运行。备用电源应当有专人负责管理和维护，每 10 天至少进行一次启动和运行试验，试验期间不得影响矿井通风等，试验记录要存档备查。

矿井的两回路电源线路上都不得分接任何负荷。

正常情况下，矿井电源应当采用分列运行方式。若一回路运行，另一回路必须带电备用。带电备用电源的变压器可以热备用；若冷备用，备用电源必须能及时投入，保证主要通风机在 10 min 内启动和运行。

10 kV 及以下的矿井架空电源线路不得共杆架设。

矿井电源线路上严禁装设负荷定量器等各种限电断电装置。

第四百三十七条　矿井供电电能质量应当符合国家有关规定；电力电子设备或者变流设备的电磁兼容性应当符合国家标准、规范要求。

电气设备不应超过额定值运行。

第四百三十八条　对井下各水平中央变（配）电所和采（盘）区变（配）电所、主排水泵房和下山开采的采区排水泵房供电线路，不得少于两回路。当任一回路停止供电时，其余回路应当承担全部用电负荷。向局部通风机供电的井下变（配）电所应当采用分列运行方式。

主要通风机、提升人员的提升机、抽采瓦斯泵、地面安全监控中心等主要设备房，应当各有两回路直接由变（配）电所馈出的供电线路;受条件限制时,其中的一回路可引自上述设备房的配电装置。

向突出矿井自救系统供风的压风机、井下移动瓦斯抽采泵应当各有两回路直接由变（配）电所馈出的供电线路。

本条上述供电线路应当来自各自的变压器或者母线段，线路上不应分接任何负荷。

本条上述设备的控制回路和辅助设备，必须有与主要设备同等可靠的备用电源。

向采区供电的同一电源线路上，串接的采区变电所数量不得超过3个。

第四百三十九条　采区变电所应当设专人值班。无人值班的变电所必须关门加锁，并有巡检人员巡回检查。

实现地面集中监控并有图像监视的变电所可以不设专人值班，硐室必须关门加锁，并有巡检人员巡回检查。

第四百四十条　严禁井下配电变压器中性点直接接地。

严禁由地面中性点直接接地的变压器或者发电机直接向井下供电。

第四百四十一条　选用井下电气设备必须符合表16的要求。

表 16　井 下 电 气 设 备 选 型

设备类别	突出矿井和瓦斯喷出区域	高瓦斯矿井、低瓦斯矿井				
		井底车场、中央变电所、总进风巷和主要进风巷		翻车机硐室	采区进风巷	总回风巷、主要回风巷、采区回风巷、采掘工作面和工作面进、回风巷
		低瓦斯矿井	高瓦斯矿井			
1. 高低压电机和电气设备	矿用防爆型（增安型除外）	矿用一般型	矿用一般型	矿用防爆型	矿用防爆型	矿用防爆型（增安型除外）

表 16（续）

设备类别	突出矿井和瓦斯喷出区域	高瓦斯矿井、低瓦斯矿井		翻车机硐室	采区进风巷	总回风巷、主要回风巷、采区回风巷、采掘工作面和工作面进、回风巷
		井底车场、中央变电所、总进风巷和主要进风巷				
		低瓦斯矿井	高瓦斯矿井			
2. 照明灯具	矿用防爆型（增安型除外）	矿用一般型	矿用防爆型	矿用防爆型	矿用防爆型	矿用防爆型（增安型除外）
3. 通信、自动控制的仪表、仪器	矿用防爆型（增安型除外）	矿用一般型	矿用防爆型	矿用防爆型	矿用防爆型	矿用防爆型（增安型除外）

注：1. 使用架线电机车运输的巷道中及沿巷道的机电设备硐室内可以采用矿用一般型电气设备（包括照明灯具、通信、自动控制的仪表、仪器）。

2. 突出矿井井底车场的主泵房内，可以使用矿用增安型电动机。

3. 突出矿井应当采用本安型矿灯。

4. 远距离传输的监测监控、通信信号应当采用本安型，动力载波信号除外。

5. 在爆炸性环境中使用的设备应当采用 EPL Ma 保护级别。非煤矿专用的便携式电气测量仪表，必须在甲烷浓度 1.0% 以下的地点使用，并实时监测使用环境的甲烷浓度。

第四百四十二条　井下不得带电检修电气设备。严禁带电搬迁非本安型电气设备、电缆，采用电缆供电的移动式用电设备不受此限。

检修或者搬迁前，必须切断上级电源，检查瓦斯，在其巷道风流中甲烷浓度低于 1.0% 时，再用与电源电压相适应的验电笔检验；检验无电后，方可进行导体对地放电。开关把手在切断电源时必须闭锁，并悬挂"有人工作，不准送电"字样的警示牌，只有执行这项工作的人员才有权取下此牌送电。

第四百四十三条　操作井下电气设备应当遵守下列规定：

（一）非专职人员或者非值班电气人员不得操作电气设备。

（二）操作高压电气设备主回路时，操作人员必须戴绝缘手套，并穿电工绝缘靴或者站在绝缘台上。

（三）手持式电气设备的操作手柄和工作中必须接触的部分必须有良好绝缘。

第四百四十四条　容易碰到的、裸露的带电体及机械外露的转动和传动部分必须加装护罩或者遮栏等防护设施。

第四百四十五条　井下各级配电电压和各种电气设备的额定电压等级，应当符合下列要求：

（一）高压不超过 10000 V。

（二）低压不超过 1140 V。

（三）照明和手持式电气设备的供电额定电压不超过 127 V。

（四）远距离控制线路的额定电压不超过 36 V。

（五）采掘工作面用电设备电压超过 3300 V 时，必须制定专门的安全措施。

第四百四十六条　井下配电系统同时存在 2 种或者 2 种以上电压时，配电设备上应当明显地标出其电压额定值。

第四百四十七条　矿井必须备有井上、下配电系统图，井下电气设备布置示意图和供电线路平面敷设示意图，并随着情况变化定期填绘。图中应当注明：

（一）电动机、变压器、配电设备等装设地点。

（二）设备的型号、容量、电压、电流等主要技术参数及其他技术性能指标。

（三）馈出线的短路、过负荷保护的整定值以及被保护干线和支线最远点两相短路电流值。

（四）线路电缆的用途、型号、电压、截面和长度。

（五）保护接地装置的安设地点。

第四百四十八条　防爆电气设备到矿验收时，应当检查产品合格证、煤矿矿用产品安全标志，并核查与安全标志审核的一致性。入井前，应当进行防爆检查，签发合格证后方准入井。

第二节　电气设备和保护

第四百四十九条　井下电力网的短路电流不得超过其控制用的断路器的开断能力，并校验电缆的热稳定性。

第四百五十条　井下严禁使用油浸式电气设备。

40 kW 及以上的电动机，应当采用真空电磁起动器控制。

第四百五十一条　井下高压电动机、动力变压器的高压控制设备，应当具有短路、过负荷、接地和欠压释放保护。井下由采区变电所、移动变电站或者配电点引出的馈电线上，必须具有短路、过负荷和漏电保护。低压电动机的控制设备，必须具备短路、过负荷、单相断线、漏电闭锁保护及远程控制功能。

第四百五十二条　井下配电网路（变压器馈出线路、电动机等）必须具有过流、短路保护装置；必须用该配电网路的最大三相短路电流校验开关设备的分断能力和动、热稳定性以及电缆的热稳定性。

必须用最小两相短路电流校验保护装置的可靠动作系数。保护装置必须保证配电网路中最大容量的电气设备或者同时工作成组的电气设备能够起动。

第四百五十三条　矿井 6000 V 及以上高压电网，必须采取措施限制单相接地电容电流，生产矿井不超过 20 A，新建矿井不超过 10 A。

井上、下变电所的高压馈电线上，必须具备有选择性的单相接地保护；向移动变电站和电动机供电的高压馈电线上，必须具有选择性的动作于跳闸的单相接地保护。

井下低压馈电线上，必须装设检漏保护装置或者有选择性的漏电保护装置，保证自动切断漏电的馈电线路。

每天必须对低压漏电保护进行 1 次跳闸试验。

煤电钻必须使用具有检漏、漏电闭锁、短路、过负荷、断相和远距离控制功能的综合保护装置。每班使用前，必须对煤电钻综合保护装置进行 1 次跳闸试验。

突出矿井禁止使用煤电钻，煤层突出参数测定取样时不受此限。

第四百五十四条　直接向井下供电的馈电线路上，严禁装设自动重合闸。手动合闸时，必须事先同井下联系。

第四百五十五条　井上、下必须装设防雷电装置，并遵守下列规定：

（一）经由地面架空线路引入井下的供电线路和电机车架线，必须在入井处装设防雷电装置。

（二）由地面直接入井的轨道、金属架构及露天架空引入（出）井的管路，必须在井口附近对金属体设置不少于 2 处的良好的集中接地。

第三节　井下机电设备硐室

第四百五十六条　永久性井下中央变电所和井底车场内的其他机电设备硐室，应当采用砌碹或者其他可靠的方式支护，采区变电所应当用不燃性材料支护。

硐室必须装设向外开的防火铁门。铁门全部敞开时，不得妨碍运输。铁门上应当装设便于关严的通风孔。装有铁门时，门内可加设向外开的铁栅栏门，但不得妨碍铁门的开闭。

从硐室出口防火铁门起 5 m 内的巷道，应当砌碹或者用其他不燃性材料支护。硐室内必须设置足够数量的扑灭电气火灾的灭火器材。

井下中央变电所和主要排水泵房的地面标高，应当分别比其出口与井底车场或者大巷连接处的底板标高高出 0.5 m。

硐室不应有滴水。硐室的过道应当保持畅通，严禁存放无关的设备和物件。

第四百五十七条　采掘工作面配电点的位置和空间必须满足设备安装、拆除、检修和运输等要求，并采用不燃性材料支护。

第四百五十八条　变电硐室长度超过 6 m 时，必须在硐室的两端各设 1 个出口。

第四百五十九条　硐室内各种设备与墙壁之间应当留出 0.5 m 以上的通道，各种设备之间留出 0.8 m 以上的通道。对不需从两侧或者后面进行检修的设备，可以不留通道。

第四百六十条 硐室入口处必须悬挂"非工作人员禁止入内"警示牌。硐室内必须悬挂与实际相符的供电系统图。硐室内有高压电气设备时，入口处和硐室内必须醒目悬挂"高压危险"警示牌。

硐室内的设备，必须分别编号，标明用途，并有停送电的标志。

第四节 输电线路及电缆

第四百六十一条 地面固定式架空高压电力线路应当符合下列要求：

（一）在开采沉陷区架设线路时，两回电源线路之间有足够的安全距离，并采取必要的安全措施。

（二）架空线不得跨越易燃、易爆物的仓储区域，与地面、建筑物、树木、道路、河流及其他架空线等间距应当符合国家有关规定。

（三）在多雷区的主要通风机房、地面瓦斯抽采泵站的架空线路应当有全线避雷设施。

（四）架空线路、杆塔或者线杆上应当有线路名称、杆塔编号以及安全警示等标志。

第四百六十二条 在总回风巷、专用回风巷及机械提升的进风倾斜井巷（不包括输送机上、下山）中不应敷设电力电缆。确需在机械提升的进风倾斜井巷（不包括输送机上、下山）中敷设电力电缆时，应当有可靠的保护措施，并经矿总工程师批准。

溜放煤、矸、材料的溜道中严禁敷设电缆。

第四百六十三条 井下电缆的选用应当遵守下列规定：

（一）电缆主线芯的截面应当满足供电线路负荷的要求。电缆应当带有供保护接地用的足够截面的导体。

（二）对固定敷设的高压电缆：

1. 在立井井筒或者倾角为45°及其以上的井巷内，应当采用煤矿用粗钢丝铠装电力电缆。

2. 在水平巷道或者倾角在45°以下的井巷内，应当采用煤矿用钢带或者细钢丝铠装电力电缆。

3. 在进风斜井、井底车场及其附近、中央变电所至采区变电所之间，可以采用铝芯电缆；其他地点必须采用铜芯电缆。

（三）固定敷设的低压电缆，应当采用煤矿用铠装或者非铠装电力电缆或者对应电压等级的煤矿用橡套软电缆。

（四）非固定敷设的高低压电缆，必须采用煤矿用橡套软电缆。移动式和手持式电气设备应当使用专用橡套电缆。

第四百六十四条　电缆的敷设应当符合下列要求：

（一）在水平巷道或者倾角在30°以下的井巷中，电缆应当用吊钩悬挂。

（二）在立井井筒或者倾角在30°及以上的井巷中，电缆应当用夹子、卡箍或者其他夹持装置进行敷设。夹持装置应当能承受电缆重量，并不得损伤电缆。

（三）水平巷道或者倾斜井巷中悬挂的电缆应当有适当的弛度，并能在意外受力时自由坠落。其悬挂高度应当保证电缆在矿车掉道时不受撞击，在电缆坠落时不落在轨道或者输送机上。

（四）电缆悬挂点间距，在水平巷道或者倾斜井巷内不得超过3 m，在立井井筒内不得超过6 m。

（五）沿钻孔敷设的电缆必须绑紧在钢丝绳上，钻孔必须加装套管。

第四百六十五条　电缆不应悬挂在管道上，不得遭受淋水。电缆上严禁悬挂任何物件。电缆与压风管、供水管在巷道同一侧敷设时，必须敷设在管子上方，并保持0.3 m以上的距离。在有瓦斯抽采管路的巷道内，电缆（包括通信电缆）必须与瓦斯抽采管路分挂在巷道两侧。盘圈或者盘"8"字形的电缆不得带电，但给采、掘等移动设备供电电缆及通信、信号电缆不受此限。

井筒和巷道内的通信和信号电缆应当与电力电缆分挂在井巷的两侧，如果受条件所限：在井筒内，应当敷设在距电力电缆0.3 m以外的地方；在巷道内，应当敷设在电力电缆上方0.1 m以上的地方。

高、低压电力电缆敷设在巷道同一侧时，高、低压电缆之间的距离应当大于 0.1 m。高压电缆之间、低压电缆之间的距离不得小于 50 mm。

井下巷道内的电缆，沿线每隔一定距离、拐弯或者分支点以及连接不同直径电缆的接线盒两端、穿墙电缆的墙的两边都应当设置注有编号、用途、电压和截面的标志牌。

第四百六十六条 立井井筒中敷设的电缆中间不得有接头；因井筒太深需设接头时，应当将接头设在中间水平巷道内。

运行中因故需要增设接头而又无中间水平巷道可以利用时，可以在井筒中设置接线盒。接线盒应当放置在托架上，不应使接头承力。

第四百六十七条 电缆穿过墙壁部分应当用套管保护，并严密封堵管口。

第四百六十八条 电缆的连接应当符合下列要求：

（一）电缆与电气设备连接时，电缆线芯必须使用齿形压线板（卡爪）、线鼻子或者快速连接器与电气设备进行连接。

（二）不同型电缆之间严禁直接连接，必须经过符合要求的接线盒、连接器或者母线盒进行连接。

（三）同型电缆之间直接连接时必须遵守下列规定：

1. 橡套电缆的修补连接（包括绝缘、护套已损坏的橡套电缆的修补）必须采用阻燃材料进行硫化热补或者与热补有同等效能的冷补。在地面热补或者冷补后的橡套电缆，必须经浸水耐压试验，合格后方可下井使用。

2. 塑料电缆连接处的机械强度以及电气、防潮密封、老化等性能，应当符合该型矿用电缆的技术标准。

第五节　井下照明和信号

第四百六十九条 下列地点必须有足够照明：

（一）井底车场及其附近。

（二）机电设备硐室、调度室、机车库、爆炸物品库、候车室、信号站、瓦斯抽采泵站等。

（三）使用机车的主要运输巷道、兼作人行道的集中带式输送机巷道、升降人员的绞车道以及升降物料和人行交替使用的绞车道（照明灯的间距不得大于 30 m，无轨胶轮车主要运输巷道两侧安装有反光标识的不受此限）。

（四）主要进风巷的交岔点和采区车场。

（五）从地面到井下的专用人行道。

（六）综合机械化采煤工作面（照明灯间距不得大于 15 m）。

地面的通风机房、绞车房、压风机房、变电所、矿调度室等必须设有应急照明设施。

第四百七十条　严禁用电机车架空线作照明电源。

第四百七十一条　矿灯的管理和使用应当遵守下列规定：

（一）矿井完好的矿灯总数，至少应当比经常用灯的总人数多 10%。

（二）矿灯应当集中统一管理。每盏矿灯必须编号，经常使用矿灯的人员必须专人专灯。

（三）矿灯应当保持完好，出现亮度不够、电线破损、灯锁失效、灯头密封不严、灯头圈松动、玻璃破裂等情况时，严禁发放。发出的矿灯，最低应当能连续正常使用 11 h。

（四）严禁矿灯使用人员拆开、敲打、撞击矿灯。人员出井后（地面领用矿灯人员，在下班后），必须立即将矿灯交还灯房。

（五）在每次换班 2 h 内，必须把没有还灯人员的名单报告矿调度室。

（六）矿灯应当使用免维护电池，并具有过流和短路保护功能。采用锂离子蓄电池的矿灯还应当具有防过充电、过放电功能。

（七）加装其他功能的矿灯，必须保证矿灯的正常使用要求。

第四百七十二条　矿灯房应当符合下列要求：

（一）用不燃性材料建筑。

（二）取暖用蒸汽或者热水管式设备，禁止采用明火取暖。

（三）有良好的通风装置，灯房和仓库内严禁烟火，并备有灭火器材。

（四）有与矿灯匹配的充电装置。

第四百七十三条　电气信号应当符合下列要求：

（一）矿井中的电气信号，除信号集中闭塞外应当能同时发声和发光。重要信号装置附近，应当标明信号的种类和用途。

（二）升降人员和主要井口绞车的信号装置的直接供电线路上，严禁分接其他负荷。

第四百七十四条　井下照明和信号的配电装置，应当具有短路、过负荷和漏电保护的照明信号综合保护功能。

第六节　井下电气设备保护接地

第四百七十五条　电压在 36 V 以上和由于绝缘损坏可能带有危险电压的电气设备的金属外壳、构架，铠装电缆的钢带（钢丝）、铅皮（屏蔽护套）等必须有保护接地。

第四百七十六条　任一组主接地极断开时，井下总接地网上任一保护接地点的接地电阻值，不得超过 2 Ω。每一移动式和手持式电气设备至局部接地极之间的保护接地用的电缆芯线和接地连接导线的电阻值，不得超过 1 Ω。

第四百七十七条　所有电气设备的保护接地装置（包括电缆的铠装、铅皮、接地芯线）和局部接地装置，应当与主接地极连接成 1 个总接地网。

主接地极应当在主、副水仓中各埋设 1 块。主接地极应当用耐腐蚀的钢板制成，其面积不得小于 0.75 m²、厚度不得小于 5 mm。

在钻孔中敷设的电缆和地面直接分区供电的电缆，不能与井下主接地极连接时，应当单独形成分区总接地网，其接地电阻值不得超过 2 Ω。

第四百七十八条　下列地点应当装设局部接地极：

（一）采区变电所（包括移动变电站和移动变压器）。

（二）装有电气设备的硐室和单独装设的高压电气设备。

（三）低压配电点或者装有 3 台以上电气设备的地点。

（四）无低压配电点的采煤工作面的运输巷、回风巷、带式输送机巷以及由变电所单独供电的掘进工作面（至少分别设置 1 个局部接地极）。

（五）连接高压动力电缆的金属连接装置。

局部接地极可以设置于巷道水沟内或者其他就近的潮湿处。

设置在水沟中的局部接地极应当用面积不小于 0.6 m²、厚度不小于 3 mm 的钢板或者具有同等有效面积的钢管制成，并平放于水沟深处。

设置在其他地点的局部接地极，可以用直径不小于 35 mm、长度不小于 1.5 m 的钢管制成，管上至少钻 20 个直径不小于 5 mm 的透孔，并全部垂直埋入底板；也可用直径不小于 22 mm、长度为 1 m 的 2 根钢管制成，每根管上钻 10 个直径不小于 5 mm 的透孔，2 根钢管相距不得小于 5 m，并联后垂直埋入底板，垂直埋深不得小于 0.75 m。

第四百七十九条　连接主接地极母线，应当采用截面不小于 50 mm² 的铜线，或者截面不小于 100 mm² 的耐腐蚀铁线，或者厚度不小于 4 mm、截面不小于 100 mm² 的耐腐蚀扁钢。

电气设备的外壳与接地母线、辅助接地母线或者局部接地极的连接，电缆连接装置两头的铠装、铅皮的连接，应当采用截面不小于 25 mm² 的铜线，或者截面不小于 50 mm² 的耐腐蚀铁线，或者厚度不小于 4 mm、截面不小于 50 mm² 的耐腐蚀扁钢。

第四百八十条　橡套电缆的接地芯线，除用作监测接地回路外，不得兼作他用。

第七节　电气设备、电缆的检查、维护和调整

第四百八十一条　电气设备的检查、维护和调整，必须由电气维修工进行。高压电气设备和线路的修理和调整工作，应当有工作票和施工措施。

高压停、送电的操作，可以根据书面申请或者其他联系方式，得到批准后，由专责电工执行。

采区电工，在特殊情况下，可对采区变电所内高压电气设备进

行停、送电的操作，但不得打开电气设备进行修理。

第四百八十二条　井下防爆电气设备的运行、维护和修理，必须符合防爆性能的各项技术要求。防爆性能遭受破坏的电气设备，必须立即处理或者更换，严禁继续使用。

第四百八十三条　矿井应当按表17的要求对电气设备、电缆进行检查和调整。

表17　电气设备、电缆的检查和调整

项　目	检查周期	备　注
使用中的防爆电气设备的防爆性能检查	每月1次	每日应当由分片负责电工检查1次外部
配电系统断电保护装置检查整定	每6个月1次	负荷变化时应当及时整定
高压电缆的泄漏和耐压试验	每年1次	
主要电气设备绝缘电阻的检查	至少6个月1次	
固定敷设电缆的绝缘和外部检查	每季1次	每周应当由专职电工检查1次外部和悬挂情况
移动式电气设备的橡套电缆绝缘检查	每月1次	每班由当班司机或者专职电工检查1次外皮有无破损
接地电网接地电阻值测定	每季1次	
新安装的电气设备绝缘电阻和接地电阻的测定		投入运行以前

检查和调整结果应当记入专用的记录簿内。检查和调整中发现的问题应当指派专人限期处理。

第八节　井下电池电源

第四百八十四条　井下用电池（包括原电池和蓄电池）应当符合下列要求：

（一）串联或者并联的电池组保持厂家、型号、规格的一致性。

（二）电池或者电池组安装在独立的电池腔内。

（三）电池配置充放电安全保护装置。

第四百八十五条　使用蓄电池的设备充电应当符合下列要求：

（一）充电设备与蓄电池匹配。

（二）充电设备接口具有防反向充电保护措施。

（三）便携式设备在地面充电。

（四）机车等移动设备在专用充电硐室或者地面充电。

（五）监控、通信、避险等设备的备用电源可以就地充电，并有防过充等保护措施。

第四百八十六条　禁止在井下充电硐室以外地点对电池（组）进行更换和维修，本安设备中电池（组）和限流器件通过浇封或者密闭封装构成一个整体替换的组件除外。

第十一章　监　控　与　通　信

第一节　一　般　规　定

第四百八十七条　所有矿井必须装备安全监控系统、人员位置监测系统、有线调度通信系统。

第四百八十八条　编制采区设计、采掘作业规程时，必须对安全监控、人员位置监测、有线调度通信设备的种类、数量和位置，信号、通信、电源线缆的敷设，安全监控系统的断电区域等做出明确规定，绘制安全监控布置图和断电控制图、人员位置监测系统图、井下通信系统图，并及时更新。

每3个月对安全监控、人员位置监测等数据进行备份，备份的数据介质保存时间应当不少于2年。图纸、技术资料的保存时间应当不少于2年。录音应当保存3个月以上。

第四百八十九条　矿用有线调度通信电缆必须专用。严禁安全监控系统与图像监视系统共用同一芯光纤。矿井安全监控系统主干线缆应当分设两条，从不同的井筒或者一个井筒保持一定间距的不同位置进入井下。

设备应当满足电磁兼容要求。系统必须具有防雷电保护，入井线缆的入井口处必须具有防雷措施。

系统必须连续运行。电网停电后，备用电源应当能保持系统连续工作时间不小于 2 h。

监控网络应当通过网络安全设备与其他网络互通互联。

安全监控和人员位置监测系统主机及联网主机应当双机热备份，连续运行。当工作主机发生故障时，备份主机应当在 5 min 内自动投入工作。

当系统显示井下某一区域瓦斯超限并有可能波及其他区域时，矿井有关人员应当按瓦斯事故应急救援预案切断瓦斯可能波及区域的电源。

安全监控和人员位置监测系统显示和控制终端、有线调度通信系统调度台必须设置在矿调度室，全面反映监控信息。矿调度室必须 24 h 有监控人员值班。

第二节　安　全　监　控

第四百九十条　安全监控设备必须具有故障闭锁功能。当与闭锁控制有关的设备未投入正常运行或者故障时，必须切断该监控设备所监控区域的全部非本质安全型电气设备的电源并闭锁；当与闭锁控制有关的设备工作正常并稳定运行后，自动解锁。

安全监控系统必须具备甲烷电闭锁和风电闭锁功能。当主机或者系统线缆发生故障时，必须保证实现甲烷电闭锁和风电闭锁的全部功能。系统必须具有断电、馈电状态监测和报警功能。

第四百九十一条　安全监控设备的供电电源必须取自被控开关的电源侧或者专用电源，严禁接在被控开关的负荷侧。

安装断电控制系统时，必须根据断电范围提供断电条件，并接通井下电源及控制线。

改接或者拆除与安全监控设备关联的电气设备、电源线和控制线时，必须与安全监控管理部门共同处理。检修与安全监控设备关联的电气设备，需要监控设备停止运行时，必须制定安全措施，并报矿总工程师审批。

第四百九十二条　安全监控设备必须定期调校、测试，每月至少 1 次。

采用载体催化元件的甲烷传感器必须使用校准气样和空气气样在设备设置地点调校，便携式甲烷检测报警仪在仪器维修室调校，每 15 天至少 1 次。甲烷电闭锁和风电闭锁功能每 15 天至少测试 1 次。可能造成局部通风机停电的，每半年测试 1 次。

安全监控设备发生故障时，必须及时处理，在故障处理期间必须采用人工监测等安全措施，并填写故障记录。

第四百九十三条　必须每天检查安全监控设备及线缆是否正常，使用便携式光学甲烷检测仪或者便携式甲烷检测报警仪与甲烷传感器进行对照，并将记录和检查结果报矿值班员；当两者读数差大于允许误差时，应当以读数较大者为依据，采取安全措施并在 8 h 内对 2 种设备调校完毕。

第四百九十四条　矿调度室值班人员应当监视监控信息，填写运行日志，打印安全监控日报表，并报矿总工程师和矿长审阅。系统发出报警、断电、馈电异常等信息时，应当采取措施，及时处理，并立即向值班矿领导汇报；处理过程和结果应当记录备案。

第四百九十五条　安全监控系统必须具备实时上传监控数据的功能。

第四百九十六条　便携式甲烷检测仪的调校、维护及收发必须由专职人员负责，不符合要求的严禁发放使用。

第四百九十七条　配制甲烷校准气样的装备和方法必须符合国家有关标准，选用纯度不低于 99.9% 的甲烷标准气体作原料气。配制好的甲烷校准气体不确定度应当小于 5%。

第四百九十八条　甲烷传感器（便携仪）的设置地点，报警、断电、复电浓度和断电范围必须符合表 18 的要求。

表 18　甲烷传感器（便携仪）的设置地点，
报警、断电、复电浓度和断电范围

设 置 地 点	报警浓度/%	断电浓度/%	复电浓度/%	断 电 范 围
采煤工作面回风隅角	≥1.0	≥1.5	<1.0	工作面及其回风巷内全部非本质安全型电气设备
低瓦斯和高瓦斯矿井的采煤工作面	≥1.0	≥1.5	<1.0	工作面及其回风巷内全部非本质安全型电气设备
突出矿井的采煤工作面	≥1.0	≥1.5	<1.0	工作面及其进、回风巷内全部非本质安全型电气设备
采煤工作面回风巷	≥1.0	≥1.0	<1.0	工作面及其回风巷内全部非本质安全型电气设备
突出矿井采煤工作面进风巷	≥0.5	≥0.5	<0.5	工作面及其进、回风巷内全部非本质安全型电气设备
采用串联通风的被串采煤工作面进风巷	≥0.5	≥0.5	<0.5	被串采煤工作面及其进、回风巷内全部非本质安全型电气设备
高瓦斯、突出矿井采煤工作面回风巷中部	≥1.0	≥1.0	<1.0	工作面及其回风巷内全部非本质安全型电气设备
采煤机	≥1.0	≥1.5	<1.0	采煤机电源
煤巷、半煤岩巷和有瓦斯涌出岩巷的掘进工作面	≥1.0	≥1.5	<1.0	掘进巷道内全部非本质安全型电气设备
煤巷、半煤岩巷和有瓦斯涌出岩巷的掘进工作面回风流中	≥1.0	≥1.0	<1.0	掘进巷道内全部非本质安全型电气设备
突出矿井的煤巷、半煤岩巷和有瓦斯涌出岩巷的掘进工作面的进风分风口处	≥0.5	≥0.5	<0.5	掘进巷道内全部非本质安全型电气设备
采用串联通风的被串掘进工作面局部通风机前	≥0.5	≥0.5	<0.5	被串掘进巷道内全部非本质安全型电气设备
	≥0.5	≥1.5	<0.5	被串掘进工作面局部通风机

表 18（续）

设 置 地 点	报警浓度/%	断电浓度/%	复电浓度/%	断 电 范 围
高瓦斯矿井双巷掘进工作面混合回风流处	≥1.0	≥1.0	<1.0	除全风压供风的进风巷外，双掘进巷道内部非本质安全型电气设备
高瓦斯和突出矿井掘进巷道中部	≥1.0	≥1.0	<1.0	掘进巷道内全部非本质安全型电气设备
掘进机、连续采煤机、锚杆钻车、梭车	≥1.0	≥1.5	<1.0	掘进机、连续采煤机、锚杆钻车、梭车电源
采区回风巷	≥1.0	≥1.0	<1.0	采区回风巷内全部非本质安全型电气设备
一翼回风巷及总回风巷	≥0.75	—	—	
使用架线电机车的主要运输巷道内装煤点处	≥0.5	≥0.5	<0.5	装煤点处上风流100 m内及其下风流的架空线电源和全部非本质安全型电气设备
矿用防爆型蓄电池电机车	≥0.5	≥0.5	<0.5	机车电源
矿用防爆型柴油机车、无轨胶轮车	≥0.5	≥0.5	<0.5	车辆动力
井下煤仓	≥1.5	≥1.5	<1.5	煤仓附近的各类运输设备及其他非本质安全型电气设备
封闭的带式输送机地面走廊内，带式输送机滚筒上方	≥1.5	≥1.5	<1.5	带式输送机地面走廊内全部非本质安全型电气设备
地面瓦斯抽采泵房内	≥0.5			
井下临时瓦斯抽采泵站下风侧栅栏外	≥1.0	≥1.0	<1.0	瓦斯抽采泵站电源

第四百九十九条 井下下列地点必须设置甲烷传感器：

（一）采煤工作面及其回风巷和回风隅角，高瓦斯和突出矿井采煤工作面回风巷长度大于 1000 m 时回风巷中部。

（二）煤巷、半煤岩巷和有瓦斯涌出的岩巷掘进工作面及其回风流中，高瓦斯和突出矿井的掘进巷道长度大于 1000 m 时掘进巷道中部。

（三）突出矿井采煤工作面进风巷。

（四）采用串联通风时，被串采煤工作面的进风巷；被串掘进工作面的局部通风机前。

（五）采区回风巷、一翼回风巷、总回风巷。

（六）使用架线电机车的主要运输巷道内装煤点处。

（七）煤仓上方、封闭的带式输送机地面走廊。

（八）地面瓦斯抽采泵房内。

（九）井下临时瓦斯抽采泵站下风侧栅栏外。

（十）瓦斯抽采泵输入、输出管路中。

第五百条 突出矿井在下列地点设置的传感器必须是全量程或者高低浓度甲烷传感器：

（一）采煤工作面进、回风巷。

（二）煤巷、半煤岩巷和有瓦斯涌出的岩巷掘进工作面回风流中。

（三）采区回风巷。

（四）总回风巷。

第五百零一条 井下下列设备必须设置甲烷断电仪或者便携式甲烷检测报警仪：

（一）采煤机、掘进机、掘锚一体机、连续采煤机。

（二）梭车、锚杆钻车。

（三）采用防爆蓄电池或者防爆柴油机为动力装置的运输设备。

（四）其他需要安装的移动设备。

第五百零二条 突出煤层采煤工作面进风巷、掘进工作面进风的分风口必须设置风向传感器。当发生风流逆转时，发出声光报警信号。

突出煤层采煤工作面回风巷和掘进巷道回风流中必须设置风速

传感器。当风速低于或者超过本规程的规定值时，应当发出声光报警信号。

第五百零三条　每一个采区、一翼回风巷及总回风巷的测风站应当设置风速传感器，主要通风机的风硐应当设置压力传感器；瓦斯抽采泵站的抽采泵吸入管路中应当设置流量传感器、温度传感器和压力传感器，利用瓦斯时，还应当在输出管路中设置流量传感器、温度传感器和压力传感器。

使用防爆柴油动力装置的矿井及开采容易自燃、自燃煤层的矿井，应当设置一氧化碳传感器和温度传感器。

主要通风机、局部通风机应当设置设备开停传感器。

主要风门应当设置风门开关传感器，当两道风门同时打开时，发出声光报警信号。甲烷电闭锁和风电闭锁的被控开关的负荷侧必须设置馈电状态传感器。

第三节　人员位置监测

第五百零四条　下井人员必须携带标识卡。各个人员出入井口、重点区域出入口、限制区域等地点应当设置读卡分站。

第五百零五条　人员位置监测系统应当具备检测标识卡是否正常和唯一性的功能。

第五百零六条　矿调度室值班员应当监视人员位置等信息，填写运行日志。

第四节　通信与图像监视

第五百零七条　以下地点必须设有直通矿调度室的有线调度电话：矿井地面变电所、地面主要通风机房、主副井提升机房、压风机房、井下主要水泵房、井下中央变电所、井底车场、运输调度室、采区变电所、上下山绞车房、水泵房、带式输送机集中控制硐室等主要机电设备硐室、采煤工作面、掘进工作面、突出煤层采掘工作面附近、爆破时撤离人员集中地点、突出矿井井下爆破起爆点、采区和水平最高点、避难硐室、瓦斯抽采泵房、爆炸物品库等。

有线调度通信系统应当具有选呼、急呼、全呼、强插、强拆、监听、录音等功能。

有线调度通信系统的调度电话至调度交换机（含安全栅）必须采用矿用通信电缆直接连接，严禁利用大地作回路。严禁调度电话由井下就地供电，或者经有源中继器接调度交换机。调度电话至调度交换机的无中继器通信距离应当不小于 10 km。

第五百零八条 矿井移动通信系统应当具有下列功能：

（一）选呼、组呼、全呼等。

（二）移动台与移动台、移动台与固定电话之间互联互通。

（三）短信收发。

（四）通信记录存储和查询。

（五）录音和查询。

第五百零九条 安装图像监视系统的矿井，应当在矿调度室设置集中显示装置，并具有存储和查询功能。

第四编 露 天 煤 矿

第一章 一 般 规 定

第五百一十条 多工种、多设备联合作业时，必须制定安全措施，并符合相关技术标准。

第五百一十一条 采用铁路运输的露天采场主要区段的上下平盘之间应当设人行通路或者梯子，并按有关规定在梯子两侧设置安全护栏。

第五百一十二条 在露天煤矿内行走的人员必须遵守下列规定：

（一）必须走人行通路或者梯子。

（二）因工作需要沿铁路线和矿山道路行走的人员，必须时刻注意前后方向来车。躲车时，必须躲到安全地点。

（三）横过铁路线或者矿山道路时，必须止步瞭望。

（四）跨越带式输送机时，必须沿着装有栏杆的栈桥通过。

（五）严禁在有塌落危险的坡顶、坡底行走或者逗留。

第五百一十三条 严禁非作业人员和车辆未经批准进入作业区。

第五百一十四条 采场内有危险的火区、老空区、滑坡区等地点，应当充填或者设置栅栏，并设置警示标志；地面、采场及排土场内临时设置变压器时应当设围栏，配电柜、箱、盘应当加锁，并设置明显的防触电标志；设备停放场、炸药厂、爆炸物品库、油库、加油站和物资仓库等易燃易爆场所，必须设置防爆、防火和危险警示标志；矿山道路必须设置限速、道口等路标，特殊路段设警示标志；汽车运输为左侧通行的，在过渡区段内必须设置醒目的换向标志。

严禁擅自移动和损坏各种安全标志。

在运输线路两侧堆放物料时，不得影响行车安全。

第五百一十五条　在下列区域不得建永久性建（构）筑物：

（一）距采场最终境界的安全距离以内。

（二）爆炸物品库爆炸危险区内。

（三）不稳定的排土场内。

（四）爆破、岩体变形、塌陷、滑坡危险区域内。

第五百一十六条　机械设备内必须备有完好的绝缘防护用品和工具，并定期进行电气绝缘性能试验，不合格的及时更换。

第五百一十七条　采掘、运输、排土等机械设备作业时，严禁检修和维护，严禁人员上下设备；在危及人身安全的作业范围内，严禁人员和设备停留或者通过。

移动设备应当在平盘安全区内走行或者停留，否则必须采取安全措施。

第五百一十八条　设备走行道路和作业场地坡度不得大于设备允许的最大坡度，转弯半径不得小于设备允许的最小转弯半径。

第五百一十九条　遇到特殊天气状况时，必须遵守下列规定：

（一）在大雾、雨雪等能见度低的情况下作业时，必须制定安全技术措施。

（二）暴雨期间，处在有水淹或者片帮危险区域的设备，必须撤离到安全地带。

（三）遇有6级及以上大风时禁止露天起重和高处作业。

（四）遇有8级及以上大风时禁止轮斗挖掘机、排土机和转载机作业。

第五百二十条　作业人员在2 m及以上的高处作业时，必须系安全带或者设置安全网。

第二章　钻　孔　爆　破

第一节　一　般　规　定

第五百二十一条　露天煤矿钻孔、爆破作业必须编制钻孔、爆破设计及安全技术措施，并经矿总工程师批准。钻孔、爆破作业必须按设计进行。爆破前应当绘制爆破警戒范围图，并实地标出警戒点的位置。

第五百二十二条　爆炸物品的购买、运输、贮存、使用和销毁，永久性爆炸物品库建筑结构及各种防护措施，库区的内、外部安全距离等必须符合《民用爆炸物品安全管理条例》等国家有关法规和标准的规定。

露天煤矿爆破作业，必须遵守《爆破安全规程》。

第二节　钻　　孔

第五百二十三条　钻孔设备进行钻孔作业和走行时，履带边缘与坡顶线的距离应当符合表19的要求。

表19　钻孔设备履带边缘与坡顶线的安全距离　　　　m

台阶高度	<4	4~10	10~15	≥15
安全距离	1~2	2~2.5	2.5~3.5	3.5~6

钻凿坡顶线第一排孔时，钻孔设备应当垂直于台阶坡顶线或者调角布置（夹角应当不小于45°）；有顺层滑坡危险区的，必须压碴钻孔；钻凿坡底线第一排孔时，应当有专人监护。

第五百二十四条　钻孔设备在有采空区的工作面钻孔时，必须制定安全技术措施，并在专业人员指挥下进行。

第三节　爆　　破

第五百二十五条　爆炸物品的领用、保管和使用必须严格执行账、卡、物一致的管理制度。

严禁发放和使用变质失效以及过期的爆炸物品。

爆破后剩余的爆炸物品，必须当天退回爆炸物品库，严禁私自存放和销毁。

第五百二十六条　爆炸物品车到达爆破地点后，爆破区域负责人应当对爆炸物品进行检查验收，无误后双方签字。

在爆破区域内放置和使用爆炸物品的地点，20 m 以内严禁烟火，10 m 以内严禁非工作人员进入。

加工起爆药卷必须距放置炸药的地点 5 m 以外，加工好的起爆药卷必须放在距炮孔炸药 2 m 以外。

第五百二十七条　炮孔装药和充填必须遵守下列规定：

（一）装药前在爆破区边界设置明显标志，严禁与工作无关的人员和车辆进入爆破区。

（二）装药时，每个炮孔同时操作的人员不得超过 3 人；严禁向炮孔内投掷起爆具和受冲击易爆的炸药；严禁使用塑料、金属或者带金属包头的炮杆。

（三）炮孔卡堵或者雷管脚线、导爆管及导爆索损坏时应当及时处理；无法处理时必须插上标志，按拒爆处理。

（四）机械化装药时由专人现场指挥。

（五）预装药炮孔在当班进行充填。预装药期间严禁连接起爆网络。

（六）装药完成撤出人员后方可连接起爆网络。

第五百二十八条　爆破安全警戒必须遵守下列规定：

（一）必须有安全警戒负责人，并向爆破区周围派出警戒人员。

（二）爆破区域负责人与警戒人员之间实行"三联系制"。

（三）因爆破中断生产时，立即报告矿调度室，采取措施后方可解除警戒。

第五百二十九条　安全警戒距离应当符合下列要求：

（一）抛掷爆破（孔深小于 45 m）：爆破区正向不得小于 1000 m，其余方向不得小于 600 m。

（二）深孔松动爆破（孔深大于 5 m）：距爆破区边缘，软岩不得小于 100 m、硬岩不得小于 200 m。

（三）浅孔爆破（孔深小于 5 m）：无充填预裂爆破，不得小于 300 m。

（四）二次爆破：炮眼爆破不得小于 200 m。

第五百三十条 起爆前，必须将所有人员撤至安全地点。接触爆炸物品的人员必须穿戴抗静电保护用品。

第五百三十一条 设备、设施距松动爆破区外端的安全距离应当符合表 20 的要求。

表 20 设备、设施距松动爆破区外端的安全距离　　m

设备名称	深孔爆破	浅孔及二次爆破	备　注
挖掘机、钻孔机	30	40	司机室背向爆破区
风泵车	40	50	小于此距离应当采取保护措施
信号箱、电气柜、变压器、移动变电站	30	30	小于此距离应当采取保护措施
高压电缆	40	50	小于此距离应当拆除或者采取保护措施

机车、矿用卡车等机动设备处于警戒范围内且不能撤离时，应当采取就地保护措施。与电杆距离不得小于 5 m；在 5～10 m 时，必须采用减震爆破。

第五百三十二条 设备、设施距抛掷爆破区外端的安全距离：爆破区正向不得小于 600 m；两侧有自由面方向及背向不得小于 300 m；无自由面方向不得小于 200 m。

第五百三十三条 爆破危险区的架空输电线、电缆和移动变电站等，在爆破时应当停电。恢复送电前，必须对这些线路进行检查，确认无损后方可送电。

第五百三十四条 爆破地震安全距离应当符合下列要求：

（一）各类建（构）筑物地面质点的安全振动速度不应超过下列数值：

1. 重要工业厂房，0.4 cm/s；

2. 土窑洞、土坯房、毛石房，1.0 cm/s；

3. 一般砖房、非抗震的大型砌块建筑物，2~3 cm/s；

4. 钢筋混凝土框架房屋，5 cm/s；

5. 水工隧道，10 cm/s；

6. 交通涵洞，15 cm/s；

7. 围岩不稳定有良好支护的矿山巷道，10 cm/s；围岩中等稳定有良好支护的矿山巷道，15 cm/s；围岩稳定无支护的矿山巷道，20 cm/s。

（二）爆破地震安全距离应当按下式计算：

$$R = (k/v)^{1/a} \cdot Q^m$$

式中　　R——爆破地震安全距离，m；

Q——药量（齐发爆破取总量，延期爆破取最大一段药量），kg；

v——安全质点振动速度，cm/s；

m——药量指数，取 $m = 1/3$；

k、a——与爆破地点地形、地质条件有关的系数和衰减指数。

（三）在特殊建（构）筑物附近、爆破条件复杂和爆破震动对边坡稳定有影响的地区进行爆破时，必须进行爆破地震效应的监测或者试验。

第五百三十五条　爆破作业必须在白天进行，严禁在雷雨时进行；严禁裸露爆破。

第五百三十六条　在高温区、自然发火区进行爆破作业时，必须遵守下列规定：

（一）测试孔内温度。有明火的炮孔或者孔内温度在 80 ℃以上的高温炮孔采取灭火、降温措施。

（二）高温孔经降温处理合格后方可装药起爆。

（三）高温孔应当采用热感度低的炸药，或者将炸药、雷管作隔热包装。

第五百三十七条　爆破后检查必须遵守下列规定：

（一）爆破后 5 min 内，严禁检查。

（二）发现拒爆，必须向爆破区负责人报告。

（三）发现残余爆炸物品必须收集上缴，集中销毁。

第五百三十八条 发生拒爆和熄爆时，应当分析原因，采取措施，并遵守下列规定：

（一）在危险区边界设警戒，严禁非作业人员进入警戒区。

（二）因地面网路连接错误或者地面网路断爆出现拒爆，可以再次连线起爆。

（三）严禁在原钻孔位钻孔，必须在距拒爆孔 10 倍孔径处重新钻与原孔同样的炮孔装药爆破。

（四）上述方法不能处理时，应当报告矿调度室，并指定专业人员研究处理。

第三章 采　　装

第一节 一　般　规　定

第五百三十九条 露天采场最终边坡的台阶坡面角和边坡角，必须符合最终边坡设计要求。

第五百四十条 最小工作平盘宽度，必须保证采掘、运输设备的安全运行和供电通信线路、供排水系统、安全挡墙等的正常布置。

第二节 单斗挖掘机采装

第五百四十一条 单斗挖掘机行走和升降段应当符合下列要求：

（一）行走前检查行走机构及制动系统。

（二）根据不同的台阶高度、坡面角，使挖掘机的行走路线与坡底线和坡顶线保持一定的安全距离。

（三）挖掘机应当在平整、坚实的台阶上行走，当道路松软或者含水有沉陷危险时，必须采取安全措施。

（四）挖掘机升降段或者行走距离超过 300 m 时，必须设专人指挥；行走时，主动轴应当在后，悬臂对正行走中心，及时调整方向，严禁原地大角度扭车。

（五）挖掘机行走时，靠铁道线路侧的履带边缘距线路中心不得小于 3 m，过高压线和铁道等障碍物时，要有相应的安全措施。

（六）挖掘机升降段之前应当预先采取防止下滑的措施。爬坡时，不得超过挖掘机规定的最大允许坡度。

第五百四十二条 轮斗挖掘机作业和行走线路处在饱和水台阶上时，必须有疏排水措施，否则严禁作业和走行。

第五百四十三条 挖掘机采装的台阶高度应当符合下列要求：

（一）不需爆破的岩土台阶高度不得大于最大挖掘高度。

（二）需爆破的煤、岩台阶，爆破后爆堆高度不得大于最大挖掘高度的 1.1 ~ 1.2 倍，台阶顶部不得有悬浮大块。

（三）上装车台阶高度不得大于最大卸载高度与运输容器高度及卸载安全高度之和的差。

第五百四十四条 单斗挖掘机尾部与台阶坡面、运输设备之间的距离不得小于 1 m。停止作业时，上下设备梯子应当背离台阶。

第五百四十五条 单斗挖掘机向列车装载时，必须遵守下列规定：

（一）列车驶入工作面 100 m 内，驶出工作面 20 m 内，挖掘机必须停止作业。

（二）列车驶入工作面，待车停稳，经助手与司旗联系后，方可装车。

（三）物料最大块度不得超过 3 m^3。

（四）严禁勺斗压、碰自翻车车帮或者跨越机车和尾车顶部。严禁高吊勺斗装车。

（五）遇到大块物料掉落影响机车运行时，必须处理后方可作业。

第五百四十六条 单斗挖掘机向矿用卡车装载时，应当遵守下列规定：

（一）勺斗容积和物料块度与卡车载重相适应。

（二）单面装车作业时，只有在挖掘机司机发出进车信号，卡车开到装车位置停稳并发出装车信号后，方可装车。双面装车作业时，正面装车卡车可提前进入装车位置；反面装车应当由勺斗引导卡车进入装车位置。

（三）挖掘机不得跨电缆装车。

（四）装载第一勺斗时，不得装大块；卸料时尽量放低勺斗，其插销距车厢底板不得超过 0.5 m。严禁高吊勺斗装车。

（五）装入卡车里的物料超出车厢外部、影响安全时，必须妥善处理后，才准发出车信号。

（六）装车时严禁勺斗从卡车驾驶室上方越过。

（七）装入车内的物料要均匀，严禁单侧偏装、超装。

第五百四十七条　单斗挖掘机向自移式破碎机装载时，应当遵守下列规定：

（一）卸载时，勺斗斗底板下缘距受料斗不得超过 0.8 m。严禁高吊铲斗卸载。

（二）自移式破碎机突出部位距单斗挖掘机机尾回转范围距离不得小于 1.0 m。

第五百四十八条　操作单斗挖掘机或者反铲时，必须遵守下列规定：

（一）严禁用勺斗载人、砸大块和起吊重物。

（二）勺斗回转时，必须离开采掘工作面，严禁跨越接触网。

（三）在回转或者挖掘过程中，严禁勺斗突然变换方向。

（四）遇坚硬岩体时，严禁强行挖掘。

（五）反铲上挖作业时，应当采取安全技术措施。下挖作业时，履带不得平行于采掘面。

（六）严禁装载铁器等异物和拒爆的火药、雷管等。

第五百四十九条　2 台以上单斗挖掘机在同一台阶或者相邻上、下台阶作业时，必须遵守下列规定：

（一）公路运输时，两者间距不得小于最大挖掘半径的 2.5 倍，并制定安全措施。

（二）在同一铁道线路进行装车作业时，必须制定安全措施。

（三）在相邻的上、下台阶作业时，两者的相对位置影响上下台阶的设备、设施安全时，必须制定安全措施。

第五百五十条 挖掘机在挖掘过程中有下列情况之一时，必须停止作业，撤到安全地点，并报告调度室检查处理：

（一）发现台阶崩落或者有滑动迹象。

（二）工作面有伞檐或者大块物料。

（三）暴露出未爆炸药包或者雷管。

（四）遇塌陷危险的采空区或者自然发火区。

（五）遇有松软岩层，可能造成挖掘机下沉或者掘沟遇水被淹。

（六）发现不明地下管线或者其他不明障碍物。

第五百五十一条 单斗挖掘机雨天作业电缆发生故障时，应当及时向矿调度室报告。故障排除后，确认柱上开关无电时，方可停送电。

第三节　破　　碎

第五百五十二条 破碎站设置应当遵守下列规定：

（一）避开沉降、塌陷、滑坡危险的不良地段。

（二）卸车平台应当便于卸载、调车。

（三）卸车平台应当设矿用卡车卸料的安全限位车挡及防止物料滚落的安全防护挡墙。

（四）卸车平台应当有良好的照明系统，并有卸料指示信号安全装置。

（五）移动式破碎站履带外缘距工作平盘坡底线和下台阶坡顶线距离必须符合设计。

第五百五十三条 破碎站作业应当遵守下列规定：

（一）处理和吊运大块物料时，非作业人员必须撤到安全地点。

（二）清理破碎机堵料时，必须采取防止系统突然启动的安全保护措施。

第五百五十四条　自移式破碎机必须设置卸料臂防撞检测、过负荷保护和各旋转部件防护装置。

第四节　轮斗挖掘机采装

第五百五十五条　轮斗挖掘机作业必须遵守下列规定：

（一）严禁斗轮工作装置带负荷启动。

（二）严禁挖掘卡堵和损坏输送带的异物。

（三）调整位置时，必须设地面指挥人员。

第五百五十六条　采用轮斗挖掘机－带式输送机－排土机连续开采工艺系统时，应当遵守下列规定：

（一）紧急停机开关必须在可能发生重大设备事故或者危及人身安全的紧急情况下方可使用。

（二）各单机间应当实行安全闭锁控制，单机发生故障时，必须立即停车，同时向集中控制室汇报。严禁擅自处理故障。

第五节　拉斗铲作业

第五百五十七条　拉斗铲行走必须遵守下列规定：

（一）行走和调整作业位置时，路面必须平整，不得有凸起的岩石。

（二）变坡点必须设缓坡段。

（三）当行走路面处于路堤时，距路边缘安全距离应当符合设计。

（四）地面必须设专人指挥、监护，同时做好呼唤应答。

（五）行走靴不同步时，必须重新确定行进路线或者处理路面。

（六）严禁使用行走靴移动电缆。

第五百五十八条　拉斗铲作业时，机组人员和配合作业的辅助设备进出拉斗铲作业范围必须做好呼唤应答。严禁铲斗拖地回转、在空中急停和在其他设备上方通过。

第四章 运   输

第一节 铁 路 运 输

第五百五十九条 铁路附近的建（构）筑物和设备接近限界，必须符合国家铁路技术管理规程。桥梁、隧道应当按规定设置人行道、避车台、避车洞、电缆沟及必要的检查和防火设施，立体交叉处的桥梁两侧设防护设施。运输线路上各种机车运行的限制坡度和曲线半径应当符合表21的要求。

表21 铁道线路的限制坡度和曲线半径

机车种类	限制坡度/‰	曲线半径/m			
		固定线	半固定线	装车线	排土线
蒸汽机车	≤25	≥200	≥150	≥150	向曲线内侧排弃≥300；向曲线外侧排弃≥200
电力机车	≤30	≥180（困难情况≥150）	≥120	≥110	
内燃机车	≤30	≥180（困难情况≥150）	≥120（困难情况≥110）		

第五百六十条 路基必须填筑坚实，并保持稳定和完好。

装车线路的中心线至坡底线或者爆堆边缘的距离不得小于3 m；上装车线应当根据台阶稳定情况确定，但不得小于3 m。排土线路中心至坡顶线的距离不得小于1.5 m，至受土坑坡顶线的距离不得小于1.4 m。线路终端外必须留有不小于30 m的安全距离。

第五百六十一条 铁道线路直线地段轨距为1435 mm，曲线地段轨距按表22的要求加宽。

第五百六十二条 直线地段线路2股钢轨顶面应当保持同一水平。道岔应当铺设在直线地段，不得设在竖曲线地段。道岔应当保持完好。

表22　铁道线路曲线地段轨距加宽值

曲线半径 R/m	轨距加宽值/mm
R≥350	0
350＞R≥300	5
300＞R＞200	15
R≤200	20

曲线地段外轨的超高度的计算公式如下：

$$h = 7.6v^2/R$$

式中　h——外轨的超高度，mm；

　　　v——实际最高行车速度，km/h；

　　　R——曲线半径，m。

双线地段外轨最大超高不得超过 150 mm，单线不得超过 125 mm。

第五百六十三条　铁路与公路交叉时，应当符合下列要求：

（一）根据通过的人流和车流量按规定设置平面或者立体交叉。

（二）平交道口有良好的瞭望条件，并按规定设置道口警标和司机鸣笛标、护栏和限界标志；按标准铺设道口，其宽度与公路路面相同；公路与铁路采用正交，不能正交时，其交角不得小于45°。

（三）道口按级别设置安全标志和设施。

（四）道口两侧平台长度不得小于 10 m，衔接平台的道路坡度不得大于5%；否则制定安全措施。

（五）车站、曲线半径在200 m 以下的线路段和通视条件不良的路堑不设道口。道岔部位严禁设道口。

重型设备通过道口，必须得到煤矿企业批准。

第二节　公　路　运　输

第五百六十四条　矿用卡车作业时，其制动、转向系统和安全装置必须完好。应当定期检验其可靠性，大型自卸车设示宽灯或者标志。

第五百六十五条　矿场道路应当符合下列要求：

（一）宽度符合通行、会车等安全要求。受采掘条件限制、达不到规定的宽度时，必须视道路距离设置相应数量的会车线。

（二）必须设置安全挡墙，高度为矿用卡车轮胎直径的 2/5～3/5。

（三）长距离坡道运输系统，应当在适当位置设置缓坡道。

第五百六十六条　严禁矿用卡车在矿内各种道路上超速行驶；同类汽车正常行驶不得超车；特殊路况（修路、弯道、单行道等）下，任何车辆都不得超车；除正在维护道路的设备和应急救援车辆外，各种车辆应为矿用卡车让行。

冬季应当及时清除路面上的积雪或者结冰，并采取防滑措施；前、后车距不得小于 50 m；行驶时不得急刹车、急转弯或者超车。

第五百六十七条　矿用卡车在运输道路上出现故障且无法行走时，必须开启全部制动和警示灯，并采取防止溜车的安全措施；同时必须在车体前后 30 m 外设置醒目的安全警示标志，并采取防护措施。

雾天或者烟尘影响视线时，必须开启雾灯或者大灯，前、后车距不得小于 30 m；能见度不足 30 m 或者雨、雪天气危及行车安全时，必须停止作业。

第五百六十八条　矿用卡车不得在矿山道路拖挂其他车辆；必须拖挂时，应当采取安全措施，并设专人指挥监护。

第五百六十九条　矿用卡车在工作面装车必须遵守下列规定：

（一）待进入装车位置的卡车必须停在挖掘机最大回转半径范围之外；正在装车的卡车必须停在挖掘机尾部回转半径之外。

（二）正在装载的卡车必须制动，司机不得将身体的任何部位伸出驾驶室外。

（三）卡车必须在挖掘机发出信号后，方可进入或者驶出装车地点。

（四）卡车排队等待装车时，车与车之间必须保持一定的安全距离。

第三节　带式输送机运输

第五百七十条　采用带式输送机运输时，应当遵守下列规定：

（一）带式输送机运输物料的最大倾角，上行不得大于 16°，严寒地区不得大于 14°；下行不得大于 12°。特种带式输送机不受此限。

（二）输送带安全系数取值参照本规程第三百七十四条。

（三）带式输送机的运输能力应当与前置设备能力相匹配。

第五百七十一条　带式输送机必须设置下列安全保护：

（一）拉绳开关和防跑偏、打滑、堵塞等。

（二）上运时应当设制动器和逆止器，下运时应当设软制动和防超速保护装置。

（三）机头、机尾、驱动滚筒和改向滚筒处应当设防护栏。

第五百七十二条　带式输送机设置应当遵守下列规定：

（一）避开采空区和工程地质不良地段，特殊情况下必须采取安全措施。

（二）带式输送机栈桥应当设人行通道，坡度大于 5°的人行通道应当有防滑措施。

（三）跨越设备或者人行道时，必须设置防物料撒落的安全保护设施。

（四）除移置式带式输送机外，露天设置的带式输送机应当设防护设施。

（五）在转载点和机头处应当设置消防设施。

（六）带式输送机沿线应当设检修通道和防排水设施。

第五百七十三条　带式输送机启动时应当有声光报警装置，运行时严禁运送工具、材料、设备和人员。停机前后必须巡查托辊和输送带的运行情况，发现异常及时处理。检修时应当停机闭锁。

第五章　排　　　土

第五百七十四条　排土场位置的选择，应当保证排弃土岩时，不致因大块滚落、滑坡、塌方等威胁采场、工业场地、居民区、铁路、公路、农田和水域的安全。

排土场位置选定后，应当进行地质测绘和工程、水文地质勘探，以确定排土参数。

第五百七十五条　当出现滑坡征兆或者其他危险时，必须停止排土作业，采取安全措施。

第五百七十六条　铁路排土线路必须符合下列要求：

（一）路基面向场地内侧按段高形成反坡。

（二）排土线设置移动停车位置标志和停车标志。

第五百七十七条　列车在排土线路的卸车地段应当符合下列要求：

（一）列车进入排土线后，由排土人员指挥列车运行。机械排土线的列车运行速度不得超过 20 km/h；人工排土线不得超过 15 km/h；接近路端时，不得超过 5 km/h。

（二）严禁运行中卸土。

（三）新移设线路，首次列车严禁牵引进入。

（四）翻车时 2 人操作，操作人员位于车厢内侧。

（五）采用机械化作业清扫自翻车，人工清扫必须制定安全措施。

（六）卸车完毕，在排土人员发出出车信号后，列车方可驶出排土线。

第五百七十八条　单斗挖掘机排土应当遵守下列规定：

（一）受土坑的坡面角不得大于 70°，严禁超挖。

（二）挖掘机至站立台阶坡顶线的安全距离：

1. 台阶高度 10 m 以下为 6 m；

2. 台阶高度 11～15 m 为 8 m；

3. 台阶高度 16～20 m 为 11 m；

4. 台阶高度超过 20 m 时必须制定安全措施。

第五百七十九条　矿用卡车排土场及排弃作业应当遵守下列规定：

（一）排土场卸载区，必须有连续的安全挡墙，车型小于 240 t 时安全挡墙高度不得低于轮胎直径的 0.4 倍，车型大于 240 t 时安全挡墙高度不得低于轮胎直径的 0.35 倍。不同车型在同一地点排土时，必须按最大车型的要求修筑安全挡墙，特殊情况下必须制定安全措施。

（二）排土工作面向坡顶线方向应当保持 3%～5% 的反坡。

（三）应当按规定顺序排弃土岩，在同一地段进行卸车和排土作业时，设备之间必须保持足够的安全距离。

（四）卸载物料时，矿用卡车应当垂直排土工作线；严禁高速倒车、冲撞安全挡墙。

第五百八十条　推土机、装载机排土必须遵守下列规定：

（一）司机必须随时观察排土台阶的稳定情况。

（二）严禁平行于坡顶线作业。

（三）与矿用卡车之间保持足够的安全距离。

（四）严禁以高速冲击的方式铲推物料。

第五百八十一条　排土机排土必须遵守下列规定：

（一）排土机必须在稳定的平盘上作业，外侧履带与台阶坡顶线之间必须保持一定的安全距离。

（二）工作场地和行走道路的坡度必须符合排土机的技术要求。

第五百八十二条　排土场卸载区应当有通信设施或者联络信号，夜间应当有照明。

第六章　边　　　坡

第五百八十三条　露天煤矿应当进行专门的边坡工程、地质勘探工程和稳定性分析评价。

应当定期巡视采场及排土场边坡，发现有滑坡征兆时，必须设明显标志牌。对设有运输道路、采运机械和重要设施的边坡，必须及时采取安全措施。

发生滑坡后，应当立即对滑坡区采取安全措施，并进行专门的勘查、评价与治理工程设计。

第五百八十四条 非工作帮形成一定范围的到界台阶后，应当定期进行边坡稳定分析和评价，对影响生产安全的不稳定边坡必须采取安全措施。

第五百八十五条 工作帮边坡在临近最终设计的边坡之前，必须对其进行稳定性分析和评价。当原设计的最终边坡达不到稳定的安全系数时，应当修改设计或者采取治理措施。

第五百八十六条 露天煤矿的长远和年度采矿工程设计，必须进行边坡稳定性验算。达不到边坡稳定要求时，应当修改采矿设计或者制定安全措施。

第五百八十七条 采场最终边坡管理应当遵守下列规定：

（一）采掘作业必须按设计进行，坡底线严禁超挖。

（二）临近到界台阶时，应当采用控制爆破。

（三）最终煤台阶必须采取防止煤风化、自然发火及沿煤层底板滑坡的措施。

第五百八十八条 排土场边坡管理必须遵守下列规定：

（一）定期对排土场边坡进行稳定性分析，必要时采取防治措施。

（二）内排土场建设前，查明基底形态、岩层的赋存状态及岩石物理力学性质，测定排弃物料的力学参数，进行排土场设计和边坡稳定计算，清除基底上不利于边坡稳定的松软土岩。

（三）内排土场最下部台阶的坡底与采掘台阶坡底之间必须留有足够的安全距离。

（四）排土场必须采取有效的防排水措施，防止或者减少水流入排土场。

第七章　防治水和防灭火

第一节　防　治　水

第五百八十九条　每年雨季前必须对防排水设施作全面检查，并制定当年的防排水措施。检修防排水设施、新建的重要防排水工程必须在雨季前完工。

第五百九十条　对低于当地历史最高洪水位的设施，必须按规定采取修筑堤坝、沟渠，疏通水沟等防洪措施。

第五百九十一条　地表及边坡上的防排水设施应当避开有滑坡危险的地段。排水沟应当经常检查、清淤，不应渗漏、倒灌或者漫流。当采场内有滑坡区时，应当在滑坡区周围采取截水措施；当水沟经过有变形、裂缝的边坡地段时，应当采取防渗措施。

排土场应当保持平整，不得有积水，周围应当修筑可靠的截泥、防洪和排水设施。

第五百九十二条　用露天采场深部做储水池排水时，必须采取安全措施，备用水泵的能力不得小于工作水泵能力的50%。

第五百九十三条　地层含水影响采矿工程正常进行时，应当进行疏干，疏干工程应当超前于采矿工程。

因疏干地层含水地面出现裂缝、塌陷时，应当圈定范围加以防护、设置警示标志，并采取安全措施；（半）地下疏干泵房应当设通风装置。

第五百九十四条　地下水影响较大和已进行疏干排水工程的边坡，应当进行地下水位、水压及涌水量的观测，分析地下水对边坡稳定的影响程度及疏干的效果，并制定地下水治理措施。

因地下水水位升高，可能造成排土场或者采场滑坡时，必须进行地下水疏干。

第二节 防 灭 火

第五百九十五条 必须制定地面和采场内的防灭火措施。所有建筑物、煤堆、排土场、仓库、油库、爆炸物品库、木料厂等处的防火措施和制度必须符合国家有关法律、法规和标准的规定。

露天煤矿内的采掘、运输、排土等主要设备，必须配备灭火器材，并定期检查和更换。

第五百九十六条 开采有自然发火倾向的煤层或者开采范围内存在火区时，必须制定防灭火措施。

第八章 电 气

第一节 一 般 规 定

第五百九十七条 露天煤矿的各种电气设备、电力和通信系统的设计、安装、验收、运行、检修、试验等工作，必须符合国家有关规定。

第五百九十八条 采场内的主排水泵站必须设置备用电源，当供电线路发生故障时，备用电源必须能担负最大排水负荷。

第五百九十九条 向采场内的移动式高压电动设备供电的变压器严禁中性点直接接地；当采用中性点经限流电阻接地方式供电时，且流经单相接地故障点的电流应当限制在 200 A 以内，必须装设两段式中性点零序电流保护。中性点直接接地的变压器还应当装设单相接地保护。

第六百条 执行电气检修作业，必须停电、验电、放电，挂接三相短路接地线，装设遮栏并悬挂标示牌。

第二节 变电所（站）和配电设备

第六百零一条 变电站（移动站）设置应当遵守下列规定：

（一）采场变电站应当使用不燃性材料修建，站内变电装置与墙的距离不得小于 0.8 m，距顶部不得小于 1 m。变电站的门应当向外开，门口悬挂警示牌。

（二）采场变电站、非全封闭式移动变电站，四周应当设有围墙或者栅栏。

（三）必须对变电站、移动变电站、开关箱、分支箱统一编号，门必须加锁，并设安全警示标志。变电站内的设备应当编号，并注明负荷名称，必须设有停、送电标志。

（四）移动变电站箱体应当有保护接地。

（五）无人值班的变电站、移动变电站至少每 2 周巡视一次。

（六）变电站室内必须配备合格的检测和绝缘用具。

第六百零二条 移动变电站进线户外主隔离开关必须上锁，馈出侧隔离开关与断路器之间必须有可靠的机械或者电气闭锁。

第三节　架空输电线和电缆

第六百零三条 采场内架空线路敷设应当遵守下列规定：

（一）固定供电线路和通信线路应当设置在稳定的边坡上。

（二）高压架空输电线截面不得小于 35 mm^2，低压架空输电线截面不得小于 25 mm^2。由架空线向移动式高压电气设备和移动变电站供电的分支线路应当采用橡套电缆。

（三）架设在同一电杆上的高低压输（配）电线路不得多于两回；对于直线杆，上下横担的距离不得小于 800 mm；对于转角杆，上下横担的距离不得小于 500 mm（10 kV 线路及以下）。同一电杆上的高压线路，应当由同一电压等级的电源供电。垂直向采场供电的配电线路，同一杆上只能架设一回。

（四）架空线下严禁停放矿用设备，严禁堆置剥离物和煤炭等物料。

第六百零四条 在最大下垂度的情况下，架空线路到地面和接触网的垂直距离必须符合表 23 的要求。

第六百零五条 移动金属塔架和大型设备通过架空线以及在架空输配电线附近作业的机械设备，其最高（最远）点至电线的垂直

（水平）距离，应当符合表 24 的要求。

表 23　架空线与地面及设施的安全距离　　　　　m

电压等级/kV	<1	1~10	35
采场和排土场	6	6.5	7
人难以通行和地面运输必须通行的地点	5	5.5	6
台阶坡面	3	4.5	5
配电线和接触网的平面交叉点	2	2	3
铁路与配电线路的平面交叉点	7.5	7.5	7.5

表 24　设备距离架空线的安全距离

电压等级/kV	最小距离/m
≤6	0.7
10	1.0
35	2.5
66	3.0
110	3.5

第六百零六条　挖掘机作业不得影响和破坏电缆线、电杆或者其他支架基础的安全，不得损伤接地导体和接地线。

第六百零七条　台阶上 6~10 kV 的架空输配电线最边上的导线，在没有偏差的情况下，至接触网最近边的水平距离不应小于 2.5 m，至铁路路肩的水平距离不应小于 2 m。

第六百零八条　电压小于 10 kV 的输配电线，允许采用移动电杆，移动电杆之间的距离不应大于 50 m，特殊情况应当根据计算确定。

第六百零九条　敷设橡套电缆应当符合下列要求：

（一）避开火区、水塘、水仓和可能出现滑坡的地段。

（二）跨台阶敷设电缆应当避开有伞檐、浮石、裂缝等的地段。

（三）新投入的高压电缆，使用前必须进行绝缘试验；修复后的高压电缆必须进行绝缘试验；运行高压电缆每年雷雨前应当进行预防性试验。

（四）电缆接头应当采用热缩或者冷补修复，其强度和导电性能不低于原要求。

（五）缠绕在卷筒（盘）上电缆载流量的计算符合相关要求，温升不超过要求。

（六）电缆穿越铁路、公路时，必须采取防护措施，严禁设备碾压电缆。

第四节　电气设备保护和接地

第六百一十条　高压配电线路应当装设过负荷、短路、漏电保护；低压配电线路应当装设短路和单相接地（漏电）保护；高压电动机应当装设短路、过负荷、漏电和欠压释放保护；低压电动机应当装设过流、短路保护；中性点接地的变压器必须装设接地保护；低压电力系统的变压器中性点直接接地时，必须装设接地保护。

第六百一十一条　变（配）电设施、油库、爆炸物品库、高大或者易受雷击的建筑，必须装设防雷电装置，每年雨季前检验1次。

第六百一十二条　电气保护检验应当遵守下列规定：

（一）电气保护装置使用前必须按规定进行检验，并做好记录。

（二）运行中每年至少对保护做1次检验，漏电保护6个月1次，负荷调整、线路变动应当及时检验。

（三）接地系统每月检查1次，每年至少检测1次，并做好记录。

第六百一十三条　采场必须选用户外型电气设备，所有高、低压电气设备裸露导电体必须有安全防护。

第六百一十四条　变电所（站）的各种继电保护装置每2年至少做1次试验。

第六百一十五条　变电所开关跳闸后，应当立即报告调度人员，经查询，可试送1次；若仍跳闸，不得强行送电，待查明原因，排除故障后，方可送电。

第六百一十六条　接地和接零应当符合下列要求：

（一）采场的架空线主接地极不得少于2组。主接地极应当设在电阻率低的地方，每组接地电阻值不得大于4Ω，在土壤电阻率大于1000 Ωmm²/m 的地区，不得超过30 Ω。移动设备与架空线接地极之间的电阻值不得大于1 Ω。接地线和设备的金属外壳的接触电压不得大于36 V。

（二）高压架空线的接地线应当使用截面大于35 mm² 的钢绞线。

（三）采用橡套电缆的专用接地芯线必须接地或者接零，严禁接地线作电源线。

（四）50 V 以上的交流电气设备的金属外壳、构架等必须接地。

（五）连接电气设备与接地母线应当使用截面不小于50 mm² 的耐腐蚀的铁线，严禁电气设备的接地线串联接地，严禁用金属管道或者电缆金属护套作为接地线。

（六）低压接地系统的架空线路的终端和支线的终端必须重复接地，交流线路零线的重复接地必须用独立的人工接地体，不得与地下金属管网相连接。

第五节　电气设备操作、维护和调整

第六百一十七条　严禁带电检修、移动电气设备。对设备进行带电调试、测试、试验时，必须采取安全措施。

移动带电电缆时，必须检查确认电缆没有破损，并穿戴好绝缘防护用品。

采用快速插接式的高压电缆头严禁带电插拔。

第六百一十八条　操作电气设备必须遵守下列规定：

（一）非专职和非值班人员，严禁操作电气设备。

（二）操作高压电气设备回路时，操作人员必须戴绝缘手套、穿电工绝缘靴或者站在绝缘台上。

（三）手持式电气设备的操作柄和工作中必须接触的部分，必须有合格的绝缘。

（四）操作人员身体任何部分与电气设备裸露带电部分的最小距

离应当执行国家相关标准。

第六百一十九条　检修多用户使用的输配电线路时，应当制定安全措施。

第六百二十条　采场内（变电站、所及以下）配电线路的停送电作业应当遵守下列规定：

（一）计划停送电严格执行工作票、操作票制度。

（二）非计划停送电，应当经调度同意后执行，并双方做好停送电记录。

（三）事故停电，执行先停电，后履行停电手续，采取安全措施做好记录。

（四）严禁约时停送电。

第六百二十一条　高压变配电设备和线路的检修及停送电，必须严格执行停电申请和工作票制度。

停电线路维修作业必须遵守下列规定：

（一）必须由负责人统一指挥。

（二）必须有明显的断开点，该线路断开的电源开关把手，必须专人看管或者加锁，并悬挂警示牌。

（三）停电后必须验电，并挂好接地线。

（四）作业时必须有专人监护。

（五）确认所有作业完毕后，摘除接地线和警示牌，由负责人检查无误后通知调度恢复送电。

第六百二十二条　雷电或者雷雨时，严禁进行倒闸操作，严禁操作跌落开关。

第六节　爆炸物品库和炸药加工区安全配电

第六百二十三条　爆炸物品库房区和加工区的 10 kV 及以下的变电所，可采用户内式，但不应设在 A 级建筑物内。

变电所与 A 级建筑物的距离不得小于 50 m。

柱上变电亭与 A 级建筑物的距离不得小于 100 m，与 B 级和 D 级建筑物不得小于 50 m。

第六百二十四条　1～10 kV 的室外架空线路，严禁跨越危险场所的建筑物。其边线与建筑物的水平距离，应当遵守下列规定：

（一）与 A 级和 B 级建筑物的距离，不应小于电杆间距的 2/3 且不应小于 35 m；与生产炸药的 A 级建筑物的距离，不应小于 50 m。

（二）与 D 级建筑物的距离不应小于电杆高的 1.5 倍。

第六百二十五条　变（配）电所至有爆炸危险的工房（库房）的 380 V/220 V 级配电线路，必须采用金属铠装交联电缆，其额定电压不低于 500 V，中性线的额定电压与相线相同，并在地下敷设。

电缆埋地长度不应小于 15 m。电缆的入户端金属外皮或者装电缆的钢管应当接地。在电缆与架空线的连接处应当装设防雷电装置。防雷电装置与电缆金属外皮、钢管、绝缘铁脚应当并联一起接地，其接地电阻不应大于 10 Ω。

低压配电应当采用 TN－S 系统。

第六百二十六条　有爆炸危险场所中的金属设备、管道和其他导电物体，均应当接地，其防静电的接地电阻不得大于 100 Ω。该接地装置与电气设备的、防雷电的接地装置共用，此时接地电阻值取其中最小值。根据具体情况，还应当采用其他的防静电措施。

第七节　照 明 和 通 信

第六百二十七条　固定式照明灯具使用的电压不得超过 220 V，手灯或者移动式照明灯具的电压应当小于 36 V，在金属容器内作业用的照明灯具的电压不得超过 24 V。

在同一地点安装不同照明电压等级的电源插座时，应当有明显区别标志。

第六百二十八条　必须配置能够覆盖整个开采范围的无线对讲系统，有基站的必须配备不间断电源，同时配置其他的有线或者无线应急通信系统；调度室与附近急救中心、消防机构、上级生产指挥中心的通信联系必须装设有线电话。

第九章　设　备　检　修

第六百二十九条　检修前，应当选择坚实平坦的地面停放，因故障不能移动的设备应当采取防止溜车措施，轮式设备必须安放止轮器。

第六百三十条　检修作业必须遵守下列规定：

（一）检修时必须执行挂牌制度，在控制位置悬挂"正在检修，严禁启动"警示牌。

（二）检修时必须设专人协调指挥。多工种联合检修作业时，必须制定安全措施。

（三）在设备的隐蔽处及通风不畅的空间内检修时，必须制定安全措施，并设专人监护。

（四）检查和诊断运动、铰接、高温、有压、带电、弹性储能等危险部位时，必须采取安全措施，检修前必须切断相应的动力源，释放压力。

（五）在带式输送机上更换、维修输送带时，应当制定安全措施。

第六百三十一条　检修用电设备的高压进线和总隔离开关柜时，必须执行停送电制度。

检修设备高压线路时，必须切断相应的断路器和拉开隔离开关，并进行验电、放电、挂接短路接地线。

第六百三十二条　拆装高温（＞40 ℃）或者低温（＜－15 ℃）部件时，必须采取防护措施，严禁人体直接接触。

第六百三十三条　电焊、气焊、切割必须遵守下列规定：

（一）工作场地通风良好，无易燃、易爆物品。

（二）各类气瓶要距明火10 m以上，氧气瓶距乙炔瓶5 m以上。在重点防火、防爆区焊接作业时，办理用火审批单，并制定防火、防爆措施。

（三）在焊接或者切割盛放过易燃、易爆物品或者情况不明物品的容器时，应当制定安全措施。

（四）进入设备或者容器内部焊接、切割时，在确认无易燃、易爆气体或者物品，采取安全措施后，方可作业。

（五）各种气瓶连接处、胶管接头、减压器等，严禁沾染油脂。

（六）电焊机及电焊用具的绝缘必须合格，电焊机外壳接地。

第六百三十四条　吊装作业必须遵守下列规定：

（一）吊装作业区四周设置明显标志，夜间作业有足够的照明。

（二）严禁超载吊装和起吊重量不明的物体；严禁使用一根绳索挂2个吊点；严禁绳索与棱角直接接触。

（三）2台及以上起重机起吊同一物体时，负载分配应当合理，单机载荷不得超过额定起重量的80%。

第六百三十五条　高处作业必须遵守下列规定：

（一）使用登高工具和安全用具。

（二）使用梯子时，支承必须牢固，并有防滑措施，严禁垫高使用。

（三）采取可靠的防止人员坠落措施，有条件时应当设置防护网或者防护围栏。

（四）人员站立位置及扶手采取防滑措施。

（五）防止物体坠落，严禁抛掷工具和器材。

（六）在有坠落危险的下方严禁其他人员停留或者作业。

第六百三十六条　检修矿用卡车必须编制作业规程，并遵守下列规定：

（一）厢斗举升维修过程中，设定警戒区，严禁人员进入。

（二）厢斗举起后，采用刚性支撑或者安全索固定厢斗，严禁利用举升缸支撑作业。

（三）在车上进行焊接和切割作业时，要防止火花溅落到下方作业区或者油箱。必要时，应当采取防护措施。

（四）必须制定专门的检修轮胎安全技术措施。

第五编　职业病危害防治

第一章　职业病危害管理

第六百三十七条　煤矿企业必须建立健全职业卫生档案，定期报告职业病危害因素。

第六百三十八条　煤矿企业应当开展职业病危害因素日常监测，配备监测人员和设备。

煤矿企业应当每年进行一次作业场所职业病危害因素检测，每3年进行一次职业病危害现状评价。检测、评价结果存入煤矿企业职业卫生档案，定期向从业人员公布。

第六百三十九条　煤矿企业应当为接触职业病危害因素的从业人员提供符合要求的个体防护用品，并指导和督促其正确使用。

作业人员必须正确使用防尘或者防毒等个体防护用品。

第二章　粉　尘　防　治

第六百四十条　作业场所空气中粉尘（总粉尘、呼吸性粉尘）浓度应当符合表25的要求。不符合要求的，应当采取有效措施。

表25　作业场所空气中粉尘浓度要求

粉尘种类	游离 SiO_2 含量/%	时间加权平均容许浓度/($mg \cdot m^{-3}$)	
		总　尘	呼　尘
煤尘	<10	4	2.5
矽尘	10～50	1	0.7
	50～80	0.7	0.3
	≥80	0.5	0.2

表 25（续）

粉尘种类	游离 SiO₂ 含量/%	时间加权平均容许浓度/(mg·m⁻³)	
		总　尘	呼　尘
水泥尘	<10	4	1.5

注：时间加权平均容许浓度是以时间加权数规定的 8 h 工作日、40 h 工作周的平均容许接触浓度。

第六百四十一条　粉尘监测应当采用定点监测、个体监测方法。

第六百四十二条　煤矿必须对生产性粉尘进行监测，并遵守下列规定：

（一）总粉尘浓度，井工煤矿每月测定 2 次；露天煤矿每月测定 1 次。粉尘分散度每 6 个月测定 1 次。

（二）呼吸性粉尘浓度每月测定 1 次。

（三）粉尘中游离 SiO₂ 含量每 6 个月测定 1 次，在变更工作面时也必须测定 1 次。

（四）开采深度大于 200 m 的露天煤矿，在气压较低的季节应当适当增加测定次数。

第六百四十三条　粉尘监测采样点布置应当符合表 26 的要求。

表 26　粉尘监测采样点布置

类　别	生　产　工　艺	测尘点布置
采煤工作面	司机操作采煤机、打眼、人工落煤及攉煤	工人作业地点
	多工序同时作业	回风巷距工作面 10～15 m 处
掘进工作面	司机操作掘进机、打眼、装岩（煤）、锚喷支护	工人作业地点
	多工序同时作业（爆破作业除外）	距掘进头 10～15 m 回风侧
其他场所	翻罐笼作业、巷道维修、转载点	工人作业地点
露天煤矿	穿孔机作业、挖掘机作业	下风侧 3～5 m 处
	司机操作穿孔机、司机操作挖掘机、汽车运输	操作室内

表 26（续）

类　别	生　产　工　艺	测尘点布置
地面作业场所	地面煤仓、储煤场、输送机运输等处进行生产作业	作业人员活动范围内

第六百四十四条　矿井必须建立消防防尘供水系统，并遵守下列规定：

（一）应当在地面建永久性消防防尘储水池，储水池必须经常保持不少于 200 m³ 的水量。备用水池贮水量不得小于储水池的一半。

（二）防尘用水水质悬浮物的含量不得超过 30 mg/L，粒径不大于 0.3 mm，水的 pH 值在 6～9 范围内，水的碳酸盐硬度不超过 3 mmol/L。

（三）没有防尘供水管路的采掘工作面不得生产。主要运输巷、带式输送机斜井与平巷、上山与下山、采区运输巷与回风巷、采煤工作面运输巷与回风巷、掘进巷道、煤仓放煤口、溜煤眼放煤口、卸载点等地点必须敷设防尘供水管路，并安设支管和阀门。防尘用水应当过滤。水采矿井不受此限。

第六百四十五条　井工煤矿采煤工作面应当采取煤层注水防尘措施，有下列情况之一的除外：

（一）围岩有严重吸水膨胀性质，注水后易造成顶板垮塌或者底板变形；地质情况复杂、顶板破坏严重，注水后影响采煤安全的煤层。

（二）注水后会影响采煤安全或者造成劳动条件恶化的薄煤层。

（三）原有自然水分或者防灭火灌浆后水分大于 4% 的煤层。

（四）孔隙率小于 4% 的煤层。

（五）煤层松软、破碎，打钻孔时易塌孔、难成孔的煤层。

（六）采用下行垮落法开采近距离煤层群或者分层开采厚煤层，上层或者上分层的采空区采取灌水防尘措施时的下一层或者下一分层。

第六百四十六条 井工煤矿炮采工作面应当采用湿式钻眼、冲洗煤壁、水炮泥、出煤洒水等综合防尘措施。

第六百四十七条 采煤机必须安装内、外喷雾装置。割煤时必须喷雾降尘，内喷雾工作压力不得小于 2 MPa，外喷雾工作压力不得小于 4 MPa，喷雾流量应当与机型相匹配。无水或者喷雾装置不能正常使用时必须停机；液压支架和放顶煤工作面的放煤口，必须安装喷雾装置，降柱、移架或者放煤时同步喷雾。破碎机必须安装防尘罩和喷雾装置或者除尘器。

第六百四十八条 井工煤矿采煤工作面回风巷应当安设风流净化水幕。

第六百四十九条 井工煤矿掘进井巷和硐室时，必须采取湿式钻眼、冲洗井壁巷帮、水炮泥、爆破喷雾、装岩（煤）洒水和净化风流等综合防尘措施。

第六百五十条 井工煤矿掘进机作业时，应当采用内、外喷雾及通风除尘等综合措施。掘进机无水或者喷雾装置不能正常使用时，必须停机。

第六百五十一条 井工煤矿在煤、岩层中钻孔作业时，应当采取湿式降尘等措施。

在冻结法凿井和在遇水膨胀的岩层中不能采用湿式钻眼（孔）、突出煤层或者松软煤层中施工瓦斯抽采钻孔难以采取湿式钻孔作业时，可以采取干式钻孔（眼），并采取除尘器除尘等措施。

第六百五十二条 井下煤仓（溜煤眼）放煤口、输送机转载点和卸载点，以及地面筛分厂、破碎车间、带式输送机走廊、转载点等地点，必须安设喷雾装置或者除尘器，作业时进行喷雾降尘或者用除尘器除尘。

第六百五十三条 喷射混凝土时，应当采用潮喷或者湿喷工艺，并配备除尘装置对上料口、余气口除尘。距离喷浆作业点下风流100 m 内，应当设置风流净化水幕。

第六百五十四条 露天煤矿的防尘工作应当符合下列要求：

（一）设置加水站（池）。

（二）穿孔作业采取捕尘或者除尘器除尘等措施。

（三）运输道路采取洒水等降尘措施。

（四）破碎站、转载点等采用喷雾降尘或者除尘器除尘。

第三章 热 害 防 治

第六百五十五条 当采掘工作面空气温度超过 26 ℃、机电设备硐室超过 30 ℃时，必须缩短超温地点工作人员的工作时间，并给予高温保健待遇。

当采掘工作面的空气温度超过 30 ℃、机电设备硐室超过 34 ℃时，必须停止作业。

新建、改扩建矿井设计时，必须进行矿井风温预测计算，超温地点必须有降温设施。

第六百五十六条 有热害的井工煤矿应当采取通风等非机械制冷降温措施。无法达到环境温度要求时，应当采用机械制冷降温措施。

第四章 噪 声 防 治

第六百五十七条 作业人员每天连续接触噪声时间达到或者超过 8 h 的，噪声声级限值为 85 dB(A)。每天接触噪声时间不足 8 h 的，可以根据实际接触噪声的时间，按照接触噪声时间减半、噪声声级限值增加 3 dB(A) 的原则确定其声级限值。

第六百五十八条 每半年至少监测 1 次噪声。

井工煤矿噪声监测点应当布置在主要通风机、空气压缩机、局部通风机、采煤机、掘进机、风动凿岩机、破碎机、主水泵等设备使用地点。

露天煤矿噪声监测点应当布置在钻机、挖掘机、破碎机等设备使用地点。

第六百五十九条 应当优先选用低噪声设备，采取隔声、消声、吸声、减振、减少接触时间等措施降低噪声危害。

第五章 有害气体防治

第六百六十条 监测有害气体时应当选择有代表性的作业地点，其中包括空气中有害物质浓度最高、作业人员接触时间最长的地点。应当在正常生产状态下采样。

第六百六十一条 氧化氮、一氧化碳、氨、二氧化硫至少每3个月监测1次，硫化氢至少每月监测1次。

第六百六十二条 煤矿作业场所存在硫化氢、二氧化硫等有害气体时，应当加强通风降低有害气体的浓度。在采用通风措施无法达到作业环境标准时，应当采用集中抽取净化、化学吸收等措施降低硫化氢、二氧化硫等有害气体的浓度。

第六章 职业健康监护

第六百六十三条 煤矿企业必须按照国家有关规定，对从业人员上岗前、在岗期间和离岗时进行职业健康检查，建立职业健康档案，并将检查结果书面告知从业人员。

第六百六十四条 接触职业病危害从业人员的职业健康检查周期按下列规定执行：

（一）接触粉尘以煤尘为主的在岗人员，每2年1次。

（二）接触粉尘以矽尘为主的在岗人员，每年1次。

（三）经诊断的观察对象和尘肺患者，每年1次。

（四）接触噪声、高温、毒物、放射线的在岗人员，每年1次。

接触职业病危害作业的退休人员，按有关规定执行。

第六百六十五条 对检查出有职业禁忌症和职业相关健康损害的从业人员，必须调离接害岗位，妥善安置；对已确诊的职业病人，应当及时给予治疗、康复和定期检查，并做好职业病报告工作。

第六百六十六条 有下列病症之一的，不得从事接尘作业：

（一）活动性肺结核病及肺外结核病。

（二）严重的上呼吸道或者支气管疾病。

（三）显著影响肺功能的肺脏或者胸膜病变。

（四）心、血管器质性疾病。

（五）经医疗鉴定，不适于从事粉尘作业的其他疾病。

第六百六十七条　有下列病症之一的，不得从事井下工作：

（一）本规程第六百六十六条所列病症之一的。

（二）风湿病（反复活动）。

（三）严重的皮肤病。

（四）经医疗鉴定，不适于从事井下工作的其他疾病。

第六百六十八条　癫痫病和精神分裂症患者严禁从事煤矿生产工作。

第六百六十九条　患有高血压、心脏病、高度近视等病症以及其他不适应高空（2 m以上）作业者，不得从事高空作业。

第六百七十条　从业人员需要进行职业病诊断、鉴定的，煤矿企业应当如实提供职业病诊断、鉴定所需的从业人员职业史和职业病危害接触史、工作场所职业病危害因素检测结果等资料。

第六百七十一条　煤矿企业应当为从业人员建立职业健康监护档案，并按照规定的期限妥善保存。

从业人员离开煤矿企业时，有权索取本人职业健康监护档案复印件，煤矿企业必须如实、无偿提供，并在所提供的复印件上签章。

第六编 应急救援

第一章 一般规定

第六百七十二条 煤矿企业应当落实应急管理主体责任，建立健全事故预警、应急值守、信息报告、现场处置、应急投入、救援装备和物资储备、安全避险设施管理和使用等规章制度，主要负责人是应急管理和事故救援工作的第一责任人。

第六百七十三条 矿井必须根据险情或者事故情况下矿工避险的实际需要，建立井下紧急撤离和避险设施，并与监测监控、人员位置监测、通信联络等系统结合，构成井下安全避险系统。

安全避险系统应当随采掘工作面的变化及时调整和完善，每年由矿总工程师组织开展有效性评估。

第六百七十四条 煤矿企业必须编制应急救援预案并组织评审，由本单位主要负责人批准后实施；应急救援预案应当与所在地县级以上地方人民政府组织制定的生产安全事故应急救援预案相衔接。

应急救援预案的主要内容发生变化，或者在事故处置和应急演练中发现存在重大问题时，及时修订完善。

第六百七十五条 煤矿企业必须建立应急演练制度。应急演练计划、方案、记录和总结评估报告等资料保存期限不少于2年。

第六百七十六条 所有煤矿必须有矿山救护队为其服务。井工煤矿企业应当设立矿山救护队，不具备设立矿山救护队条件的煤矿企业，所属煤矿应当设立兼职救护队，并与就近的救护队签订救护协议；否则，不得生产。

矿山救护队到达服务煤矿的时间应当不超过30 min。

第六百七十七条 任何人不得调动矿山救护队、救援装备和救护车辆从事与应急救援无关的工作，不得挪用紧急避险设施内的设备和物品。

第六百七十八条　井工煤矿应当向矿山救护队提供采掘工程平面图、矿井通风系统图、井上下对照图、井下避灾路线图、灾害预防和处理计划，以及应急救援预案；露天煤矿应当向矿山救护队提供采剥、排土工程平面图和运输系统图、防排水系统图及排水设备布置图、井工老空区与露天矿平面对照图，以及应急救援预案。提供的上述图纸和资料应当真实、准确，且至少每季度为救护队更新一次。

第六百七十九条　煤矿作业人员必须熟悉应急救援预案和避灾路线，具有自救互救和安全避险知识。井下作业人员必须熟练掌握自救器和紧急避险设施的使用方法。

班组长应当具备兼职救护队员的知识和能力，能够在发生险情后第一时间组织作业人员自救互救和安全避险。

外来人员必须经过安全和应急基本知识培训，掌握自救器使用方法，并签字确认后方可入井。

第六百八十条　煤矿发生险情或者事故后，现场人员应当进行自救、互救，并报矿调度室；煤矿应当立即按照应急救援预案启动应急响应，组织涉险人员撤离险区，通知应急指挥人员、矿山救护队和医疗救护人员等到现场救援，并上报事故信息。

第六百八十一条　矿山救护队在接到事故报告电话、值班人员发出警报后，必须在 1 min 内出动救援。

第六百八十二条　发生事故的煤矿必须全力做好事故应急救援及相关工作，并报请当地政府和主管部门在通信、交通运输、医疗、电力、现场秩序维护等方面提供保障。

第二章　安　全　避　险

第六百八十三条　煤矿发生险情或者事故时，井下人员应当按应急救援预案和应急指令撤离险区，在撤离受阻的情况下紧急避险待救。

第六百八十四条　井下所有工作地点必须设置灾害事故避灾路线。避灾路线指示应当设置在不易受到碰撞的显著位置，在矿灯照明下清晰可见，并标注所在位置。

巷道交叉口必须设置避灾路线标识。巷道内设置标识的间隔距离：采区巷道不大于200 m，矿井主要巷道不大于300 m。

第六百八十五条　矿井应当设置井下应急广播系统，保证井下人员能够清晰听见应急指令。

第六百八十六条　入井人员必须随身携带额定防护时间不低于30 min的隔绝式自救器。

矿井应当根据需要在避灾路线上设置自救器补给站。补给站应当有清晰、醒目的标识。

第六百八十七条　采区避灾路线上应当设置压风管路，主管路直径不小于100 mm，采掘工作面管路直径不小于50 mm，压风管路上设置的供气阀门间隔不大于200 m。水文地质条件复杂和极复杂的矿井，应当在各水平、采区和上山巷道最高处敷设压风管路，并设置供气阀门。

采区避灾路线上应当敷设供水管路，在供气阀门附近安装供水阀门。

第六百八十八条　突出矿井，以及发生险情或者事故时井下人员依靠自救器或者1次自救器接力不能安全撤至地面的矿井，应当建设井下紧急避险设施。紧急避险设施的布局、类型、技术性能等具体设计，应当经矿总工程师审批。

紧急避险设施应当设置在避灾路线上，并有醒目标识。矿井避灾路线图中应当明确标注紧急避险设施的位置、规格和种类，井巷中应当有紧急避险设施方位指示。

第六百八十九条　突出矿井必须建设采区避难硐室，采区避难硐室必须接入矿井压风管路和供水管路，满足避险人员的避险需要，额定防护时间不低于96 h。

突出煤层的掘进巷道长度及采煤工作面推进长度超过500 m时，应当在距离工作面500 m范围内建设临时避难硐室或者其他临时避险设施。临时避难硐室必须设置向外开启的密闭门，接入矿井压风管路，设置与矿调度室直通的电话，配备足量的饮用水及自救器。

第六百九十条　其他矿井应当建设采区避难硐室，或者在距离采掘工作面 1000 m 范围内建设临时避难硐室或者其他临时避险设施。

第六百九十一条　突出与冲击地压煤层，应当在距采掘工作面 25～40 m 的巷道内、爆破地点、撤离人员与警戒人员所在位置、回风巷有人作业处等地点，至少设置 1 组压风自救装置；在长距离的掘进巷道中，应当根据实际情况增加压风自救装置的设置组数。每组压风自救装置应当可供 5～8 人使用，平均每人空气供给量不得少于 0.1 m³/min。

其他矿井掘进工作面应当敷设压风管路，并设置供气阀门。

第六百九十二条　煤矿必须对紧急避险设施进行维护和管理，每天巡检 1 次；建立技术档案及使用维护记录。

第三章　救　援　队　伍

第六百九十三条　矿山救护队是处理矿山灾害事故的专业应急救援队伍。

矿山救护队必须实行标准化、军事化管理和 24 h 值班。

第六百九十四条　矿山救护大队应当由不少于 2 个中队组成，矿山救护中队应当由不少于 3 个救护小队组成，每个救护小队应当由不少于 9 人组成。

第六百九十五条　矿山救护队大、中队指挥员应当由熟悉矿山救援业务，具有相应煤矿专业知识，从事煤矿生产、安全、技术管理工作 5 年以上和矿山救援工作 3 年以上，并经过培训合格的人员担任。

第六百九十六条　矿山救护大队指挥员年龄不应超过 55 岁，救护中队指挥员不应超过 50 岁，救护队员不应超过 45 岁，其中 40 岁以下队员应当保持在 2/3 以上。指战员每年应当进行 1 次身体检查，对身体检查不合格或者超龄人员应当及时进行调整。

第六百九十七条　新招收的矿山救护队员，应当具有高中及以上文化程度，年龄在 30 周岁以下，从事井下工作 1 年以上。

新招收的矿山救护队员必须通过 3 个月的基础培训和 3 个月的编队实习，并经综合考评合格后，才能成为正式队员。

第六百九十八条　矿山救护队出动执行救援任务时，必须穿戴矿山救援防护服装，佩戴并按规定使用氧气呼吸器，携带相关装备、仪器和用品。

第四章　救援装备与设施

第六百九十九条　矿山救护队必须配备救援车辆及通信、灭火、侦察、气体分析、个体防护等救援装备，建有演习训练等设施。

第七百条　矿山救护队技术装备、救援车辆和设施必须由专人管理，定期检查、维护和保养，保持战备和完好状态。技术装备不得露天存放，救援车辆必须专车专用。

第七百零一条　煤矿企业应当根据矿井灾害特点，结合所在区域实际情况，储备必要的应急救援装备及物资，由主要负责人审批。重点加强潜水电泵及配套管线、救援钻机及其配套设备、快速掘进与支护设备、应急通信装备等的储备。

煤矿企业应当建立应急救援装备和物资台账，健全其储存、维护保养和应急调用等管理制度。

第七百零二条　救援装备、器材、物资、防护用品和安全检测仪器、仪表，必须符合国家标准或者行业标准，满足应急救援工作的特殊需要。

第五章　救　援　指　挥

第七百零三条　煤矿发生灾害事故后，必须立即成立救援指挥部，矿长任总指挥。矿山救护队指挥员必须作为救援指挥部成员，参与制定救援方案等重大决策，具体负责指挥矿山救护队实施救援工作。

第七百零四条　多支矿山救护队联合参加救援时，应当由服务于发生事故煤矿的矿山救护队指挥员负责协调、指挥各矿山救护队实施救援，必要时也可以由救援指挥部另行指定。

第七百零五条　矿井发生灾害事故后，必须首先组织矿山救护队进行灾区侦察，探明灾区情况。救援指挥部应当根据灾害性质、事故发生地点、波及范围，灾区人员分布、可能存在的危险因素，以及救援的人力和物力，制定抢救方案和安全保障措施。

矿山救护队执行灾区侦察任务和实施救援时，必须至少有1名中队或者中队以上指挥员带队。

第七百零六条　在重特大事故或者复杂事故救援现场，应当设立地面基地和井下基地，安排矿山救护队指挥员、待机小队和急救员值班，设置通往救援指挥部和灾区的电话，配备必要的救护装备和器材。

地面基地应当设置在靠近井口的安全地点，配备气体分析化验设备等相关装备。

井下基地应当设置在靠近灾区的安全地点，设专人看守电话并做好记录，保持与救援指挥部、灾区工作救护小队的联络。指派专人检测风流、有害气体浓度及巷道支护等情况。

第七百零七条　矿山救护队在救援过程中遇到突发情况、危及救援人员生命安全时，带队指挥员有权作出撤出危险区域的决定，并及时报告井下基地及救援指挥部。

第六章　灾　变　处　理

第七百零八条　处理灾变事故时，应当撤出灾区所有人员，准确统计井下人数，严格控制入井人数；提供救援需要的图纸和技术资料；组织人力、调配装备和物资参加抢险救援，做好后勤保障工作。

第七百零九条　进入灾区的救护小队，指战员不得少于6人，必须保持在彼此能看到或者听到信号的范围内行动，任何情况下严禁任何指战员单独行动。所有指战员进入前必须检查氧气呼吸器，氧气压力不得低于 18 MPa；使用过程中氧气呼吸器的压力不得低于 5 MPa。发现有指战员身体不适或者氧气呼吸器发生故障难以排除时，全小队必须立即撤出。

指战员在灾区工作 1 个呼吸器班后，应当至少休息 8 h。

第七百一十条 灾区侦察应当遵守下列规定：

（一）侦察小队进入灾区前，应当考虑退路被堵后采取的措施，规定返回的时间，并用灾区电话与井下基地保持联络。小队应当按规定时间原路返回，如果不能按原路返回，应当经布置侦察任务的指挥员同意。

（二）进入灾区时，小队长在队列之前，副小队长在队列之后，返回时则反之。行进中经过巷道交叉口时应当设置明显的路标。视线不清时，指战员之间要用联络绳联结。在搜索遇险遇难人员时，小队队形应当与巷道中线斜交前进。

（三）指定人员分别检查通风、气体浓度、温度、顶板等情况，做好记录，并标记在图纸上。

（四）坚持有巷必察。远距离和复杂巷道，可组织几个小队分区段进行侦察。在所到巷道标注留名，并绘出侦察线路示意图。

（五）发现遇险人员应当全力抢救，并护送到新鲜风流处或者井下基地。在发现遇险、遇难人员的地点要检查气体，并做好标记。

（六）当侦察小队失去联系或者没按约定时间返回时，待机小队必须立即进入救援，并报告救援指挥部。

（七）侦察结束后，带队指挥员必须立即向布置侦察任务的指挥员汇报侦察结果。

第七百一十一条 矿山救护队在高温区进行救护工作时，救护指战员进入高温区的最长时间不得超过表 27 的规定。

表 27 救护指战员进入高温区的最长时间

温度/℃	40	45	50	55	60
进入时间/min	25	20	15	10	5

第七百一十二条　处理矿井火灾事故，应当遵守下列规定：

（一）控制烟雾的蔓延，防止火灾扩大。

（二）防止引起瓦斯、煤尘爆炸。必须指定专人检查瓦斯和煤尘，观测灾区的气体和风流变化。当甲烷浓度达到 2.0% 以上并继续增加时，全部人员立即撤离至安全地点并向指挥部报告。

（三）处理上、下山火灾时，必须采取措施，防止因火风压造成风流逆转和巷道垮塌造成风流受阻。

（四）处理进风井井口、井筒、井底车场、主要进风巷和硐室火灾时，应当进行全矿井反风。反风前，必须将火源进风侧的人员撤出，并采取阻止火灾蔓延的措施。多台主要通风机联合通风的矿井反风时，要保证非事故区域的主要通风机先反风，事故区域的主要通风机后反风。采取风流短路措施时，必须将受影响区域内的人员全部撤出。

（五）处理掘进工作面火灾时，应当保持原有的通风状态，进行侦察后再采取措施。

（六）处理爆炸物品库火灾时，应当首先将雷管运出，然后将其他爆炸物品运出；因高温或者爆炸危险不能运出时，应当关闭防火门，退至安全地点。

（七）处理绞车房火灾时，应当将火源下方的矿车固定，防止烧断钢丝绳造成跑车伤人。

（八）处理蓄电池电机车库火灾时，应当切断电源，采取措施，防止氢气爆炸。

（九）灭火工作必须从火源进风侧进行。用水灭火时，水流应从火源外围喷射，逐步逼向火源的中心；必须有充足的风量和畅通的回风巷，防止水煤气爆炸。

第七百一十三条　封闭具有爆炸危险的火区时，应当遵守下列规定：

（一）先采取注入惰性气体等抑爆措施，然后在安全位置构筑进、回风密闭。

（二）封闭具有多条进、回风通道的火区，应当同时封闭各条通道；不能实现同时封闭的，应当先封闭次要进回风通道，后封闭主要进回风通道。

（三）加强火区封闭的施工组织管理。封闭过程中，密闭墙预留通风孔，封孔时进、回风巷同时封闭；封闭完成后，所有人员必须立即撤出。

（四）检查或者加固密闭墙等工作，应当在火区封闭完成 24 h 后实施。发现已封闭火区发生爆炸造成密闭墙破坏时，严禁调派救护队侦察或者恢复密闭墙；应当采取安全措施，实施远距离封闭。

第七百一十四条 处理瓦斯（煤尘）爆炸事故时，应当遵守下列规定：

（一）立即切断灾区电源。

（二）检查灾区内有害气体的浓度、温度及通风设施破坏情况，发现有再次爆炸危险时，必须立即撤离至安全地点。

（三）进入灾区行动要谨慎，防止碰撞产生火花，引起爆炸。

（四）经侦察确认或者分析认定人员已经遇难，并且没有火源时，必须先恢复灾区通风，再进行处理。

第七百一十五条 发生煤（岩）与瓦斯突出事故，不得停风和反风，防止风流紊乱扩大灾情。通风系统及设施被破坏时，应当设置风障、临时风门及安装局部通风机恢复通风。

恢复突出区通风时，应当以最短的路线将瓦斯引入回风巷。回风井口 50 m 范围内不得有火源，并设专人监视。

是否停电应当根据井下实际情况决定。

处理煤（岩）与二氧化碳突出事故时，还必须加大灾区风量，迅速抢救遇险人员。矿山救护队进入灾区时要戴好防护眼镜。

第七百一十六条 处理水灾事故时，应当遵守下列规定：

（一）迅速了解和分析水源、突水点、影响范围、事故前人员分布、矿井具有生存条件的地点及其进入的通道等情况。根据被堵人员所在地点的空间、氧气、瓦斯浓度以及救出被困人员所需的大致时间制定相应救灾方案。

（二）尽快恢复灾区通风，加强灾区气体检测，防止发生瓦斯爆炸和有害气体中毒、窒息事故。

（三）根据情况综合采取排水、堵水和向井下人员被困位置打钻等措施。

（四）排水后进行侦察抢险时，注意防止冒顶和二次突水事故的发生。

第七百一十七条　处理顶板事故时，应当遵守下列规定：

（一）迅速恢复冒顶区的通风。如不能恢复，应当利用压风管、水管或者打钻向被困人员供给新鲜空气、饮料和食物。

（二）指定专人检查甲烷浓度、观察顶板和周围支护情况，发现异常，立即撤出人员。

（三）加强巷道支护，防止发生二次冒顶、片帮，保证退路安全畅通。

第七百一十八条　处理冲击地压事故时，应当遵守下列规定：

（一）分析再次发生冲击地压灾害的可能性，确定合理的救援方案和路线。

（二）迅速恢复灾区的通风。恢复独头巷道通风时，应当按照排放瓦斯的要求进行。

（三）加强巷道支护，保证安全作业空间。巷道破坏严重、有冒顶危险时，必须采取防止二次冒顶的措施。

（四）设专人观察顶板及周围支护情况，检查通风、瓦斯、煤尘，防止发生次生事故。

第七百一十九条　处理露天矿边坡和排土场滑坡事故时，应当遵守下列规定：

（一）在事故现场设置警戒区域和警示牌，禁止人员进入警戒区域。

（二）救援人员和抢险设备必须从滑体两侧安全区域实施救援。

（三）应当对滑体进行观测，发现有威胁救援人员安全的情况时立即撤离。

附　则

第七百二十条　本规程自 2016 年 10 月 1 日起施行。

第七百二十一条　条款中出现的"必须""严禁""应当""可以"等说明如下：表示很严格，非这样做不可的，正面词一般用"必须"，反面词用"严禁"；表示严格，在正常情况下均应这样做的，正面词一般用"应当"，反面词一般用"不应或不得"；表示允许选择，在一定条件下可以这样做的，采用"可以"。

附录　主要名词解释

薄煤层　地下开采时厚度 1.3 m 以下的煤层；露天开采时厚度 3.5 m 以下的煤层。

中厚煤层　地下开采时厚度 1.3~3.5 m 的煤层；露天开采时厚度 3.5~10 m 的煤层。

厚煤层　地下开采时厚度 3.5 m 以上的煤层；露天开采时厚度 10 m 以上的煤层。

近水平煤层　地下开采时倾角 8°以下的煤层；露天开采时倾角 5°以下的煤层。

缓倾斜煤层　地下开采时倾角 8°~25°的煤层；露天开采时倾角 5°~10°的煤层。

倾斜煤层　地下开采时倾角 25°~45°的煤层；露天开采时倾角 10°~45°的煤层。

急倾斜煤层　地下或露天开采时倾角在 45°以上的煤层。

近距离煤层　煤层群层间距离较小，开采时相互有较大影响的煤层。

井巷　为进行采掘工作在煤层或岩层内所开凿的一切空硐。

　　水平　沿煤层走向某一标高布置运输大巷或总回风巷的水平面。

　　阶段　沿一定标高划分的一部分井田。

　　区段（分阶段、小阶段）　在阶段内沿倾斜方向划分的开采块段。

　　主要运输巷　运输大巷、运输石门和主要绞车道的总称。

　　运输大巷（阶段大巷、水平大巷或主要平巷）　为整个开采水平或阶段运输服务的水平巷道。开凿在岩层中的称岩石运输大巷；为几个煤层服务的称集中运输大巷。

　　石门　与煤层走向正交或斜交的岩石水平巷道。

　　主要绞车道（中央上、下山或集中上、下山）　不直接通到地面，为一个水平或几个采区服务并装有绞车的倾斜巷道。

　　上山　在运输大巷向上，沿煤岩层开凿，为 1 个采区服务的倾斜巷道。按用途和装备分为：输送机上山、轨道上山、通风上山和人行上山等。

　　下山　在运输大巷向下，沿煤岩层开凿，为 1 个采区服务的倾斜巷道。按用途和装备分为：输送机下山、轨道下山、通风下山和人行下山等。

　　采掘工作面　采煤工作面和掘进工作面的总称。

　　阶檐　台阶工作面中台阶的错距。

　　老空　采空区、老窑和已经报废的井巷的总称。

　　采空区　回采以后不再维护的空间。

　　锚喷支护　联合使用锚杆和喷混凝土或喷浆的支护。

　　喷体支护　喷射水泥砂浆和喷射混凝土作为井巷支护的总称。

　　水力采煤　利用水力或水力机械开采和水力或机械运输提升的机械化采煤技术。

　　冻结壁交圈　各相邻冻结孔的冻结圆柱逐步扩大，相互连接，开始形成封闭的冻结壁的现象。

　　止浆岩帽　井巷工作面预注浆时，暂留在含水层上方或前方能够承受最大注浆压力（压强）并防止向掘进工作面漏浆、跑浆的岩柱。

混凝土止浆垫　井筒工作面预注浆时，预先在含水层上方构筑的，能够承受最大注浆压力（压强）并防止向掘进工作面漏跑浆的混凝土构筑物。

冲击地压（岩爆）　井巷或工作面周围煤（岩）体，由于弹性变形能的瞬时释放而产生的突然、剧烈破坏的动力现象。常伴有煤岩体抛出、巨响及气浪等现象。

主要风巷　总进风巷、总回风巷、主要进风巷和主要回风巷的总称。

进风巷　进风风流所经过的巷道。为全矿井或矿井一翼进风用的叫总进风巷；为几个采区进风用的叫主要进风巷；为1个采区进风用的叫采区进风巷，为1个工作面进风用的叫工作面进风巷。

回风巷　回风风流所经过的巷道。为全矿井或矿井一翼回风用的叫总回风巷；为几个采区回风用的叫主要回风巷；为1个采区回风用的叫采区回风巷；为1个工作面回风用的叫工作面回风巷。

专用回风巷　在采区巷道中，专门用于回风，不得用于运料、安设电气设备的巷道。在煤（岩）与瓦斯（二氧化碳）突出区，专用回风巷内还不得行人。

采煤工作面的风流　采煤工作面工作空间中的风流。

掘进工作面的风流　掘进工作面到风筒出风口这一段巷道中的风流。

分区通风（并联通风）　井下各用风地点的回风直接进入采区回风巷或总回风巷的通风方式。

串联通风　井下用风地点的回风再次进入其他用风地点的通风方式。

扩散通风　利用空气中分子的自然扩散运动，对局部地点进行通风的方式。

独立风流　从主要进风巷分出的，经过爆炸材料库或充电硐室后再进入主要回风巷的风流。

全风压　通风系统中主要通风机出口侧和进口侧的总风压差。

火风压　井下发生火灾时，高温烟流流经有高差的井巷所产生的附加风压。

局部通风　利用局部通风机或主要通风机产生的风压对局部地点进行通风的方法。

循环风　局部通风机的回风，部分或全部再进入同一部局部通风机的进风风流中。

主要通风机　安装在地面的，向全矿井、一翼或 1 个分区供风的通风机。

辅助通风机　某分区通风阻力过大、主要通风机不能供给足够风量时，为了增加风量而在该分区使用的通风机。

局部通风机　向井下局部地点供风的通风机。

上行通风　风流沿采煤工作面由下向上流动的通风方式。

下行通风　风流沿采煤工作面由上向下流动的通风方式。

瓦斯　矿井中主要由煤层气构成的以甲烷为主的有害气体。有时单独指甲烷。

瓦斯（二氧化碳）浓度　瓦斯（二氧化碳）在空气中按体积计算占有的比率，以% 表示。

瓦斯涌出　由受采动影响的煤层、岩层，以及由采落的煤、矸石向井下空间均匀地放出瓦斯的现象。

瓦斯（二氧化碳）喷出　从煤体或岩体裂隙、孔洞或炮眼中大量瓦斯（二氧化碳）异常涌出的现象。在 20 m 巷道范围内，涌出瓦斯量大于或等于 $1.0 \ \mathrm{m^3/min}$，且持续时间在 8 h 以上时，该采掘区即定为瓦斯（二氧化碳）喷出危险区域。

煤尘爆炸危险煤层　经煤尘爆炸性试验鉴定证明其煤尘有爆炸性的煤层。

岩粉　专门生产的、用于防止爆炸及其传播的惰性粉末。

煤（岩）与瓦斯突出　在地应力和瓦斯的共同作用下，破碎的煤、岩和瓦斯由煤体或岩体内突然向采掘空间抛出的异常的动力现象。

保护层　为消除或削弱相邻煤层的突出或冲击地压危险而先开采的煤层或矿层。

石门揭煤　石门自底（顶）板岩柱穿过煤层进入顶（底）板的全部作业过程。

水淹区域　被水淹没的井巷和被水淹没的老空的总称。

矿井正常涌水量　矿井开采期间，单位时间内流入矿井的水量。

矿井最大涌水量　矿井开采期间，正常情况下矿井涌水量的高峰值。主要与人为条件和降雨量有关。

安全水头值　隔水层能承受含水层的最大水头压力值。

不燃性材料　受到火焰或高温作用时，不着火、不冒烟、也不被烧焦者，包括所有天然和人工的无机材料以及建筑中所用的金属材料。

永久性爆炸物品库　使用期限在2年以上的爆炸物品库。

瞬发电雷管　通电后瞬时爆炸的电雷管。

延期电雷管　通电后隔一定时间爆炸的电雷管；按延期间隔时间不同，分秒延期电雷管和毫秒延期电雷管。

最小抵抗线　从装药重心到自由面的最短距离。

正向起爆　起爆药包位于柱状装药的外端，靠近炮眼口，雷管底部朝向眼底的起爆方法。

反向起爆　起爆药包位于柱状装药的里端，靠近或在炮眼底，雷管底部朝向炮眼口的起爆方法。

裸露爆破　在岩体表面上直接贴敷炸药或再盖上泥土进行爆破的方法。

拒爆（瞎炮）　起爆后，爆炸材料未发生爆炸的现象。

熄爆（不完全爆炸）　爆轰波不能沿炸药继续传播而中止的现象。

机车　架线电机车、蒸汽机车、蓄电池电机车和内燃机车的总称。

电机车　架线电机车和蓄电池电机车的总称。

单轨吊车　在悬吊的单轨上运行，由驱动车或牵引车（钢丝绳牵引用）、制动车、承载车等组成的运输设备。

卡轨车　装有卡轨轮，在轨道上行驶的车辆。

齿轨机车　借助道床上的齿条与机车上的齿轮实现增加爬坡能力的矿用机车。

胶套轮机车　钢车轮踏面包敷特种材料以加大粘着系数提高爬坡能力的矿用机车。

提升装置　绞车、摩擦轮、天轮、导向轮、钢丝绳、罐道、提升容器和保险装置等的总称。

主要提升装置　含有提人绞车及滚筒直径 2 m 以上的提升物料的绞车的提升装置。

提升容器　升降人员和物料的容器，包括罐笼、箕斗、带乘人间的箕斗、吊桶等。

防坠器　钢丝绳或连接装置断裂时，防止提升容器坠落的保护装置。

挡车装置　阻车器和挡车栏等的总称。

挡车栏　安装在上、下山，防止矿车跑车事故的安全装置。

阻车器（挡车器）　装在轨道侧旁或罐笼、翻车机内使矿车停车、定位的装置。

跑车防护装置　在倾斜井巷内安设的能够将运行中断绳或脱钩的车辆阻止住的装置或设施。

最大内、外偏角　钢丝绳从天轮中心垂直面到滚筒的直线同钢丝绳在滚筒上最内、最外位置到天轮中心的直线所成的角度。

常用闸　绞车正常操作控制用的工作闸。

保险闸　在提升系统发生异常现象，需要紧急停车时，能按预先给定的程序施行紧急制动装置，也叫紧急闸或安全闸。

罐道　提升容器在立井井筒中上下运行时的导向装置。罐道可分为刚性罐道（木罐道、钢轨罐道、组合钢罐道）和柔性罐道（钢丝绳罐道）。

罐座（闸腿，罐托）　罐笼在井底、井口装卸车时的托罐装置。

摇台　罐笼装卸车时与井口、马头门处轨道联结用的活动平台。

矿用防爆特殊型电机车　电动机、控制器、灯具、电缆插销等为隔爆型，蓄电池采用特殊防爆措施的蓄电池电机车。

机车制动距离　司机开始扳动闸轮或电闸手把到列车完全停止的运行距离。机车制动距离包括空行程距离和实际制动距离。

移动式电气设备　在工作中必须不断移动位置，或安设时不需构筑专门基础并且经常变动其工作地点的电气设备。

手持式电气设备　在工作中必须用人手保持和移动设备本体或协同工作的电气设备。

固定式电气设备　除移动式和手持式以外的安设在专门基础上的电气设备。

带电搬迁　设备在带电状态下进行搬动（移动）安设位置的操作。

矿用一般型电气设备　专为煤矿井下条件生产的不防爆的一般型电气设备，这种设备与通用设备比较对介质温度、耐潮性能、外壳材质及强度、进线装置、接地端子都有适应煤矿具体条件的要求，而且能防止从外部直接触及带电部分及防止水滴垂直滴入，并对接线端子爬电距离和空气间隙有专门的规定。

矿用防爆电气设备　系指按 GB 3836.1 标准生产的专供煤矿井下使用的防爆电气设备。

本规程中采用的矿用防爆型电气设备，除了符合 GB 3836.1 的规定外，还必须符合专用标准和其他有关标准的规定，其型式包括隔爆型电气设备、增安型电气设备、本质安全型电气设备等。

检漏装置　当电力网路中漏电电流达到危险值时，能自动切断电源的装置。

欠电压释放保护装置　即低电压保护装置，当供电电压低至规定的极限值时，能自动切断电源的继电保护装置。

阻燃电缆　遇火点燃时，燃烧速度很慢，离开火源后即自行熄灭的电缆。

接地装置　各接地极和接地导线、接地引线的总称。

总接地网　用导体将所有应连接的接地装置连成的 1 个接地系统。

局部接地极　在集中或单个装有电气设备（包括连接动力铠装

电缆的接线盒）的地点单独埋设的接地极。

接地电阻　接地电压与通过接地极流入大地电流值之比。

露天采场　具有完整的生产系统，进行露天开采的场所。

工作帮　由正在开采的台阶部分组成的边帮。

非工作帮　由已结束开采的台阶部分组成的边帮。

边帮角（边坡角）　边帮面与水平面的夹角。

剥离　在露天采场内采出剥离物的作业。

剥离物　露天采场内的表土、岩层和不可采矿体。

台阶　按剥离、采矿或排土作业的要求，以一定高度划分的阶梯。

平盘（平台）　台阶的水平部分。

台阶高度　台阶上、下平盘之间的垂直距离。

坡顶线　台阶上部平盘与坡面的交线。

坡底线　台阶下部平盘与坡面的交线。

安全平盘　为保持边帮稳定和阻拦落石而设的平盘。

折返坑线　运输设备运行中按"之"字形改变运行方向的坑线。

原岩　未受采掘影响的天然岩体。

边帮监测　对边帮岩体变形及相应现象进行观察和测定的工作。

排土线　排土场内供排卸剥离物的台阶线路。

采装　用挖掘设备铲挖土岩并装入运输设备的工艺环节。

上装　挖掘设备站立水平低于与其配合的运输设备站立水平进行的采装作业。

连续开采工艺　采装、移运和排卸作业均采用连续式设备形成连续物料流的开采工艺。

安全区　露天煤矿开采平盘上不受采装及运输威胁的范围。

安全标志　在安全区范围设置的醒目记号和装置。

挖掘机　用铲斗从工作面铲装剥离物或矿产品并将其运至排卸地点卸装的自行式采掘机械。

穿孔机　露天煤矿钻孔的设备。

轮斗挖掘机（轮斗铲）　靠装在臂架前端的斗轮转动，由斗轮周边的铲斗轮流挖取剥离物或矿产品的一种连续式多斗挖掘机。

推（排）土犁 在轨道上行驶，用侧开板把剥离物外推并平整路基的排土机械。

滑坡 边帮岩体沿滑动面滑动的现象。

台阶坡面角 台阶坡面与水平面的夹角。

边坡稳定分析 分析边坡岩体稳定程度的工作。

最终边坡 露天采场开采结束时的边坡。

滑体 滑坡产生的滑动岩体。

塌落 边帮局部岩体突然片落的现象。

外部排土场 建在露天采场以外的排土场。

内部排土场 建在露天采场以内的排土场。

排土场滑坡 排土场松散土岩体自身的或随基底的变形或滑动。

固定线路 长期固定不移动的运输线路。

接触网 沿电气化铁路架设的供电网路，由承力索、吊弦和接能导线等组成。

电力牵引 用电能作为铁路运输动力能源的牵引方式。

路堑 线路低于地面用挖土的方法修筑的路基。

粉尘 煤尘、岩尘和其他有毒有害粉尘的总称。

呼吸性粉尘 能被吸入人体肺泡区的浮尘。

煤矿安全规程执行说明

(2016)

第一编 总   则

1. 第四条 煤矿企业与煤矿的界定

【规程条文】第四条 从事煤炭生产与煤矿建设的企业（以下简称煤矿企业）必须遵守国家有关安全生产的法律、法规、规章、规程、标准和技术规范。

煤矿企业必须加强安全生产管理，建立健全各级负责人、各部门、各岗位安全生产与职业病危害防治责任制。

煤矿企业必须建立健全安全生产与职业病危害防治目标管理、投入、奖惩、技术措施审批、培训、办公会议制度，安全检查制度，事故隐患排查、治理、报告制度，事故报告与责任追究制度等。

煤矿企业必须建立各种设备、设施检查维修制度，定期进行检查维修，并做好记录。

煤矿必须制定本单位的作业规程和操作规程。

【执行说明】《煤矿安全规程》（国家安全监管总局令第87号，以下简称《规程》）所指"煤矿企业"是指从事煤炭生产与煤矿建设具有法人地位的企业。任何行业的企业，只要从事煤炭生产或煤矿建设，均属于《规程》所指的煤矿企业，均需要遵守《规程》。

煤矿是指直接从事煤炭生产和煤矿建设的业务单元，可以是法人单位，也可以不是法人单位。

本条所规定的煤矿企业必须建立的安全生产与职业病危害防治责任制和各项规章制度，煤矿也必须建立。

2. 第十条 煤矿井下矿用产品安全标志的规定

【规程条文】第十条 煤矿使用的纳入安全标志管理的产品，必须取得煤矿矿用产品安全标志。未取得煤矿矿用产品安全标志的，不得使用。

　　试验涉及安全生产的新技术、新工艺必须经过论证并制定安全措施；新设备、新材料必须经过安全性能检验，取得产品工业性试验安全标志。

　　严禁使用国家明令禁止使用或淘汰的危及生产安全和可能产生职业病危害的技术、工艺、材料和设备。

　　【执行说明】目前纳入安全标志管理的煤矿矿用产品共12个大类、118个小类。对纳入煤矿矿用产品安全标志管理的设备，煤矿企业必须选择、采购安全标志在有效期内的产品。产品到矿后应验收，核查安全标志标识、证书及其与产品铭牌、使用说明书所载信息的一致性。产品采购、到矿时安全标志有效，方为合法产品。在安全标志管理制度实施之前采购的无安全标志的产品，应执行国家煤矿安全监察局《关于加强煤矿矿用产品安全标志管理工作的通知》（煤安监技装字〔2002〕141号）的规定。

　　试验涉及安全生产的新技术、新工艺，是指未在煤矿井下或本矿区及条件相近其他矿区应用的技术和工艺。为防范新技术、新工艺试验中造成事故，在试验之前应组织开展论证。试验新技术、新工艺的论证可由煤矿或委托第三方机构组织实施，安全措施应包括预防、监测、控制、管理措施及应急预案。

　　试验涉及安全生产的新设备、新材料，指尚未在煤矿井下或本矿区及条件相近其他矿区应用、纳入矿用产品安全标志管理的设备和材料。由于缺乏相应标准和安全使用规范，应取得产品工业性试验安全标志。新产品工业性试验安全标志审核发放过程中仅仅考核安全性能，在井下试验时煤矿应与研发单位共同研究制定相关安全保障措施。

3. 第十二条　煤矿灾害预防和处理计划编制

　　【规程条文】第十二条　煤矿必须编制年度灾害预防和处理计划，并根据具体情况及时修改。灾害预防和处理计划由矿长负责组织实施。

　　【执行说明】（一）《煤矿灾害预防和处理计划》编制内容。每一生产和在建煤矿，都必须编制年度《煤矿灾害预防和处理计划》（以下简称《计划》）。《计划》应能起到防范事故发生、并在一旦发生事故能指导迅速抢救受灾遇险人员的作用。《计划》应包括以下内容：

1. 根据本矿的采掘等生产计划、区域地质条件和其他自然因素，列举瓦斯爆炸、煤（岩）与瓦斯（二氧化碳）突（喷）出、火灾、水害、冲击地压、滑坡等事故的预兆、预防措施等。

2. 制定发生事故后所有现场人员的自救、撤离、抢救等措施、方案、职责，明确避灾路线，规定所必须的工程、设备、仪表、器材、工具、标识的数量、使用地点、使用方法和管理办法等。

3. 制定处理事故的组织领导和有关单位、部门及其负责人的任务、职责、通知方法和顺序。

4. 列出有关处理各种事故必备的技术资料：通风系统示意图、网路图（在这两种图上都应当标明通风设施的位置、风向、风量）及反风试验报告；供电系统图和电话的安装地点；地面和井下消防洒水、排水、注浆、充填、瓦斯抽采和压风等管路系统图；地面和井下消防材料库的位置及其所储备的材料、设备、工具的品名和数量登记表；井上下对照图，图中应标明井口位置和标高、地面铁路、公路、钻孔、水井、水管、储水池以及其他存放可供处理事故的材料、设备和工具的地点。

（二）《计划》编制、审批与落实程序。

1.《计划》的编制、修改方法和审批程序：

（1）《计划》必须由矿总工程师负责组织通风、采掘、机电、地测、技术等单位的有关人员编制，并有矿山救护队参加。

（2）《计划》必须在每年开始前一个月报矿长批准。

（3）在每季度开始前15天，矿总工程师根据矿井自然条件和采掘工程的变动情况，组织有关部门进行修改和补充。

2.《计划》的贯彻执行：

（1）已批准的《计划》由矿长负责组织执行。

（2）已批准的《计划》应当及时向全体职工（包括全体矿山救

护队员）贯彻，组织学习，并熟悉避灾路线。不熟悉《计划》有关内容的人员，不得下井作业。

（3）必须按照《规程》第十七条规定，每年至少组织 1 次应急演练。对演练中发现的问题，必须采取措施，立即修改。

（4）已批准的《计划》（含所附工程图和表册）应当分别送交矿长、副矿长、矿总工程师，调度、生产、地测、机电、通风、运输、安全、救护等业务部门及驻矿安全机构等。有上级企业的，还应当报上级企业的技术负责人和调度室、安全、计划等相关部门。上述单位和负责人应当经常或定期检查《计划》的贯彻执行情况。

4. 第十七条　煤矿企业应急救援预案编制

【规程条文】第十七条　煤矿企业必须建立应急救援组织，健全规章制度，编制应急救援预案，储备应急救援物资、装备并定期检查补充。

煤矿必须建立矿井安全避险系统，对井下人员进行安全避险和应急救援培训，每年至少组织 1 次应急演练。

【执行说明】煤矿企业应当按照《安全生产法》第七十八条、《生产安全事故应急预案管理办法》（国家安全监管总局令第 88 号）的规定，参照《生产经营单位生产安全事故应急预案编制导则》（GB/T 29639—2013）的要求，结合本企业生产特点和实际，编制应急预案（应急救援预案）。

煤矿也应当根据本矿的实际情况，结合《计划》编制应急预案（应急救援预案）。

第二编 地 质 保 障

5. 第二十三条 补充地质勘探

【规程条文】第二十三条 当煤矿地质资料不能满足设计需要时，不得进行煤矿设计。矿井建设期间，因矿井地质、水文地质等条件与原地质资料出入较大时，必须针对所存在的地质问题开展补充地质勘探工作。

【执行说明】存在下列情况之一的，必须进行地质补充调查与勘探：

（一）原勘探程度不能达到煤矿地质保障工作最低要求的。

（二）煤炭资源勘探遗留有重大地质、瓦斯地质、水文地质和工程地质问题或经采掘工程揭露证实地质、瓦斯地质、水文地质和工程地质条件有重大变化的。

（三）井田内老窑或周边相邻井田采空区未查清的。

（四）资源整合、水平延深、新采区或井田范围扩大时，原地质勘探程度不能满足煤矿设计要求的。

（五）提高资源/储量级别或新增资源/储量的。

（六）有其他专项安全工程要求的。

6. 第二十五条 井筒检查孔布置

【规程条文】第二十五条 井筒设计前，必须按下列要求施工井筒检查孔：

（一）立井井筒检查孔距井筒中心不得超过25 m，且不得布置在井筒范围内，孔深应当不小于井筒设计深度以下30 m。地质条件复杂时，应当增加检查孔数量。

（二）斜井井筒检查孔距井筒纵向中心线不大于25 m，且不得布置在井筒范围内，孔深应当不小于该孔所处斜井底板以下30 m。

检查孔的数量和布置应当满足设计和施工要求。

（三）井筒检查孔必须全孔取芯，全孔数字测井；必须分含水层（组）进行抽水试验，分煤层采测煤层瓦斯、煤层自燃、煤尘爆炸性煤样；采测钻孔水文地质及工程地质参数，查明地质构造和岩（土）层特征；详细编录钻孔完整地质剖面。

【执行说明】井筒检查孔的数量应当综合考虑拟建井筒矿井地质类型和设计施工要求确定，并满足《煤矿井巷工程施工规范》（GB 50511—2010）对井筒检查钻孔的规定、对巷道地质预测及地质报告内容的相关要求。

检查孔距井筒中心的距离不超过 25 m，以不影响井筒施工又不偏离井筒太远为原则，能够较准确反映井筒施工时的水文地质条件。

检查孔的孔深要求是由于目前建井深度普遍增加，水文地质和工程地质条件偏于复杂，井筒深度可能调整，考虑《煤矿地质工作规定》（安监总煤调〔2013〕135 号）中地质补勘钻孔深度的要求综合确定。

第三编　井　工　煤　矿

第一章　矿　井　建　设

7. 第三十五条　有突出危险煤层的新建矿井必须先抽后建

【规程条文】第三十五条　有突出危险煤层的新建矿井必须先抽后建。矿井建设开工前，应当对首采区突出煤层进行地面钻井预抽瓦斯，且预抽率应当达到30%以上。

【执行说明】对新建矿井设计的首采区内的开采煤层，在建井前评估为有突出危险的，必须采用地面钻井等预抽煤层瓦斯的防突措施。

计算煤层的预抽率时，应当根据预抽瓦斯量作为评价预抽效果的指标。当预抽率达到30%以上时，即达到预抽效果，可以开始建井工程的施工。但在首采区内该开采煤层实施采掘作业前，仍要实施区域综合防突措施。

矿井建设开工前，是指矿井建设项目的一期井巷工程施工前。

8. 第四十六条　竖孔冻结法开凿斜井井筒

【规程条文】第四十六条　采用竖孔冻结法开凿斜井井筒时，应当遵守下列规定：

（一）沿斜长方向冻结终端位置应当保证斜井井筒顶板位于相对稳定的隔水地层5 m以上，每段竖孔冻结深度应当穿过斜井冻结段井筒底板5 m以上。

（二）沿斜井井筒方向掘进的工作面，距离每段冻结终端不得小于5 m。

（三）冻结段初次支护及永久支护距掘进工作面的最大距离、掘进到永久支护完成的间隔时间必须在施工组织设计中明确，并制定处理冻结管和解冻后防治水的专项措施。永久支护完成后，方可停止该段井筒冻结。

【执行说明】（一）冻结终端位置应保证斜井井筒顶板进入相对稳定的隔水地层垂距 5 m 以上，见图 1。

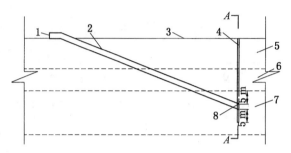

1—井口；2—斜井井筒；3—地面；4—冻结终端竖孔；5—冲积层；

6—风化带；7—隔水层；8—井筒荒断面顶部

图 1　竖孔冻结终端位置示意图

为保证斜井井筒底板冻土厚度及强度，每一个冻结竖孔深度应穿过斜井井筒底板 5 m 以上，见图 2。

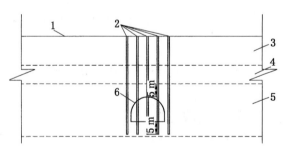

1—地面；2—冻结竖孔；3—冲积层；4—风化带；

5—隔水层；6—井筒荒断面

图 2　竖孔冻结终端位置断面图（$A-A$）

（二）在采用竖孔冻结法开凿斜井井筒时，通常采用分段打钻、分段冻结施工工艺。沿斜井井筒方向，当掘进工作面距离每段冻结终端 5 m 前，必须停止掘进，待下一分段完成冻结后且具备掘进条件时，方可继续掘进，见图3、图4。

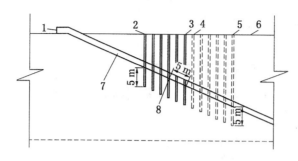

1—井口；2—上分段起始端冻结竖孔；3—上分段终端冻结竖孔；
4—下分段起始端冻结竖孔；5—下分段终端冻结竖孔；6—地面；
7—斜井井筒；8—停掘工作面位置

图3　分段竖孔冻结示意图

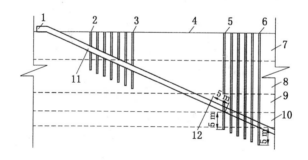

1—井口；2—冲积层及风化带起始端冻结竖孔；3—冲积层及风化带终端冻结竖孔；
4—地面；5—基岩含水层起始端冻结竖孔；6—基岩含水层终端冻结竖孔；
7—冲积层及风化带；8—隔水层；9—基岩；10—基岩含水层；
11—斜井井筒；12—停掘工作面位置

图4　基岩含水层竖孔冻结示意图

（三）在每一分段冻结范围内，应当根据冻结壁情况，明确初次支护、永久支护距掘进工作面的最大距离，以及掘进到永久支护完成的间隔时间，确保施工安全。

在掘进过程中，将会揭露部分冻结管，且需在初次支护前完成冻结管的切割拆除工作，因此应当提前制定处理冻结管和解冻后防治水的专项措施。

当每一分段永久支护全部完成后，方可停止该段井筒冻结，防止提前停止冻结造成事故。

9. 第五十条　钻井法开凿立井井筒

【规程条文】第五十条　采用钻井法开凿立井井筒时，必须遵守下列规定：

（一）钻井设计与施工的最终位置必须穿过冲积层，并进入不透水的稳定基岩中 5 m 以上。

（二）钻井临时锁口深度应当大于 4 m，且进入稳定地层中 3 m 以上，遇特殊情况应当采取专门措施。

（三）钻井期间，必须封盖井口，并采取可靠的防坠措施；钻井泥浆浆面必须高于地下静止水位 0.5 m，且不得低于临时锁口下端 1 m；井口必须安装泥浆浆面高度报警装置。

（四）泥浆沟槽、泥浆沉淀池、临时蓄浆池均应当设置防护设施。泥浆的排放和固化应当满足环保要求。

（五）钻井时必须及时测定井筒的偏斜度。偏斜度超过规定时，必须及时纠正。井筒偏斜度及测点的间距必须在施工组织设计中明确。钻井完毕后，必须绘制井筒的纵横剖面图，井筒中心线和截面必须符合设计。

（六）井壁下沉时井壁上沿应当高出泥浆浆面 1.5 m 以上。井壁对接找正时，内吊盘工作人员不得超过 4 人。

（七）下沉井壁、壁后充填及充填质量检查、开凿沉井井壁的底部和开掘马头门时，必须制定专项措施。

【执行说明】（一）钻井过程中，必须经常检查护壁循环泥浆的质量，及时测定循环泥浆的各项参数，不符合规定时应及时调整。下沉井壁前，必须用优质泥浆进行循环，适当提高泥浆的黏度，保持泥浆的稳定性。

（二）当井壁对接的上下法兰盘合拢时，井壁有可能触碰焊接在上法兰盘内缘的临时吊环造成焊缝断裂，造成临时吊盘坠落。井壁对接是下沉井壁过程中最危险的环节，满足施工的最少用工即为最优组合，因此在井壁对接找正时，内吊盘工作人员不得超过 4 人。

（三）下沉井壁时，由于钻井直径大于井壁直径，井壁下沉过程中会发生一定的偏斜，井壁下沉完成后必须对井筒偏斜进行纵、横断面实测，核定有效的井筒断面，找出实际的井筒中心线和中心坐标，并标定在井筒中心十字线基桩上。

壁后充填固井在符合设计要求后方可进行，充填材料必须经过试验，保证结石体强度和充填密实度，并应沿井壁分层、对称、均匀充填，严格控制两侧浆面高差。钻井段底部向上第一充填段应当采用水泥浆等胶结材料进行充填。

开凿沉井井壁的底部或马头门之前必须检查破壁处及其上方 30 m 范围内壁后充填质量，如发现充填不实有导水可能时，应采取可靠的补救措施，确认合格不会漏水后才能破壁。钻井段以深井筒继续掘进时，应当在钻井段底部设置壁座。

第二章　开　　采

10. 第九十五条　采掘工作面布置

【规程条文】第九十五条第二款　一个采（盘）区内同一煤层的一翼最多只能布置 1 个采煤工作面和 2 个煤（半煤岩）巷掘进工作面同时作业。一个采（盘）区内同一煤层双翼开采或者多煤层开采的，该采（盘）区最多只能布置 2 个采煤工作面和 4 个煤（半煤岩）巷掘进工作面同时作业。

【执行说明】采煤工作面是进行采煤作业的场所，具有完整的采煤、通风、运输、供电等系统。

备用采煤工作面不计为正常作业的采煤工作面，但不得与生产采煤工作面同时采煤（包括同一日内的错时生产）；采煤工作面的安装或回撤不属于正常采煤作业。交替生产的采煤工作面不计为备用工作面。

交替作业的双巷掘进工作面计为一个掘进工作面。

11. 第九十六条　采煤工作面作业规程的编制

【规程条文】第九十六条　采煤工作面回采前必须编制作业规程。情况发生变化时，必须及时修改作业规程或者补充安全措施。

【执行说明】采煤工作面作业规程必须按采区设计和采煤工作面设计的要求编制，其内容应包括：

（一）采煤工作面范围内外及其上下的采掘情况及其影响。

（二）采煤工作面地质、煤层赋存情况：煤层的结构、厚度、倾角、硬度、品种、生产能力，地质构造及水文地质，顶底板岩层的性质、结构、层理、节理、强度及顶板分类，煤层瓦斯、二氧化碳含量及突出危险性，自然发火倾向性，煤尘爆炸性，冲击地压危险性等。

（三）采煤方法及采煤工艺流程：采高的确定，落煤方式、装煤及运煤方式、支护型式的选择，进回风巷道的布置方式等，工作面设备布置示意图，采煤工作面备用材料型号、规格、数量。

（四）顶板管理方法：工作面支护与顶板管理图（包括采煤工作面支架、特殊支架的结构、规格和支护间距，放顶步距，最小控顶距和最大控顶距，上下缺口，上下出口的支护结构、规格），初次放顶措施，初次来压、周期来压和末采阶段特殊支护措施；分层开采时人工假顶或再生顶板管理，回柱方法、工艺及支护材料复用的规定，上下顺槽支架的回撤以及距工作面滞后距离的规定等。

（五）采煤工作面的通风方式、风量、风速、通风设施、通风监测仪表的布置等通风系统图。

（六）煤炭、材料运输的设备型号及其系统（包括分阶段煤仓或采区煤仓的容量）。

（七）供电设施、电缆设备负荷及供电系统图。

（八）洒水、注水、灌浆、充填、压风等管路系统图。

（九）安全监测监控、通信与人员位置监测、照明设施及其布置图。

（十）安全技术措施（包括职业病危害防治措施）等。

（十一）劳动组织及正规循环图表。

（十二）采煤工作面主要技术经济指标表。

（十三）避灾路线。

12. 第一百零八条　充填开采

【规程条文】第一百零八条　采煤工作面用充填法控制顶板时，必须及时充填。控顶距离超过作业规程规定时禁止采煤，严禁人员在充填区空顶作业；且应当根据地表保护级别，编制专项设计并制定安全技术措施。

采用综合机械化充填采煤时，待充填区域风速应当满足工作面最低风速要求；有人进行充填作业时，严禁操作作业区域的液压支架。

【执行说明】（一）充填采煤设计要求。充填法采煤要依据建（构）筑物、铁路、水体等保护对象和保护级别，进行开采沉降变形预计，分析可能产生的破坏，编制充填采煤方案，确定充填工作面充填材料类型、充满率以及充填体沉缩率等技术指标，设计合理充填步距。

（二）安全技术措施。

1. 减少顶板下沉措施。要严格按照充填采煤方案，实现较高充满率，控制较小充填体沉缩率。在采煤工作面推进到设计充填步距后及时充填。当充填速度小于采煤推进速度时，应当以充定采，以减少顶板下沉，控制地表移动和变形。

2. 保证通风安全措施。综合机械化充填是指在采煤工作面推进若干采煤循环后，按照正规循环进行充填。采煤工作面推进到不同阶段，其横断面也在变化，加上充填体支撑作业，顶板一般不会垮落，在刚达到充填步距而即将开始充填时的横断面空间最大，风速最小，此时，需要满足最低风速要求。

（三）充填作业要求。

1. 必须根据充填开采工艺，编制充填作业规程，细化安全技术措施。

2. 在综采工作面推进达到充填步距时，在充填作业前，应检查工作面液压支架完好情况、充填系统完好情况。

3. 综合机械化刮板输送机固体充填，后输送机开机前，机头正前方、里侧严禁有人；操作捣实装置时，本支架正前方及两侧严禁站人；人员到架后检修后输送机时，必须有专人进行观察，同时将后输送机开关停电闭锁，任何人不得操作本架及上下 5 架支架；需操作液压系统调节后输送机作业时，人员必须躲到支架前、后柱之间进行，避开设备正下方及摆动方向。

4. 充填过程中必须设专人观察充填情况，发现异常，应当立即向当班班长、跟班区长汇报并进行处理。在整个充填过程中，对可能进入充填范围内的所有通道上设岗，严禁无关人员进入。

13. 第一百一十五条　放顶煤开采

【规程条文】第一百一十五条第一款第一项至第四项　采用放顶煤开采时，必须遵守下列规定：

（一）矿井第一次采用放顶煤开采，或者在煤层（瓦斯）赋存条件变化较大的区域采用放顶煤开采时，必须根据顶板、煤层、瓦斯、自然发火、水文地质、煤尘爆炸性、冲击地压等地质特征和灾害危险性进行可行性论证和设计，并由煤矿企业组织行业专家论证。

（二）针对煤层开采技术条件和放顶煤开采工艺特点，必须制定防瓦斯、防火、防尘、防水、采放煤工艺、顶板支护、初采和工作面收尾等安全技术措施。

（三）放顶煤工作面初采期间应当根据需要采取强制放顶措施，使顶煤和直接顶充分垮落。

（四）采用预裂爆破处理坚硬顶板或者坚硬顶煤时，应当在工作面未采动区进行，并制定专门的安全技术措施。严禁在工作面内采用炸药爆破方法处理未冒落顶煤、顶板及大块煤（矸）。

【执行说明】放顶煤开采可行性论证主要包括顶煤的冒放性、放顶煤工艺、设备选型配套、安全保障（水、火、瓦斯、煤尘、顶板、冲击地压等的防治）等方面内容，论证由煤矿企业组织行业专家进行。当缓倾斜、倾斜厚煤层放顶煤工作面采放比大于 1∶3 时，必须进一步论证工作面采放高度对采空区瓦斯积聚、上覆水体导通及沟通火区的可能性，放顶煤支架支护强度，顶煤回收率，工作面推进度以及采空区防火等方面的影响，在确保安全开采的条件下方可加大采放比。

根据矿井初次放顶煤开采论证或放顶煤开采实践，初采期间顶煤冒落困难（顶煤初次垮落步距大于 10 m）时，应当在切眼位置预先采取爆破、水力压裂或其他方法强制弱化顶煤、顶板。

预裂爆破处理坚硬顶板或顶煤是指在放顶煤工作面煤壁前方未受采动影响区进行的顶煤、顶板弱化爆破作业，在工作面超前支承压力影响区范围之外进行。

14. 第一百二十三条　"三下"试采条件

【规程条文】第一百二十三条　建（构）筑物下、水体下、铁路下，以及主要井巷煤柱开采，必须经过试采。试采前，必须按其重要程度以及可能受到的影响，采取相应技术措施并编制开采设计。

【执行说明】（一）建筑物下压煤试采条件。符合下列条件之一者，建筑物下压煤允许进行试采：

1. 预计地表变形值虽然超过建筑物允许地表变形值，但在技术上可行、经济上合理的条件下，经过对建筑物采取加固保护措施或者有效的开采措施后，能满足安全使用要求。

2. 预计的地表变形值虽然超过允许地表变形值，但国内外已有类似的建筑物和地质、开采技术条件下的成功开采经验。

3. 开采的技术难度虽然较大，但试验研究成功后对于煤矿企业或者当地的工农业生产建设有较大的现实意义和指导意义。

（二）构筑物下压煤试采条件。构筑物下压煤符合与建筑物下压煤开采的相应要求时，允许进行试采，同时还需要满足以下特别条件。

1. 高速公路下试采，还应当满足下列条件：

（1）路面采后不积水，不形成非连续变形，预计地表变形值符合《公路工程技术标准》有关规定。

（2）高速公路隧道、桥梁与涵洞的预计地表变形值小于允许变形值；或者预计的地表变形值大于允许变形值，但经过维修加固能够实现高速公路安全使用要求。

2. 高压输电线路下试采，还应当满足下列条件：

（1）塔基不出现非连续移动变形。

（2）高压输电线的采后弧垂高度、张力、对地距离达到高压线运行安全要求的，或者采取措施能够实现安全使用要求的。

（3）塔基、杆塔的预计地表变形值小于允许变形值，或者预计的地表变形值大于允许变形值，但经过维修加固能够实现安全使用要求的。

3. 水工构筑物下试采，还应当满足下列条件：

（1）水工构筑物满足防洪工程安全的有关规定和要求。

（2）水工构筑物的预计地表变形值小于允许变形值，或者预计的地表变形值大于允许变形值，但经过维修加固能够实现安全使用要求的。

4. 长输管线下试采，还应当满足下列条件：

（1）长输管线满足安全运行的有关规定和要求。

（2）长输管线的预计地表变形值小于允许变形值，或者预计的地表变形值大于允许变形值，但经采前开挖、采后维修加固能够实现安全使用要求的。

（三）水体下压煤试采条件。符合下列条件之一的，允许进行试采：

1. 水体与设计开采界限之间的最小距离不符合各水体采动等级要求留设的相应类型安全煤（岩）柱尺寸，但水体与煤层之间有良好隔水层，或者通过对岩性、地层组合结构及顶板垮落带、导水裂缝带高度或者底板采动导水破坏带深度、承压水导升带厚度等分析，经技术论证确认无溃水、溃沙或者突水可能的。

2. 水体与设计开采界限之间的最小距离略小于各水体采动等级要求的相应类型安全煤（岩）柱尺寸，且本矿区无此类近水体采煤经验和数据的。

3. 水体与设计开采界限之间无足够厚度的良好隔水层，但采取开采技术措施后可使顶板导水裂缝带高度或者底板采动导水破坏带深度达不到水体的。

4. 水体与设计开采界限之间的最小距离虽符合要求留设的相应类型安全煤（岩）柱尺寸，但水体压煤地区地质构造比较发育的。

（四）铁路（指有缝线路）下压煤试采条件。符合下列条件之一的，允许采用全部垮落法进行试采。

1. 国家一级铁路：

薄及中厚煤层的采深与单层采厚比大于或者等于150；

厚煤层及煤层群的采深与分层采厚比大于或者等于200。

2. 国家二级铁路：

薄及中厚煤层的采深与单层采厚比大于或者等于100；

厚煤层及煤层群的采深与分层采厚比大于或者等于150。

3. 三级铁路：

薄及中厚煤层的采深与单层采厚比大于或者等于40，小于60；

厚煤层及煤层群的采深与分层采厚比大于或者等于60，小于80。

4. 四级铁路：

薄及中厚煤层的采深与单层采厚比大于或者等于20，小于40；

厚煤层及煤层群的采深与分层采厚比大于或者等于40，小于60。

5. 本矿井在铁路下采煤有一定经验和数据的。

铁路压煤试采，除自营线路外，应当事先征得铁路管理部门同意。

15. 第一百二十四条 "三下"试采报告的内容

【规程条文】第一百二十四条　试采前，必须完成建（构）筑物、水体、铁路，主要井巷工程及其地质、水文地质调查，观测点设置以及加固和保护等准备工作；试采时，必须及时观测，对受到开采影响的受护体，必须及时维修。试采结束后，必须由原试采方案设计单位提出试采总结报告。

【执行说明】（一）建筑物下试采总结报告应包括下列内容：

1. 试采的目的和意义。

2. 建筑物概况：建筑物的栋数，每栋建筑物的用途、尺寸、层数和结构特征，建筑时间和使用要求等。

3. 地质、开采技术条件：煤层的层数、层间距、厚度、倾角、埋藏深度、上覆岩层性质，地质构造，开采方法，顶板管理方法，采区布置，建筑物与采区的相对位置。

4. 地表移动和变形的特点，求得的参数及其与地质、开采技术条件的关系。

5. 建筑物变形和破坏的特点及其与地表变形、地质和开采技术条件的关系，求得的建筑物的临界变形值。

6. 不同阶段的各种开采技术措施和建筑物保护措施的效果及其分析。

7. 主要经济指标：应包括采出煤量、回采率、建筑物下采煤所增加的费用、吨煤增加的费用以及建筑物下采煤所取得的总的经济效益。

8. 试采总结报告中，应有下列工程图：

（1）井上下对照图。

（2）地质剖面图和钻孔柱状图。

（3）加固建筑物的加固位置及加固构件图。

（4）地表和建筑物的移动变形曲线。

（5）建筑物破坏的素描图，其中应注明素描时间及该时间采煤工作面与建筑物相对位置关系图。

（二）构筑物下试采总结报告应包括下列内容：

1. 试采的目的和意义。

2. 构筑物概况：构筑物类型、用途、规模、结构特征、建设时间和使用要求等。

3. 地质、开采技术条件：煤层的层数、层间距、厚度、倾角、埋藏深度、上覆岩层性质，地质构造，开采方法，顶板管理方法，采区布置，构筑物与采区的相对位置。

4. 地表移动和变形的特点，求得的参数及其与地质、开采技术条件的关系。

5. 构筑物变形和破坏的特点及其与地表变形、地质和开采技术条件的关系，求得的构筑物的临界变形值。

6. 不同阶段的各种开采技术措施和构筑物保护措施的效果及其分析。

7. 主要经济指标：应当包括采出煤量、回采率、构筑物下采煤所增加的费用、吨煤增加的费用以及构筑物下采煤所取得的总的经济效益。

8. 试采总结报告中，应有下列工程图：

（1）井上下对照图。

（2）地质剖面图和钻孔柱状图。

（3）构筑物结构图。

（4）地表和建筑物的移动变形曲线。

（5）构筑物破坏的素描图，其中应注明素描时间及该时间采煤工作面与构筑物相对位置关系图。

（6）其他相关保护体所需要的资料和图纸等。

（三）铁路下试采总结报告应包括下列内容：

1. 试采的目的和意义。

2. 被采动铁路的技术特征：铁路级别，列车昼夜运行次数，行车速度，线路路基及其上部建筑的构成，线路的标高、变坡点和坡度，线路直线段、曲线段和缓和曲线段的位置，曲线半径，曲线长度，道岔及信号设备，桥涵及隧道等。

3. 地质、开采技术条件：煤层的层数、层间距、厚度、倾角和埋藏深度，上覆岩层性质，地质构造，开采方法，顶板管理方法，采区位置，铁路与采区的相对位置。

4. 地表移动和变形的特点，求得的参数及其与地质、开采技术条件的关系。

5. 地下开采引起的路基移动规律以及对其上部建筑各部分影响

的规律。

6. 不同阶段的各种开采技术措施对路基及其上部建筑维护措施的效果分析。

7. 主要经济指标：应包括采出煤量、回采率、铁路下采煤所增加的费用、吨煤增加费用以及铁路下采煤所取得的总的经济效益。

8. 试采总结报告中，应有下列工程图：

（1）井上下对照图。

（2）地质剖面图和钻孔柱状图。

（3）地表和路基的移动变形曲线图，其中对路基应有下沉、横向水平移动、纵向倾斜和纵向水平变形的四种曲线图。

（4）采动前后的线路纵剖面图和横断面图。

（5）路基点的下沉速度曲线。

（四）水体下试采总结报告应包括下列内容：

1. 试采的目的和意义。

2. 水体的概况：应包括被采动水体的水域、水深、水量，水位动态和补给水源，各种水体（地表水、松散层含水、基岩水、老空水等）之间的水力联系以及与大气降水之间的关系，各种被采动的水工建筑物的情况。

3. 地质、开采技术的条件：煤层的层数、层间距、厚度、倾角和埋藏深度，上覆岩层性质，含水层和隔水层的组合结构和沉积特征，地质构造，开采方法，顶板管理方法，采区布置，水体与采区的相对位置。

4. 覆岩破坏的特征：垮落带、导水裂缝带的分布形态和高度及其与地质、开采条件的关系。

5. 防水煤（岩）柱合理尺寸的确定。

6. 各种开采技术措施和安全措施的效果及分析。

7. 主要经济指标：应当包括采出煤量、回采率、水体下采煤所增加的费用、吨煤增加的费用以及水体下采煤所取得的总的经济效益。

8. 试采总结报告中，应有下列工程图：

（1）井上下对照图。

（2）水文地质平面图和剖面图。

（3）地层综合柱状图。

（4）水位动态、钻孔冲洗液漏失量、漏水量等变化曲线及其对比关系曲线。

（5）采煤工作面和巷道充水位调查图。

（6）导水裂缝带分布形态图。

16. 第一百三十四条　防止、检查及处理煤仓与溜煤（矸）眼堵塞的相关措施

【规程条文】第一百三十四条　煤仓、溜煤（矸）眼必须有防止煤（矸）堵塞的设施。检查煤仓、溜煤（矸）眼和处理堵塞时，必须制定安全措施。处理堵塞时应当遵守本规程第三百六十条的规定，严禁人员从下方进入。

严禁煤仓、溜煤（矸）眼兼作流水道。煤仓与溜煤（矸）眼内有淋水时，必须采取封堵疏干措施；没有得到妥善处理不得使用。

【执行说明】（一）防止煤仓、溜煤（矸）眼的堵塞，采用下列措施：

1. 煤仓漏斗的角度设计为60°，并在其斜面上铺铸石板；在漏斗的斜面上自上而下地在四周安装两层空气（风）炮装置；有条件的可布置2个及以上放煤孔。

2. 溜煤（矸）眼应当采用钢筋混凝土碹或拱形金属支架等整体性支护。

3. 煤仓或溜煤（矸）眼应当选择在非含水层内，否则应采取封堵措施；煤仓或溜煤（矸）眼上口应防止水流入其内。

4. 煤仓或溜煤（矸）眼的上部入口，应当安设钢轨或钢料做成的筛箅。

5. 溜煤（矸）眼、煤仓的一侧用隔墙留出处理间。

6. 对煤仓、溜煤（矸）眼，必须指定专业人员定期检查，发现问题，及时处理。

（二）检查煤仓、溜煤（矸）眼时，必须制定以下安全措施：

1. 停止上下口所有运转设备，严格执行停电挂牌制度，严禁人员从下口进入观察处理，严禁采用水冲法从上口处理煤仓堵塞。

2. 清理上仓口，查明情况，制定安全措施，进入煤仓时必须有一名现场指挥人员。

3. 必须查明有无有害气体，氧气浓度符合规定。

（三）处理煤仓、溜煤（矸）眼堵塞，采用下列措施：

1. 必须制订安全技术措施，报矿总工程师批准。

2. 必须确认在不危及操作人员以及周围人员的安全后，方可进行处理。

3. 必须有监视或警戒人员在场，严禁1人作业。

4. 严禁用明炮或糊炮处理堵塞，严禁人员进入煤仓、溜煤（矸）眼处理堵塞物。

第三章　通风、瓦斯和煤尘爆炸防治

17. 第一百四十一条　通风安全检测仪表检验

【规程条文】第一百四十一条　矿井必须有足够数量的通风安全检测仪表。仪表必须由具备相应资质的检验单位进行检验。

【执行说明】需要由相应资质的检验单位进行检验的通风安全仪表主要包括风表、光干涉甲烷测定器、催化式甲烷检测报警仪及传感器、直读式粉尘浓度测定仪、井下粉尘采样器等。其他的仪器仪表可由煤矿企业自行检验或委托第三方检验。

18. 第一百四十五条　装有带式输送机的井筒兼作风井的安全要求

【规程条文】第一百四十五条　箕斗提升井或者装有带式输送机的井筒兼作风井使用时，必须遵守下列规定：

（一）生产矿井现有箕斗提升井兼作回风井时，井上下装、卸载装置和井塔（架）必须有防尘和封闭措施，其漏风率不得超过15%。装有带式输送机的井筒兼作回风井时，井筒中的风速不得超过 6 m/s，且必须装设甲烷断电仪。

（二）箕斗提升井或者装有带式输送机的井筒兼作进风井时，箕斗提升井筒中的风速不得超过 6 m/s、装有带式输送机的井筒中的风速不得超过 4 m/s，并有防尘措施。装有带式输送机的井筒中必须装设自动报警灭火装置、敷设消防管路。

【执行说明】生产矿井现有箕斗提升井和装有带式输送机的井筒兼作回风井时，必须按本条款采取措施；新建、扩建矿井回风井必须专用，严禁兼作提升和行人通道，紧急情况下可作安全出口。

19. 第一百四十七条　分区式通风

【规程条文】第一百四十七条　新建高瓦斯矿井、突出矿井、煤层容易自燃矿井及有热害的矿井应当采用分区式通风或者对角式通风；初期采用中央并列式通风的只能布置一个采区生产。

【执行说明】新建高瓦斯矿井、突出矿井、煤层容易自燃矿井及有热害的矿井初期采用中央并列式通风的只能布置一个采（盘）区生产，后期增加生产采（盘）区必须增加回风井并配套增设主要通风机系统，实现分区式通风或者对角式通风。

20. 第一百四十九条　主要进回风巷超前采煤工作面 2 个区段

【规程条文】第一百四十九条第二款部分规定　采用倾斜长壁布置的，大巷必须至少超前 2 个区段，并构成通风系统后，方可开掘其他巷道。

【执行说明】准备采区采用倾斜长壁布置的，大巷必须至少超前采煤工作面 2 个区段，并形成全风压通风系统后，方可开掘其他巷道，见图 5。

21. 第一百五十三条　禁止局部通风机稀释工作面瓦斯

【规程条文】第一百五十三条第一款　采煤工作面必须采用矿井全风压通风，禁止采用局部通风机稀释瓦斯。

【执行说明】禁止采用局部通风机向采煤工作面、工作面上隅

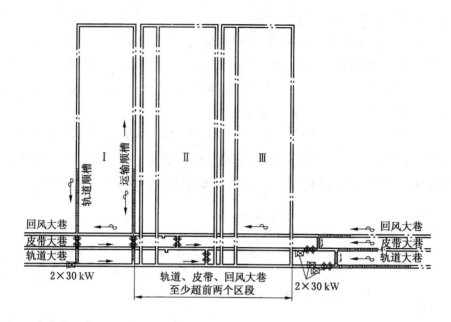

图 5　倾斜长壁工作面超前区段布置示意图

角、Y 型通风回风巷等地点直接供风稀释瓦斯。

22. 第一百五十九条　矿井反风演习的条件

【规程条文】第一百五十九条第二款　每季度应当至少检查 1 次反风设施，每年应当进行 1 次反风演习；矿井通风系统有较大变化时，应当进行 1 次反风演习。

【执行说明】矿井通风系统有较大变化，是指改变全矿井通风方式、增减风井、改变主要通风机类型等情况。

23. 第一百六十四条　局部通风机"三专"要求

【规程条文】第一百六十四条第三项和第四项　安装和使用局部通风机和风筒时，必须遵守下列规定：

（三）高瓦斯、突出矿井的煤巷、半煤岩巷和有瓦斯涌出的岩巷掘进工作面正常工作的局部通风机必须配备安装同等能力的备用局部通风机，并能自动切换。正常工作的局部通风机必须采用三专（专用开关、专用电缆、专用变压器）供电，专用变压器最多可向4个不同掘进工作面的局部通风机供电；备用局部通风机电源必须取自同时带电的另一电源，当正常工作的局部通风机故障时，备用局部通风机能自动启动，保持掘进工作面正常通风。

（四）其他掘进工作面和通风地点正常工作的局部通风机可不配备备用局部通风机，但正常工作的局部通风机必须采用三专供电；或者正常工作的局部通风机配备安装一台同等能力的备用局部通风机，并能自动切换。正常工作的局部通风机和备用局部通风机的电源必须取自同时带电的不同母线段的相互独立的电源，保证正常工作的局部通风机故障时，备用局部通风机能投入正常工作。

【执行说明】正常工作的局部通风机必须采用"三专"（专用开关、专用电缆、专用变压器）供电（图6）。专用变压器最多可向4个不同掘进工作面的局部通风机供电，是指专用变压器最多可向4个（最多8台）不同掘进工作面的局部通风机供电。备用局部通风机电源不必采用"三专"供电，但必须取自同时带电的另一电源，

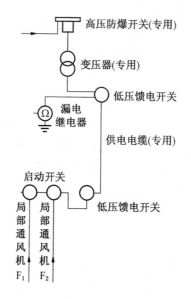

图6　"三专"简单供电系统图

即与正常工作的局部通风机供电来自两个不同母线段的电源。

24. 第一百七十八条　打前探钻孔防止瓦斯或二氧化碳喷出

【规程条文】第一百七十八条　有瓦斯或者二氧化碳喷出的煤（岩）层，开采前必须采取下列措施：

（一）打前探钻孔或者抽排钻孔。

（二）加大喷出危险区域的风量。

（三）将喷出的瓦斯或者二氧化碳直接引入回风巷或者抽采瓦斯管路。

【执行说明】在有瓦斯或二氧化碳喷出危险的煤（岩）层中掘进巷道时，必须按下列方法施工前探钻孔，并报矿总工程师批准。

（一）掘凿岩石井巷前方的煤层有瓦斯或二氧化碳喷出危险时，应向煤层施工前探钻孔，并始终保持钻孔超前工作面沿井巷中心线方向的投影距离不得小于 5 m，前探钻孔数量不得少于 3 个。

（二）在有岩石裂隙、溶洞或破坏带并具有瓦斯或二氧化碳喷出危险的岩层中掘进巷道时，应至少施工 2 个直径不应小于 75 mm 的前探钻孔，并始终保持钻孔超前工作面的投影距离不小于 5 m。

在岩层中掘进巷道时，其上、下邻近煤层有瓦斯或二氧化碳喷出危险，应向邻近煤层施工前探钻孔，掌握煤（岩）层间距和构造、瓦斯和二氧化碳等情况。

（三）在有瓦斯与二氧化碳喷出危险的煤层中掘进时，应向掘进工作面前方施工前探钻孔，并始终保持钻孔超前工作面沿掘进方向的投影距离不得小于 5 m，前探钻孔数量不得少于 3 个。

（四）施工前探钻孔后，发现瓦斯或二氧化碳喷出量较大时，应增加排放瓦斯和二氧化碳钻孔，并将排放的瓦斯和二氧化碳直接引入回风巷或者抽采瓦斯管路。

25. 第一百八十四条　低浓度瓦斯的利用

【规程条文】第一百八十四条第五项　（五）抽采的瓦斯浓度低于30%时，不得作为燃气直接燃烧。进行管道输送、瓦斯利用或者排空时，必须按有关标准的规定执行，并制定安全技术措施。

【执行说明】"抽采的瓦斯浓度低于30%时，不得作为燃气直接燃烧"是指：不得以直接燃烧的形式用作民用燃气、工业用燃气、燃煤锅炉的助燃燃气、燃气轮机的燃气等，但不包含浓度低于1.5%的乏风瓦斯用于乏风助燃、氧化燃烧等。

第四章　煤（岩）与瓦斯（二氧化碳）突出防治

26. 第一百八十九条　突出矿井与突出煤层的鉴定

【规程条文】第一百八十九条第一款至第四款　在矿井井田范围内发生过煤（岩）与瓦斯（二氧化碳）突出的煤（岩）层或者经鉴定、认定为有突出危险的煤（岩）层为突出煤（岩）层。在矿井的开拓、生产范围内有突出煤（岩）层的矿井为突出矿井。

煤矿发生生产安全事故，经事故调查认定为突出事故的，发生事故的煤层直接认定为突出煤层，该矿井为突出矿井。

有下列情况之一的煤层，应当立即进行煤层突出危险性鉴定，否则直接认定为突出煤层；鉴定未完成前，应当按照突出煤层管理：

（一）有瓦斯动力现象的。

（二）瓦斯压力达到或者超过0.74 MPa的。

（三）相邻矿井开采的同一煤层发生突出事故或者被鉴定、认定为突出煤层的。

煤矿企业应当将突出矿井及突出煤层的鉴定结果报省级煤炭行业管理部门和煤矿安全监察机构。

【执行说明】矿井井田范围是指由国土资源部门划定的矿井井田范围；开拓、生产范围的煤（岩）层包括开拓、生产的采掘工程直接进入的煤（岩）层以及可能威胁到采掘作业安全的煤（岩）层。

经鉴定、认定突出危险的煤（岩）层是指符合以下条件之一的情况：

（一）发生过煤（岩）与瓦斯（二氧化碳）突出的煤（岩）层。

（二）发生煤（岩）瓦斯动力事故并经事故调查组认定为突出

事故的煤（岩）层。

（三）突出危险性鉴定结论为有突出危险的煤（岩）层。

（四）按照突出煤层管理但在半年内未完成突出危险性鉴定的煤（岩）层。

（五）煤矿企业认定为有突出危险的煤（岩）层。

突出煤（岩）层的鉴定或认定结果，应当由煤矿企业报省级煤炭行业管理部门和煤矿安全监察机构。

27. 第一百九十一条　突出防治的原则与要求

【规程条文】第一百九十一条　突出矿井的防突工作必须坚持区域综合防突措施先行、局部综合防突措施补充的原则。

区域综合防突措施包括区域突出危险性预测、区域防突措施、区域防突措施效果检验和区域验证等内容。

局部综合防突措施包括工作面突出危险性预测、工作面防突措施、工作面防突措施效果检验和安全防护措施等内容。

突出矿井的新采区和新水平进行开拓设计前，应当对开拓采区或者开拓水平内平均厚度在 0.3 m 以上的煤层进行突出危险性评估，评估结论作为开拓采区或者开拓水平设计的依据。对评估为无突出危险的煤层，所有井巷揭煤作业还必须采取区域或者局部综合防突措施；对评估为有突出危险的煤层，按突出煤层进行设计。

突出煤层突出危险区必须采取区域防突措施，严禁在区域防突措施效果未达到要求的区域进行采掘作业。

施工中发现有突出预兆或者发生突出的区域，必须采取区域综合防突措施。

经区域验证有突出危险，则该区域必须采取区域或者局部综合防突措施。

按突出煤层管理的煤层，必须采取区域或者局部综合防突措施。

在突出煤层进行采掘作业期间必须采取安全防护措施。

【执行说明】突出生产矿井防治突出程序按图 7 执行。

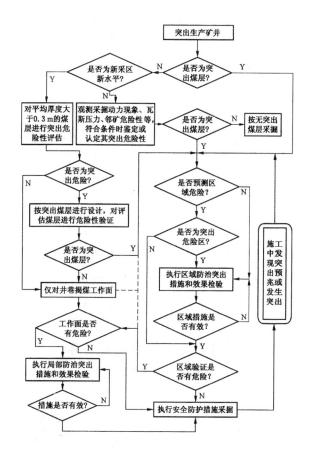

图 7 突出生产矿井防治突出程序图

28. 第二百零一条 典型的瓦斯突出预兆

【规程条文】第二百零一条第一款 突出煤层工作面的作业人员、瓦斯检查工、班组长应当掌握突出预兆。发现突出预兆时，必须立即停止作业，按避灾路线撤出，并报告矿调度室。

班组长、瓦斯检查工、矿调度员有权责令相关现场作业人员停止作业，停电撤人。

【执行说明】典型的瓦斯突出预兆分为有声预兆和无声预兆。

有声预兆主要包括：响煤炮声（机枪声、闷雷声、劈裂声），支柱折断声，夹钻顶钻，打钻喷煤、喷瓦斯等。无声预兆主要包括：

煤层结构变化，层理紊乱，煤变软、光泽变暗，煤层由薄变厚，倾角由小变大，工作面煤体和支架压力增大，煤壁外鼓、掉渣等，瓦斯涌出量增大或忽大忽小，煤尘增大，空气气味异常、闷人，煤壁温度降低、挂汗等。

29. 第二百零六条　不具备保护层开采条件的突出厚煤层的认定

【规程条文】第二百零六条　对不具备保护层开采条件的突出厚煤层，利用上分层或者上区段开采后形成的卸压作用保护下分层或者下区段时，应当依据实际考察结果来确定其有效保护范围。

【执行说明】不具备保护层开采条件主要是指开采单一煤层的，开采煤层群时在有效保护垂距内没有厚度为 0.5 m 及以上无突出危险煤层的，开采煤层距离突出煤层太近可能破坏突出煤层开采条件或使突出煤层威胁到开采煤层安全的。

30. 第二百零九条　预抽煤层瓦斯区域防突控制范围

【规程条文】第二百零九条第一项　采取预抽煤层瓦斯区域防突措施时，应当遵守下列规定：

（一）预抽区段煤层瓦斯的钻孔应当控制区段内的整个回采区域、两侧回采巷道及其外侧如下范围内的煤层：倾斜、急倾斜煤层巷道上帮轮廓线外至少 20 m，下帮至少 10 m；其他煤层为巷道两侧轮廓线外至少各 15 m。以上所述的钻孔控制范围均为沿煤层层面方向（以下同）。

【执行说明】"回采巷道及其外侧如下范围内的煤层"，是指如图 8 所示的巷道尺寸为 c 及其外（两）侧尺寸为 a 和 b 的范围。对于倾斜、急倾斜煤层 $a \geqslant 20$ m、$b \geqslant 10$ m，近水平、缓倾斜煤层 $a \geqslant 15$ m、$b \geqslant 15$ m。沿煤层层面方向包括巷道在内的宽度为 $a + b + c$ 的煤层条带，也称之为煤巷条带。

31. 第二百一十条　煤层坚固性系数和煤层埋深的概念

【规程条文】第二百一十条　有下列条件之一的突出煤层，不得

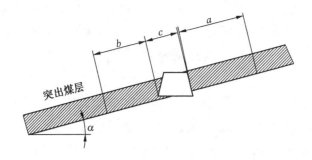

图 8　煤巷条带范围示意图

将在本巷道施工顺煤层钻孔预抽煤巷条带瓦斯作为区域防突措施：

（一）新建矿井的突出煤层。

（二）历史上发生过突出强度大于 500 t/次的。

（三）开采范围内煤层坚固性系数小于 0.3 的；或煤层坚固性系数为 0.3~0.5，且埋深大于 500 m 的；或者煤层坚固性系数为 0.5~0.8，且埋深大于 600 m 的；或者煤层埋深大于 700 m 的；或者煤巷条带位于开采应力集中区的。

【执行说明】煤层坚固性系数是指煤巷条带范围内煤层的平均坚固性系数。煤层埋深是指煤巷条带范围内地表到煤层底板垂直距离的最大值。

32. 第二百一十一条　防突措施效果区域验证

【规程条文】第二百一十一条　保护层的开采厚度不大于 0.5 m、上保护层与突出煤层间距大于 50 m 或者下保护层与突出煤层间距大于 80 m 时，必须对每个被保护层工作面的保护效果进行检验。

采用预抽煤层瓦斯防突措施的区域，必须对区域防突措施效果进行检验。

检验无效时，仍为突出危险区。检验有效时，无突出危险区的采掘工作面每推进 10~50 m 至少进行 2 次区域验证，并保留完整的工程设计、施工和效果检验的原始资料。

【执行说明】每推进 10～50 m 至少进行 2 次区域验证。具体取值应根据构造复杂程度确定：构造极其复杂的区域取 10～15 m，构造复杂区域取 15～25 m，构造较复杂区域取 25～40 m，构造简单区域取 40～50 m。

区域验证方法主要采用工作面突出危险性预测方法，执行一个工作面预测循环表示完成一次区域验证。至少应连续进行 2 次区域验证，任意一次区域验证为有突出危险，即表明该区域有突出危险；在构造复杂和极其复杂区域应连续进行 3 次及以上的区域验证。

第五章　冲击地压防治

33. 第二百二十五、二百二十七条　冲击地压相关术语

【规程条文】第二百二十五条　在矿井井田范围内发生过冲击地压现象的煤层，或者经鉴定煤层（或者其顶底板岩层）具有冲击倾向性且评价具有冲击危险性的煤层为冲击地压煤层。有冲击地压煤层的矿井为冲击地压矿井。

第二百二十七条　开采具有冲击倾向性的煤层，必须进行冲击危险性评价。

【执行说明】冲击地压（冲击矿压、岩爆），是指井巷或工作面周围煤（岩）体，在采掘扰动作用下，由于弹性能的瞬时释放而突然产生剧烈破坏的动力现象，常伴有煤（岩）体抛出、巨响、气浪等现象。

冲击倾向性，是指煤（岩）体是否能够发生冲击地压的自然属性，可通过实验室测试鉴定。

冲击危险性，是指煤（岩）体发生冲击地压的可能性与危险程度，受矿山地质因素与矿山开采条件综合影响。冲击危险性评价结果分为无危险、弱危险、中等危险与强危险 4 个等级。

冲击地压煤层和冲击地压矿井的界定是冲击地压防治的基础和前提。矿井如果发生过冲击地压，则直接认定其为冲击地压矿井。矿井煤层或其顶底板岩层经测试鉴定具有冲击倾向性，并且经评价

具有冲击危险性的煤层，则该煤层确定为冲击地压煤层。

34. 第二百二十八条　矿井防治冲击地压的要求

【规程条文】第二百二十八条　矿井防治冲击地压（以下简称防冲）工作应当遵守下列规定：

（一）设专门的机构与人员。

（二）坚持"区域先行、局部跟进"的防冲原则。

（三）必须编制中长期防冲规划与年度防冲计划，采掘工作面作业规程中必须包括防冲专项措施。

（四）开采冲击地压煤层时，必须采取冲击危险性预测、监测预警、防范治理、效果检验、安全防护等综合性防治措施。

（五）必须建立防冲培训制度。

【执行说明】（一）冲击地压矿井应当设立专门的防治冲击地压（以下简称防冲）机构，负责冲击地压防治工作，并配备专职防冲技术人员与专职施工队伍。冲击地压矿井应当完善各项防冲管理制度，明确各级管理人员工作岗位责任制，开展防冲工作。

（二）区域先行是指从采掘布局、开采设计等方面避免或降低采掘区域应力集中，防止冲击地压发生。采掘作业前应当开展采掘区域危险性评价、危险区域划分、防冲设计、冲击危险性监测与治理方案制定、区域性监测预警等工作。局部跟进是在采掘作业过程中，根据监测信息、冲击地压防治效果和新揭露的地质条件等动态信息，优化调整冲击地压监测和防治技术体系。

（三）冲击地压矿井中长期防冲规划应当对待开采区域进行冲击危险性评价，划分冲击危险区域，明确冲击地压防治技术措施。冲击地压矿井年度防冲计划应当确定年度采掘范围内冲击地压危险区域，制定防治专项措施。防冲专项措施应当包括作业区域冲击危险性的评价与区域划分、地质构造说明与简明图表，周边（包括上、下层）开采位置及其影响范围图，掘进与回采方法及工艺，巷道及采煤工作面的支护，爆破作业制度，冲击地压防治措施及发生冲击地压灾害时的应急措施、避灾路线等。

（四）防范治理包括区域防范治理和局部解危措施。区域防范治理包括开采保护层、优化生产布局、合理调整开采顺序、确定合理开采方法、降低应力集中、提前采取卸压措施等。局部解危措施包括煤层注水、钻孔卸压、爆破卸压、水力压裂等。

效果检验是对冲击危险区域解危效果有效性的评价。效果检验方法有地应力、微震、电磁辐射、钻屑法等。

安全防护是指避免因冲击地压造成人员伤害和设备损坏所采取的措施，包括系统完善、人身防护、设备固定、加强支护等。

35. 第二百三十一条　冲击地压矿井巷道与采掘布置

【规程条文】第二百三十一条　冲击地压矿井巷道布置与采掘作业应当遵守下列规定：

（一）开采冲击地压煤层时，在应力集中区内不得布置 2 个工作面同时进行采掘作业。2 个掘进工作面之间的距离小于 150 m 时，采煤工作面与掘进工作面之间的距离小于 350 m 时，2 个采煤工作面之间的距离小于 500 m 时，必须停止其中一个工作面。相邻矿井、相邻采区之间应当避免开采相互影响。

（二）开拓巷道不得布置在严重冲击地压煤层中，永久硐室不得布置在冲击地压煤层中。煤层巷道与硐室布置不应留底煤，如果留有底煤必须采取底板预卸压措施。

（三）严重冲击地压厚煤层中的巷道应当布置在应力集中区外。双巷掘进时 2 条平行巷道在时间、空间上应当避免相互影响。

（四）冲击地压煤层应当严格按顺序开采，不得留孤岛煤柱。在采空区内不得留有煤柱，如果必须在采空区内留煤柱时，应当进行论证，报企业技术负责人审批，并将煤柱的位置、尺寸以及影响范围标在采掘工程平面图上。开采孤岛煤柱的，应当进行防冲安全开采论证；严重冲击地压矿井不得开采孤岛煤柱。

（五）对冲击地压煤层，应当根据顶底板岩性适当加大掘进巷道宽度。应当优先选择无煤柱护巷工艺，采用大煤柱护巷时应当避开应力集中区，严禁留大煤柱影响邻近层开采。巷道严禁采用刚性支护。

（六）采用垮落法管理顶板时，支架（柱）应当有足够的支护强度，采空区中所有支柱必须回净。

（七）冲击地压煤层掘进工作面临近大型地质构造、采空区、其他应力集中区时，必须制定专项措施。

（八）应当在作业规程中明确规定初次来压、周期来压、采空区"见方"等期间的防冲措施。

（九）在无冲击地压煤层中的三面或者四面被采空区所包围的区域开采和回收煤柱时，必须制定专项防冲措施。

【执行说明】（一）应力是发生冲击地压的必要条件，采掘活动将导致煤（岩）体的应力分布发生改变，应力集中程度增加。

（二）在集中应力影响范围内，若布置2个工作面同时回采或掘进会使2个工作面的支承压力呈叠加状态，其值成倍增长，极易诱发冲击地压。因此，为避免冲击地压煤层的采掘工作面在时间、空间上的相互干扰影响，工作面之间应留有足够的采掘错距。

同一巷道2个掘进工作面相向掘进之间的距离不得小于150 m（图9a），相邻巷道2个掘进工作面相向掘进之间的斜距不得小于

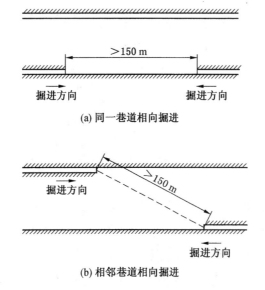

(a) 同一巷道相向掘进

(b) 相邻巷道相向掘进

图9　冲击地压危险煤层掘进工作面相隔距离要求

150 m（图9b）。相邻掘进工作面与采煤工作面相向推进之间的距离不得小于350 m（图10a），临近掘进工作面与采煤工作面相向推进之间的斜距不得小于350 m（图10b），临近掘进工作面与采煤工作面同向推进之间的斜距不得小于350 m（图10c）。同一采（盘）区上下煤层工作面同向推进之间的距离不得小于500 m（图11a），两翼工作面相向推进之间的距离不得小于500 m（图11b）。

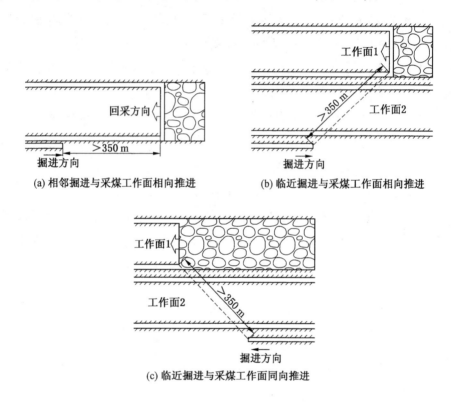

(a) 相邻掘进与采煤工作面相向推进　　(b) 临近掘进与采煤工作面相向推进

(c) 临近掘进与采煤工作面同向推进

图 10　冲击地压危险煤层掘进与采煤工作面相隔距离要求

（三）在双巷同时掘进时，为避免两条平行巷道在时间、空间上的相互干扰影响，双巷之间的前后错距应大于150 m（图12）。

（四）工作面两侧及两侧以上边界为采空区，称为孤岛工作面。受多个方向支承压力叠加影响，孤岛工作面开采应力水平较高，顶板运动剧烈，冲击地压危险更高。孤岛工作面（煤柱）的布置方式

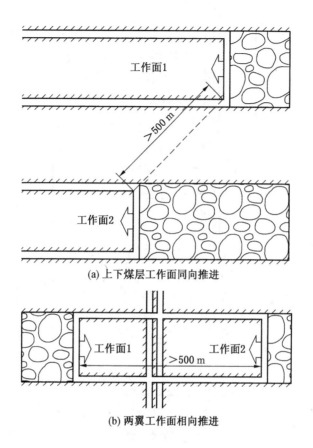

(a) 上下煤层工作面同向推进

(b) 两翼工作面相向推进

图 11　冲击地压危险煤层采煤工作面相隔距离要求

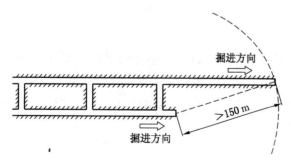

图 12　双巷掘进巷道错距示意图

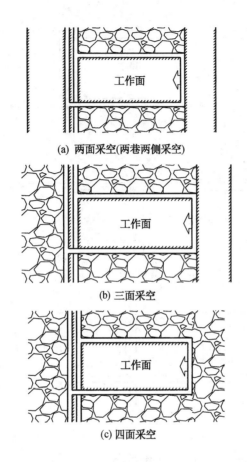

图 13　孤岛工作面（煤柱）布置示意图

如图 13 所示。

　　（五）工作面回采后采空区走向长度与工作面倾斜长度近似相等（图 14a），即为采空区"见方"。采空区"见方"时上覆岩层呈正"$O-X$"破断（图 14b），应力集中程度高，矿压显现明显，是冲击地压的重点防治阶段。

36. 第二百四十四条　冲击地压危险区域加强支护措施

　　【规程条文】第二百四十四条　冲击地压危险区域的巷道必须加强支护，采煤工作面必须加大上下出口和巷道超前支护范围和强度。

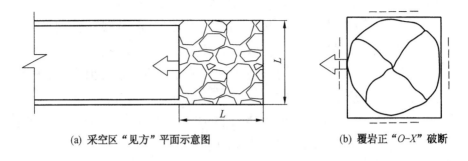

(a) 采空区"见方"平面示意图   (b) 覆岩正"O-X"破断

图14　工作面采空区"见方"示意图

严重冲击地压危险区域，必须采取防底鼓措施。

【执行说明】在工作面临近大型地质构造、采空区或通过其他应力集中区等冲击地压危险区域时，必须加强巷道支护强度。严重冲击地压危险区域的锚杆、锚索、U型钢支架卡缆、螺栓等应当采取防崩措施，防止冲击过程中崩落伤人。

为降低严重冲击地压危险区巷道发生底板型冲击地压灾害，必须提前对巷道底板实施钻孔卸压、爆破卸压、开掘卸压槽等解危措施，必要时对底板进行支护，降低底板冲击危险性。

第六章　防　灭　火

37. 第二百五十九条　防灭火高分子材料

【规程条文】第二百五十九条　矿井防灭火使用的凝胶、阻化剂及进行充填、堵漏、加固用的高分子材料，应当对其安全性和环保性进行评估，并制定安全监测制度和防范措施。使用时，井巷空气成分必须符合本规程第一百三十五条要求。

【执行说明】矿井防灭火使用的凝胶、阻化剂及进行充填、堵漏、加固用的高分子材料，在井下使用过程中存在伤害人员、腐蚀设备、污染环境，甚至产生高温，引发矿井火灾和瓦斯煤尘爆炸等危险。为保证作业人员安全健康、防范事故，煤矿在使用前应当组织进行安全性、环保性评估。评估的内容应当包括：

1. 原材料及混成料对人体的危害，混成过程及喷、注过程产生的有害气体对人体的危害，控制及防护措施的有效性。

2. 原材料及混成料对设备腐蚀危险性，及防范措施的有效性。

3. 原材料及混成料对井下工作环境、水环境的污染程度。

4. 混成过程、喷注过程产生温升时，引发矿井火灾和诱发瓦斯煤尘爆炸的危险性，及其防控措施的有效性。

5. 混成料的阻燃、抗静电特性。

根据评估结果，采取针对性和可操作性的安全措施，主要内容应当包括：

1. 使用的各类材料应当符合相关标准规范的规定。煤矿堵水用高分子材料应当符合《煤矿堵水用高分子材料技术条件》（AQ 1087—2011），喷涂堵漏风用高分子材料应当符合《煤矿喷涂堵漏风用高分子材料技术条件》（AQ 1088—2011），加固煤岩体用高分子材料应当符合《煤矿加固煤岩体用高分子材料》（AQ 1089—2011），充填密闭用高分子发泡材料应当符合《煤矿充填密闭用高分子发泡材料》（AQ 1090—2011）等的规定，应当建立产品到矿验收、抽检制度。

2. 原材料属危险化学品的，应当严格按照《危险化学品安全管理条例》的规定进行存储和运输，严禁将不同组分材料混放、混运。

3. 所有化学材料应当采用密封包装，包装容器上必须有牢固、清晰的标识，标志上应当按《化学品安全标签编写规定》（GB 15258—2009）的要求，以化学品危险性分类标志符号明确标示出本材料的潜在危害性及其防范措施。井下存放应当选择围岩条件好、无淋水、通风良好、周围 50 m 范围内无其他杂物的地点，并配备消防设施。

4. 从事施工操作的人员，应当接受专业培训，操作时必须佩戴好与所使用的高分子材料相适应的劳动保护用品，包括手套、防护眼镜、口罩、工作服和胶鞋等。

5. 应当编制专门的施工方案、作业规程和日常监测管理制度。严格控制喷、注作业地点人数，监测空气中的有毒有害气体浓度，井巷空气中有毒有害气体浓度必须符合《规程》第一百三十五条的规定。喷、注过程可能产生温升时，必须严格执行施工方案确定的喷注量和喷注速率，并监测喷注地点的温度。

38. 第二百六十条 矿井防灭火专项设计与综合防灭火措施

【规程条文】第二百六十条第四款 开采容易自燃和自燃煤层的矿井，必须编制矿井防灭火专项设计，采取综合预防煤层自然发火的措施。

【执行说明】（一）矿井防灭火专项设计。

矿井防灭火专项设计应当包含以下内容：

1. 矿井概况（重点说明地质构造、煤层赋存、煤质、瓦斯、煤尘、煤的自燃倾向性、自然发火期、地温、开拓开采情况、矿井通风、历史发火情况、火区、矿井周边煤矿等）。

2. 矿井火灾危险性分析。

3. 煤层自然发火预测预报指标体系。

4. 井下自燃火灾监测系统。

5. 煤矿防灭火系统。

6. 工作面重点区域防灭火技术方案（重点说明工作面安装期间防灭火技术方案，工作面采空区、进回风巷道防灭火技术方案，工作面回撤期间防灭火技术方案）。

7. 外因火灾防治措施及装备。

8. 井下消防洒水系统。

9. 防火构筑物及井上、下消防材料库。

10. 火区管理。

11. 防灭火管理制度。

12. 火灾应急救援预案。

（二）综合预防煤层自然发火的措施。综合防灭火措施是指采取灌浆、注氮、喷洒阻化剂等两种以上防灭火措施。

39. 第二百六十一条　　自然发火监测

【规程条文】第二百六十一条　　开采容易自燃和自燃煤层时，必须开展自然发火监测工作，建立自然发火监测系统，确定煤层自然发火标志气体及临界值，健全自然发火预测预报及管理制度。

【执行说明】自然发火监测工作，是指以连续自动或人工采样方式监测取自采空区、密闭区、巷道高冒区等危险区域内的气体浓度或温度，定期为矿井提供相关地点自然发火过程的动态信息。

自然发火监测系统，是指能够监测采空区气体成分变化的系统，如束管监测系统、人工取样分析系统等。

标志气体，是指由于自然发火而产生或因自然发火而变化的，能够在一定程度上表征自然发火状态和发展趋势的火灾气体，主要包括 CO、烷烃气体、烯烃气体和炔烃气体等。

自然发火标志气体 CO 的指标临界值应当根据煤层自燃具体情况通过实验研究、现场测试和统计分析进行确定；《规程》第一百三十五条规定的风流中 CO 浓度限值不超过 0.0024% 是职业健康指标，不是自然发火临界值。

40. 第二百六十五条　　自然发火征兆

【规程条文】第二百六十五条　　开采容易自燃和自燃煤层时，必须制定防治采空区（特别是工作面始采线、终采线、上下煤柱线和三角点）、巷道高冒区、煤柱破坏区自然发火的技术措施。

当井下发现自然发火征兆时，必须停止作业，立即采取有效措施处理。在发火征兆不能得到有效控制时，必须撤出人员，封闭危险区域。进行封闭施工作业时，其他区域所有人员必须全部撤出。

【执行说明】自然发火征兆主要有：

1. 人体感知征兆：煤、岩、空气和水的温度超过正常值，附近巷道湿度增大，附近巷道壁面和支架表面出现水珠（挂汗），巷道中有煤油、汽油、松节油和焦油等气味。

2. 仪器检测征兆：出现 CO 气体且其含量呈上升趋势，氧含量持续降低，出现其他有毒有害气体。

第七章 防 治 水

41. 第二百八十三条 煤矿企业防治水工作

【规程条文】第二百八十三条 煤矿企业应建立健全各项防治水制度，配备满足工作需要的防治水专业技术人员，配齐专用探放水设备，建立专门的探放水作业队伍，储备必要的水害抢险救灾设备和物资。

水文地质条件复杂、极复杂的煤矿，应当设立专门的防治水机构。

【执行说明】煤矿企业及其所属煤矿应当结合本单位实际情况建立健全水害防治岗位责任制、水害防治技术管理制度、水害预测预报制度、水害隐患排查治理制度、探放水制度、重大水患停产撤人制度以及应急救援制度等。

专用探放水设备主要是指矿井坑道钻机。严禁使用煤电钻、锚杆钻机等设备进行探放水。

42. 第二百八十五条 水文地质补充勘探工作

【规程条文】第二百八十五条 当矿井水文地质条件尚未查清时，应当进行水文地质补充勘探工作。

【执行说明】矿井有下列情形之一的应当开展水文地质补充勘探工作：

（一）矿井主要勘探目的层未开展过水文地质勘探工作的。

（二）矿井原勘探工程量不足，水文地质条件尚未查清的。

（三）矿井经采掘揭露煤岩层后，水文地质条件比原勘探报告复杂的。

（四）矿井经长期开采，水文地质条件已发生较大变化，原勘探报告不能满足生产要求的。

（五）矿井开拓延深和开采新煤系（组）设计需要的。

（六）矿井巷道顶板处于特殊地质条件部位，浅部煤层提高上限开采上覆有强富水松散含水层或者深部煤层下伏强富水含水层，煤层底板带压，专门防治水工程提出特殊要求的。

（七）各种井巷工程穿越强富水性含水层时，施工需要的。

43. 第二百九十八条　水淹区域积水线、探水线和警戒线的确定

【规程条文】第二百九十八条　在采掘工程平面图和矿井充水性图上必须标绘出井巷出水点的位置及其涌水量、积水的井巷及采空区范围、底板标高、积水量、地表水体和水患异常区等。在水淹区域应当标出积水线、探水线和警戒线的位置。

【执行说明】积水线是指经过调查确定的积水边界线。积水线由调查所得的水淹区域积水区分布资料，或由物探、钻探探查确定（图15）。

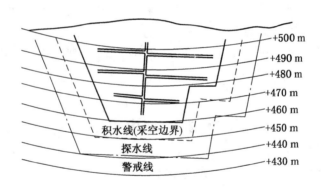

图15　积水线、探水线、警戒线的划定

　　探水线是指用钻探方法进行探水作业的起始线。探水线是根据水淹区域的水压、煤（岩）层的抗拉强度及稳定性、资料可靠程度等因素沿积水线平行外推一定距离划定。当采掘工作面接近至此线时就要采取探放水措施。具体参见表1、图15。

　　警戒线是指开始加强水情观测、警惕积水威胁的起始线。警戒线是由探水线再平行外推一定距离划定。当采掘工作面接近此线后，应当警惕积水威胁，注意采掘工作面水情变化。具体参见表1、图15。

表1　老空水探水线、警戒线　　　　　　m

边界名称	确定方法	煤层软硬程度	资料依靠调查分析判别	有一定图纸资料作参考	可靠图纸资料作依据
探水线	由积水线平行外推	松软	100～150	80～100	30～40
		中硬	80～120	60～80	30～35
		坚硬	60～100	40～60	30
警戒线	由探水线平行外推		60～80	40～50	20～40

第八章　爆炸物品和井下爆破

44. 第三百三十条　地面雷管发放套间的要求

【规程条文】第三百三十条　地面爆炸物品库必须有发放爆炸物品的专用套间或者单独房间。分库的炸药发放套间内，可临时保存爆破工的空爆炸物品箱与发爆器。在分库的雷管发放套间内发放雷管时，必须在铺有导电的软质垫层并有边缘突起的桌子上进行。

【执行说明】地面分库发放间宜单独设立，当与库房联建时，发放间应当有密实墙与库房隔开。在发放间外部显著位置设置标志牌（雷管发放间、定量1000发）。单独设置的发放间至少应当配备2具不少于5 kg的磷酸铵盐类干粉灭火器。雷管发放套间的地面和台面应当铺设导静电橡胶皮（板），其下铺设金属网并采用导线可靠接地。雷管发放套间应当设置静电泄放装置，进入发放间的作业人员，应当经泄放静电后才能进行操作。雷管发放套间最多允许暂存1000发雷管，严禁将零散雷管放在地面上，宜挂在架上或存放在防爆箱内。电雷管发放桌子的边缘突起高度至少高于软质垫层10 mm。

45. 第三百四十七条　爆破作业"一炮三检"和"三人连锁爆破"制度

【规程条文】第三百四十七条　井下爆破工作必须由专职爆破工担任。突出煤层采掘工作面爆破工作必须由固定的专职爆破工担任。爆破作业必须执行"一炮三检"和"三人连锁爆破"制度，并在起爆前检查起爆地点的甲烷浓度。

【执行说明】（一）"一炮三检"制度是指装药前、起爆前和爆破后，必须由瓦检工检查爆破地点附近 20 m 以内的瓦斯浓度。

1. 装药前、起爆前，必须检查爆破地点附近 20 m 以内风流中的瓦斯浓度，若瓦斯浓度达到或超过 1%，不准装药、爆破。

2. 爆破后，爆破地点附近 20 m 以内风流中的瓦斯浓度达到或超过 1%，必须立即处理，若经过处理瓦斯浓度不能降到 1% 以下，不准继续作业。

（二）"三人连锁爆破"制度是爆破工、班组长、瓦检工三人必须同时自始至终参加爆破工作过程，并执行换牌制。

1. 入井前：爆破工持警戒牌，班组长持爆破命令牌，瓦检工持爆破牌。

2. 爆破前：

（1）爆破工做好爆破准备后，将自己所持的红色警戒牌交给班组长。

（2）班组长拿到警戒牌后，派人在规定地点警戒，并检查顶板与支架情况，确认支护完好后，将自己所持的爆破命令牌交给瓦检工，下达爆破命令。

（3）瓦检工接到爆破命令牌后，检查爆破地点附近 20 m 处和起爆地点的瓦斯和煤尘情况，确认合格后，将自己所持的爆破牌交给爆破工，爆破工发出爆破信号 5 s 后进行起爆。

3. 爆破后："三牌"各归原主，即班组长持爆破命令牌、爆破工持警戒牌、瓦检工持爆破牌。

（三）起爆地点指爆破工准备起爆的躲身地点，起爆前应当检查该处的瓦斯浓度，瓦斯浓度达到或超过 1% 时，不准起爆。

46. 第三百五十条　数码雷管及其使用规定说明

【规程条文】第三百五十条第二款　在采掘工作面，必须使用煤矿许用瞬发电雷管、煤矿许用毫秒延期电雷管或者煤矿许用数码电雷管。使用煤矿许用毫秒延期电雷管时，最后一段的延期时间不得超过 130 ms。使用煤矿许用数码电雷管时，一次起爆总时间差不得超过 130 ms，并应当与专用起爆器配套使用。

【执行说明】煤矿许用数码电雷管的连接、使用以及在连接使用过程中应采取的安全预防措施必须严格执行电子雷管生产厂家的使用说明书。煤矿许用数码电雷管延期段别一般不应超过 7 段。煤矿井下应当使用预设置型煤矿许用数码电雷管。爆破网路连接接头应悬空，确保与地面或其他导体绝缘。

47. 第三百五十二条　反向起爆

【规程条文】第三百五十二条　在高瓦斯矿井采掘工作面采用毫秒爆破时，若采用反向起爆，必须制定安全技术措施。

【执行说明】在高瓦斯矿井采掘工作面毫秒爆破采用反向起爆时，必须遵守以下规定：

（一）必须采用与矿井瓦斯等级相适应、产品合格的煤矿许用炸药，煤矿许用毫秒延期电雷管和煤矿许用数码电雷管的总延期时间不得超过 130 ms。

（二）煤矿许用毫秒延期电雷管在出库前，必须进行导通检查。

（三）炮眼封泥严格执行《规程》第三百五十九条的规定。

（四）炮眼布置方式、炮眼深度、装药量、起爆顺序必须严格执行爆破说明书的规定。

（五）爆破前，爆破工必须使用取得安全标志的专用仪表对电爆网路进行全电阻检查。

48. 第三百五十三条　10 m 以上深孔预裂爆破的安全技术要求

【规程条文】第三百五十三条　在高瓦斯、突出矿井的采掘工作面实体煤中，为增加煤体裂隙、松动煤体而进行的 10 m 以上的深孔预裂控制爆破，可以使用二级煤矿许用炸药，并制定安全措施。

【执行说明】为防止产生爆燃，必须选用含水型的煤矿许用炸药，严格限制单孔装药量。煤矿许用毫秒延期电雷管在出库前，必须事先进行导通检查。炮眼布置方式、炮眼深度、装药量、起爆顺序，必须严格执行爆破说明书的规定。由于炮孔内有煤渣，同时又受地应力的影响，在炮孔钻杆拔出时，用探孔管对炮孔进行探孔，并记录炮孔的深度后，确定装药的数量与长度。为了保证细长药卷间隔装药或连续装药起爆的可靠性，必须在炮孔内沿孔全长敷设煤矿许用导爆索。炮眼封泥长度执行《规程》第三百五十九条的规定。爆破严格执行"一炮三检制"和"三人连锁爆破制"。爆破前，爆破工必须做电爆网路全电阻检查。为了防止延时突出，爆破后至少等 20 min，方可进入工作面。必须有撤人、停电、警戒、远距离爆破、反向风门等安全防护措施。突出矿井采掘工作面在预裂爆破后，停止作业 4~8 h。撤人和爆破距离根据突出危险程度确定，一般不小于 200 m，撤出人员应处于新鲜风流中。

第九章　运输、提升和空气压缩机

49. 第三百七十六条　高瓦斯矿井机车选用要求

【规程条文】第三百七十六条　采用轨道机车运输时，轨道机车的选用应当遵守下列规定：

（一）突出矿井必须使用符合防爆要求的机车。

（二）新建高瓦斯矿井不得使用架线电机车运输。高瓦斯矿井在用的架线电机车运输，必须遵守下列规定：

1. 沿煤层或者穿过煤层的巷道必须采用砌碹或者锚喷支护；

2. 有瓦斯涌出的掘进巷道的回风流，不得进入有架线的巷道中；

3. 采用炭素滑板或者其他能减小火花的集电器。

（三）低瓦斯矿井的主要回风巷、采区进（回）风巷应当使用符合防爆要求的机车。低瓦斯矿井进风的主要运输巷道，可以使用架线电机车，并使用不燃性材料支护。

（四）各种车辆的两端必须装置碰头，每端突出的长度不得小于

100 mm。

【执行说明】突出矿井、新建的高瓦斯矿井、低瓦斯矿井的主要回风巷和采区进（回）风巷，必须选用符合防爆要求的机车。低瓦斯矿井主要进风巷可以使用架线电机车，高瓦斯生产矿井主要进风巷在用的架线电机车可以继续使用，但必须满足《规程》有关规定。

50. 第三百八十一条　架线电机车运输的安全要求

【规程条文】第三百八十一条　采用架线电机车运输时，架空线及轨道应当符合下列要求：

（一）架空线悬挂高度、与巷道顶或者棚梁之间的距离等，应当保证机车的安全运行。

（二）架空线的直流电压不得超过 600 V。

（三）轨道应当符合下列规定：

1. 两平行钢轨之间，每隔 50 m 应当连接 1 根断面不小于 50 mm^2 的铜线或者其他具有等效电阻的导线。

2. 线路上所有钢轨接缝处，必须用导线或者采用轨缝焊接工艺加以连接。连接后每个接缝处的电阻应当符合要求。

3. 不回电的轨道与架线电机车回电轨道之间，必须加以绝缘。第一绝缘点设在 2 种轨道的连接处；第二绝缘点设在不回电的轨道上，其与第一绝缘点之间的距离必须大于 1 列车的长度。在与架线电机车线路相连通的轨道上有钢丝绳跨越时，钢丝绳不得与轨道相接触。

【执行说明】（一）架空线悬挂高度的规定。自轨面算起，电机车架空线的悬挂高度应符合下列要求：

1. 在行人的巷道内、车场内以及人行道与运输巷道交叉的地方不小于 2 m；在不行人的巷道内不小于 1.9 m。

2. 在井底车场内，从井底到乘车场不小于 2.2 m。

3. 在地面或工业场地内，不与其他道路交叉的地方不小于 2.2 m。

（二）架空线悬挂间距的规定。电机车架空线与巷道顶或棚梁之间的距离不得小于 0.2 m。悬吊绝缘子距电机车架空线的距离，每侧不得超过 0.25 m。电机车架空线悬挂点的间距，在直线段内不得超过 5 m，在曲线段内不得超过表 2 中规定值。

表 2　电机车架空线曲线段悬挂点间距最大值　　　　m

曲率半径	25～22	21～19	18～16	15～13	12～11	10～8
悬挂点间距	4.5	4	3.5	3	2.5	2

（三）轨道线路上所有钢轨接缝连接后每个接缝处的电阻，不得大于下列规定：

1. 18 kg/m 钢轨，0.00024 Ω。

2. 22 kg/m 钢轨，0.00021 Ω。

3. 24 kg/m 钢轨，0.00020 Ω。

4. 30 kg/m 钢轨，0.00019 Ω。

5. 33 kg/m 钢轨，0.00018 Ω。

6. 38 kg/m 钢轨，0.00017 Ω。

7. 43 kg/m 钢轨，0.00016 Ω。

（四）高瓦斯矿井中，与采区相连的设置架空线的所有巷道，必须设置风向传感器。当风流反向时，必须切断架空线电源。

51. 第三百八十三条　架空乘人装置的专项设计

【规程条文】第三百八十三条第一项和第六项部分规定　采用架空乘人装置运送人员时，应当遵守下列规定：

（一）有专项设计。

（六）架空乘人装置必须装设超速、打滑、全程急停、防脱绳、变坡点防掉绳、张紧力下降、越位等保护，安全保护装置发生保护动作后，需经人工复位，方可重新启动。

应当有断轴保护措施。

【执行说明】专项设计应该由具有煤炭行业（矿井）设计资质的机构，针对运行巷道的断面、坡度、变坡点，运量与运输距离等，依据国家相关标准规范，进行具体的选型计算，由矿总工程师组织审查。

断轴保护措施，主要是指发生断轴时防止牵引绳驱动轮飞出的保护装置。

52. 第三百八十四条　普通轨斜井人车

【规程条文】第三百八十四条第一款　新建、扩建矿井严禁采用普通轨斜井人车运输。

【执行说明】普通轨斜井人车是指在倾斜井巷采用标准轨道，满足行业标准规定运送人员的设备，包括 XRC 系列、XRB 系列。

53. 第三百九十一条　柴油机、蓄电池单轨吊车制动装置的设置

【规程条文】第三百九十一条第四项　采用单轨吊车运输时，应当遵守下列规定：

（四）采用柴油机、蓄电池单轨吊车运送人员时，必须使用人车车厢；两端必须设置制动装置，两侧必须设置防护装置。

【执行说明】柴油机、蓄电池单轨吊车运送人员时，两端必须设置制动装置，是指运送人员的单轨吊列车中，在人车车厢编组的前、后，必须设置制动装置或制动车，以保证在紧急情况下可靠制动。

54. 第三百九十二条　井下行驶特殊车辆或者运送超长、超宽物料时的安全措施

【规程条文】第三百九十二条第六项和第十一项　采用无轨胶轮车运输时，应当遵守下列规定：

（六）运行中应当符合下列要求：

1. 运送人员必须使用专用人车，严禁超员；

2. 运行速度，运人时不超过 25 km/h，运送物料时不超过 40 km/h；

3. 同向行驶车辆必须保持不小于 50 m 的安全运行距离；

4. 严禁车辆空挡滑行；

5. 应当设置随车通信系统或者车辆位置监测系统；

6. 严禁进入专用回风巷和微风、无风区域。

（十一）井下行驶特殊车辆或者运送超长、超宽物料时，必须制定安全措施。

【执行说明】（一）无轨胶轮特殊车辆是指井下支架搬运车、装载车、铲运车等体积较大的无轨运输车辆。特殊车辆运行速度不得超过有关规定的要求。

（二）专用人车，指满足《矿用防爆柴油机无轨胶轮车通用技术条件》（MT/T 989—2006）等标准要求，具有车厢、座椅及安全带等防护设施，用于运送人员的车辆。

（三）井下运送超长、超宽物料时，必须制定以下安全措施：

1. 运送物料超出货厢长度 1/3、单侧超出货厢宽度 150 mm 时，要采取强化的捆绑固定措施，在车辆上设置警示闪光灯，在车辆后方设置有"危险"字样警示的反光牌。

2. 禁止相向车辆行驶；加大同向行驶车辆间的间距。

3. 车辆运行速度不得超过规定最高运行速度的 70%。

4. 避开人员集中上下井时间。

55. 第三百九十六条 罐耳和罐道之间的间隙

【规程条文】第三百九十六条 提升容器的罐耳与罐道之间的间隙，应当符合下列要求：

（一）安装时，罐耳与罐道之间所留间隙应当符合下列要求：

1. 使用滑动罐耳的刚性罐道每侧不得超过 5 mm，木罐道每侧不得超过 10 mm。

2. 钢丝绳罐道的罐耳滑套直径与钢丝绳直径之差不得大于 5 mm。

3. 采用滚轮罐耳的矩形钢罐道的辅助滑动罐耳，每侧间隙应当保持 10~15 mm。

（二）使用时，罐耳和罐道的磨损量或者总间隙达到下列限值时，必须更换：

1. 木罐道任一侧磨损量超过 15 mm 或者总间隙超过 40 mm。

2. 钢轨罐道轨头任一侧磨损量超过 8 mm，或者轨腰磨损量超过原有厚度的 25%；罐耳的任一侧磨损量超过 8 mm，或者在同一侧罐耳和罐道的总磨损量超过 10 mm，或者罐耳与罐道的总间隙超过 20 mm。

3. 矩形钢罐道任一侧的磨损量超过原有厚度的 50%。

4. 钢丝绳罐道与滑套的总间隙超过 15 mm。

【执行说明】罐耳的磨损量及其最大间隙，应当参照图 16 和表 3 的规定执行。

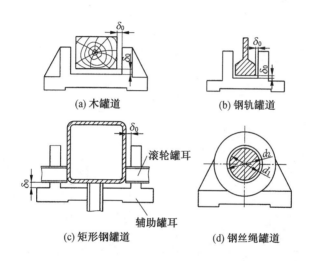

图 16　罐耳和罐道之间的间隙

立井井口、井底和中间水平的四角稳罐耳和罐道之间的间隙以及许可最大磨损量，可参照表中有关钢轨罐道的规定执行，罐耳和罐道最大总间隙：正面（宽）25 mm，侧面（长）35 mm。

56. 第四百条　提升装置检查部位

【规程条文】第四百条　提升系统各部分每天必须由专职人员至少检查 1 次，每月还必须组织有关人员至少进行 1 次全面检查。

检查中发现问题，必须立即处理，检查和处理结果都应当详细

表3　罐耳和罐道的磨损量及其最大间隙

mm

罐道种类／项目部位	木罐道（图16a）		钢轨罐道（图16b）			矩形钢罐道（图16c）		钢丝绳罐道（图16d）		备注
	罐道	罐耳	轨头	轨腰	罐耳	罐道	辅助滑动罐耳	钢丝绳直径	罐耳滑套厚度	
安装时每侧面最大侧面间隙（θ）	10			5		10～15				
安装时最大侧面总间隙（$2\delta_b$）	20			10		20～30				矩形钢罐道的滚动罐耳在运动中紧靠矩形罐道
安装时最大径向间隙（$d_2 - d_1$）	—					—			5	
许可最大磨损量（任一侧）	15	10	8	原有厚度的25%	8	钢板厚度的50%	10	直径的15%	设计厚度的50%	当罐耳厚度小于20 mm时，罐耳每侧磨损量按原有厚度的50%设计；采用封闭式钢丝绳罐道时，许可磨损为外层钢丝绳厚度的50%
同一侧罐耳和罐道总磨损量	15		10			—		—		
罐耳和罐道最大总间隙	40		20			35～40		15		

记录。

【执行说明】提升装置检查部位主要包括：提升容器、连接装置、防坠器、罐耳、罐道、阻车器、摇台（锁罐装置）、装卸设备、天轮（导向轮）、钢丝绳、滚筒（摩擦轮）、制动装置、位置指示器、防过卷装置、调绳装置、传动装置、电动机和控制设备及各种保护和闭锁装置。

上述部位每天必须由专职人员检查 1 次，每月还必须由机电管理部门组织有关技术人员至少全面检查 1 次。

57. 第四百零七条　过卷和过放距离的量取方法

【规程条文】第四百零七条　立井提升装置的过卷和过放应当符合下列要求：

（一）罐笼和箕斗提升，过卷和过放距离不得小于表 8 所列数值。

表 8　立井提升装置的过卷和过放距离

提升速度*/(m·s⁻¹)	≤3	4	6	8	≥10
过卷、过放距离/m	4.0	4.75	6.5	8.25	≥10.0

注：＊提升速度为表 8 中所列速度的中间值时，用插值法计算。

（二）在过卷和过放距离内，应当安设性能可靠的缓冲装置。缓冲装置应当能将全速过卷（过放）的容器或者平衡锤平稳地停住，并保证不再反向下滑或者反弹。

（三）过放距离内不得积水和堆积杂物。

（四）缓冲托罐装置必须每年至少进行 1 次检查和保养。

【执行说明】（一）过卷和过放距离的量取方法

过卷距离是指提升容器或配重从装卸载时的正常位置起，可以自由上提（不考虑楔形罐道或其他类型的制动缓冲装置）的一段距离，上提的界限为下列几种中的一种：

1. 提升容器的顶部与防撞梁相接触。

2. 提升容器的顶部与制动绳或罐道绳的固定横梁相接触。

3. 连接装置的上端（第一道绳卡或反向的绳头）与天轮轮缘相接触。

过放距离是指在井底装卸载位置以下，与过卷距离相对应，可以容许提升容器自由下行（不考虑楔形罐道或其他类型的制动缓冲装置）的一段距离，下放的界限为下列几种中的一种：

1. 提升容器的底部与井底防撞梁相接触。

2. 提升容器的底部与固定制动绳或罐道绳的横梁相接触。

3. 提升容器的底部与尾绳导向装置相接触。

（二）过卷和过放距离的确定

1. 如果采用《规程》中"表8"所列的提升速度值，可直接选取与提升速度对应的过卷和过放距离数值。

2. 如果提升速度值在"表8"所列的提升速度值之间，则应当采用下述差值法计算。

$$S = S_1 + \frac{S_2 - S_1}{V_2 - V_1}(V - V_1)$$

式中　V_1、V_2——表8中给出的前后两个提升速度值；

　　　S_1、S_2——表8中分别对应于 V_1、V_2 的过卷（过放）距离；

　　　V——介于 V_1 和 V_2 间实际运行的提升速度值；

　　　S——对应于提升速度 V 时的过卷（过放）距离。

58. 第四百一十一条　在用钢丝绳的检验、检查与维护

【规程条文】第四百一十一条　在用钢丝绳的检验、检查与维护，应当遵守下列规定：

（一）升降人员或者升降人员和物料用的缠绕式提升钢丝绳，自悬挂使用后每6个月进行1次性能检验；悬挂吊盘的钢丝绳，每12个月检验1次。

（二）升降物料用的缠绕式提升钢丝绳，悬挂使用12个月内必须进行第一次性能检验，以后每6个月检验1次。

（三）缠绕式提升钢丝绳的定期检验，可以只做每根钢丝的拉断和弯曲 2 种试验。试验结果，以公称直径为准进行计算和判定。出现下列情况的钢丝绳，必须停止使用：

1. 不合格钢丝的断面积与钢丝总断面积之比达到 25% 时；

2. 钢丝绳的安全系数小于本规程第四百零八条规定时。

（四）摩擦式提升钢丝绳、架空乘人装置钢丝绳、平衡钢丝绳以及专用于斜井提升物料且直径不大于 18 mm 的钢丝绳，不受（一）、（二）限制。

（五）提升钢丝绳必须每天检查 1 次，平衡钢丝绳、罐道绳、防坠器制动绳（包括缓冲绳)、架空乘人装置钢丝绳、钢丝绳牵引带式输送机钢丝绳和井筒悬吊钢丝绳必须每周至少检查 1 次。对易损坏和断丝或者锈蚀较多的一段应当停车详细检查。断丝的突出部分应当在检查时剪下。检查结果应当记入钢丝绳检查记录簿。

（六）对使用中的钢丝绳，应当根据井巷条件及锈蚀情况，采取防腐措施。摩擦提升钢丝绳的摩擦传动段应当涂、浸专用的钢丝绳增摩脂。

（七）平衡钢丝绳的长度必须与提升容器过卷高度相适应，防止过卷时损坏平衡钢丝绳。使用圆形平衡钢丝绳时，必须有避免平衡钢丝绳扭结的装置。

（八）严禁平衡钢丝绳浸泡水中。

（九）多绳提升的任意一根钢丝绳的张力与平均张力之差不得超过 ±10%。

【执行说明】对提升钢丝绳的日检和对平衡钢丝绳等的周检，都必须将检查结果记入钢丝绳检查记录簿，并由检查人员签字。记录的内容，应包括断丝、锈蚀、直径缩小、捻距变化和其他损伤等情况。钢丝绳检查记录簿由矿机电管理部门永久保存。整理出的技术资料应当归档保存待查。

检查钢丝绳时，应当利用提升容器位置指示器或其他标志确定断丝和其他损伤的部位。对易损坏或腐蚀较重、断丝较多的部位和区段，应当停车检查。把断丝的突出部分剪下来，防止钢丝绳在通过天轮、滚筒时损坏衬垫或断头被拉长。保管好断丝头作好记录。对使用桃形环的连接装置，每季度应当将绳卡子打开进行检查，并将钢丝绳串出 0.5 m。除了肉眼观察和用手抚摸外，还可采用高准确度的钢丝绳无损检测装置作为辅助检查。

矿机电管理部门每月应当根据日检和周检记录，进行一次统计分析，并整理出技术资料。

矿机电管理负责人至少每月查阅一次钢丝绳检查记录簿，查阅后签字，并注明查阅日期。

59. 第四百一十三条　　钢丝绳永久伸长率的计算方法

【规程条文】第四百一十三条　　钢丝绳在运行中遭受到卡罐、突然停车等猛烈拉力时，必须立即停车检查，发现下列情况之一者，必须将受损段剁掉或者更换全绳：

（一）钢丝绳产生严重扭曲或者变形。

（二）断丝超过本规程第四百一十二条的规定。

（三）直径减小量超过本规程第四百一十二条的规定。

（四）遭受猛烈拉力的一段的长度伸长 0.5% 以上。

在钢丝绳使用期间，断丝数突然增加或者伸长突然加快，必须立即更换。

【执行说明】受损段钢丝绳是指在运行中遭受到卡罐、突然停车等猛烈拉力时承受拉力的一侧钢丝绳或缠绕式提升系统松绳段的钢丝绳。

如果钢丝绳遭受猛烈拉力冲击后与此前的钢丝绳检验记录相比，平均捻距再突然伸长 0.5% 以上，则认为钢丝绳受到了损伤。通过测量比较钢丝绳遭受猛烈拉力段前后的捻距变化值，可计算出受损段钢丝绳因猛烈拉力造成的伸长率：

$$\varepsilon = \left(\frac{l_{n1}}{l_{n0}} - 1 \right) \times 100\%$$

式中　　ε——受损段钢丝绳因猛烈拉力造成的伸长率；

　　　　l_{n1}——遭受猛烈拉力后受损段钢丝绳的 n 个捻距长度，mm；

l_{n0}——未遭受猛烈拉力前受损段钢丝绳的 n 个捻距长度，mm。

如果伸长率超过 0.5% ，则必须将受损段剁掉或者更换全绳。

60. 第四百二十三条 提升钢丝绳的松绳和错向运行保护

【规程条文】第四百二十三条第一款第七项和第十项 提升装置必须按下列要求装设安全保护：

（七）松绳保护：缠绕式提升机应当设置松绳保护装置并接入安全回路或者报警回路。箕斗提升时，松绳保护装置动作后，严禁受煤仓放煤。

（十）错向运行保护：当发生错向时，能自动断电，且使制动器实施安全制动。

【执行说明】松绳保护是指缠绕式提升系统发生钢丝绳松弛时的保护措施。在井筒内松绳时，应当将松绳保护信号接入提升机电控系统的预报警回路和安全回路；在斜井上部车场内松绳时，应当将松绳保护信号接入提升机电控系统的报警回路。

错向运行保护是指与设定的运动方向发生了反方向运动时的保护措施。具体就是指信号系统给出提升方向，测速装置检测出有相反提升方向的运动；或信号系统没有给出提升方向，测速装置检测到运行速度过快，则安全回路跳闸。

61. 第四百二十五条 并联冗余回油通道

【规程条文】第四百二十五条 机械制动装置应当采用弹簧式，能实现工作制动和安全制动。

工作制动必须采用可调节的机械制动装置。

安全制动必须有并联冗余的回油通道。

双滚筒提升机每个滚筒的制动装置必须能够独立控制，并具有调绳功能。

【执行说明】并联冗余回油通道，是指至少有两条独立的回油通道，每条都应单独满足回油要求。

62. 第四百三十一条　　自动灭火装置

【规程条文】第四百三十一条第一款和第二款第四项　矿井应当在地面集中设置空气压缩机站。

在井下设置空气压缩设备时，应当遵守下列规定：

（四）应当设自动灭火装置。

【执行说明】自动灭火装置，指在空气压缩设备发生火灾时，能自动启动、快速灭火的设备设施。启动方式主要包括：感温玻璃球、易熔合金等机械式自动启动，温度、火焰、烟雾等传感器监测、电子控制启动；灭火材料主要包括：二氧化碳、七氟丙烷等惰性气体，超细干粉等。

63. 第四百三十三条　　空气压缩机风包的水压试验和释压阀

【规程条文】第四百三十三条　空气压缩机站的储气罐必须符合下列要求：

（一）储气罐上装有动作可靠的安全阀和放水阀，并有检查孔。定期清除风包内的油垢。

（二）新安装或者检修后的储气罐，应当用 1.5 倍空气压缩机工作压力做水压试验。

（三）在储气罐出口管路上必须加装释压阀，其口径不得小于出风管的直径，释放压力应当为空气压缩机最高工作压力的 1.25 ~ 1.4 倍。

（四）避免阳光直晒地面空气压缩机站的储气罐。

【执行说明】（一）空气压缩机的水压试验

新安装的或检修后重新投入使用的储气罐，使用前应当做水压试验。水压试验应当满足以下要求：

1. 编制试压程序，并规定好人员的分工和信号联系；

2. 将储气罐内的气体排净并充满水，打压使储气罐内压力缓慢升至空气压缩机工作压力的 1.5 倍；

3. 停止打压，保压至少 5 min，在保压时间内压力不得自行降低，储气罐应该无明显变形、无漏水和渗水、无特异声响、无其他损坏征兆。

对腐蚀深度超过腐蚀裕量、名义厚度不明或发现有严重缺陷的储气罐，应当进行强度校核。强度校核应当委托具备资质的机构进行。

（二）释压阀的安装与保养

释压阀的安装与保养应当满足以下要求：

1. 安装在主排气管路上，正对气流方向，且不得用阀门隔开。

2. 泄放口径不得小于出风管的直径，释放（爆破）压力为空气压缩机最高工作压力的 1.25～1.4 倍，且释放压力后不能自动复位。

3. 必须由具有特种设备制造许可证的单位生产，爆破片上应当标明在特定温度下的爆破压力。

4. 排气出口方向不得正对人行道、设备及易损件，必要时应该设置防护栏。

5. 释压阀正常工作时，每三个月至少由专人检查清理一次，保证连接螺栓无松动，管接头无漏气，各部件无锈蚀或变形。

第十章　电　　气

64. 第四百三十八条　串接的采区变电所数量要求

【规程条文】第四百三十八条第六款　向采区供电的同一电源线路上，串接的采区变电所数量不得超过 3 个。

【执行说明】向采区供电的同一电源线路上串接的采区变电所数量不得超过 3 个，是指从中央变电所馈出的一条线路，最多只能串接 3 个采区变电所供电，如图 17 所示。

65. 第四百四十一条　井下电气设备爆炸性环境

【规程条文】第四百四十一条表 16 注 5 内容　注 5. 在爆炸性环境中使用的设备应当采用 EPL Ma 保护级别。非煤矿专用的便携式电气测量仪表，必须在甲烷浓度 1.0% 以下的地点使用，并实时监测使用环境的甲烷浓度。

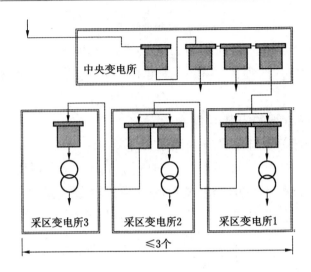

图 17　串联的采区变电所供电线路布置要求示意图

【执行说明】本条款表 16 注 5 中的爆炸性环境是指甲烷浓度超限的环境。

66. 第四百四十五条　采掘工作面用电设备电压超过 3300 V 时的安全措施

【规程条文】第四百四十五条　井下各级配电电压和各种电气设备的额定电压等级，应当符合下列要求：

（一）高压不超过 10000 V。

（二）低压不超过 1140 V。

（三）照明和手持式电气设备的供电额定电压不超过 127 V。

（四）远距离控制线路的额定电压不超过 36 V。

（五）采掘工作面用电设备电压超过 3300 V 时，必须制定专门的安全措施。

【执行说明】制定专门安全措施时，应注意以下问题：

（一）煤矿或矿区采掘工作面首次使用 3300 V 以上用电设备时，应当组织开展对涉及的相关技术和管理问题的系统研究，评估对策措施的有效性，相关结论报企业技术负责人。

（二）采掘工作面使用 3300 V 以上用电设备时，必须根据工作面具体条件和使用设备的具体情况制定专门措施，重点关注绝缘监视、接地保护、安全防护等内容。

（三）设备操作人员应当有高压操作能力，应当穿戴高压防护用品，使用高压操作工具，遵循电力安全工作规程相关规定。

（四）应当完善相关管理制度和岗位操作规程。

67. 第四百四十八条　防爆电气设备到矿验收

【规程条文】第四百四十八条　防爆电气设备到矿验收时，应当检查产品合格证、煤矿矿用产品安全标志，并核查与安全标志审核的一致性。入井前，应当进行防爆检查，签发合格证后方准入井。

【执行说明】（一）防爆电气设备到矿验收时，应做好以下方面工作：

1. 核查相关文件资料、产品铭牌及标志。安全标志证书应在有效期内，产品上的"MA"标识应清晰完整，铭牌中应有安全标志编号。铭牌上所载信息应与安全标志证书上所载信息一致，包括产品名称、型号规格、生产厂家、安全标志编号等。

2. 核对设备的主要零（元）部件。设备主要零（元）部件，包括其名称、型号规格、安全标志或其他强制性安全认证编号等，应与安全标志审核备案的产品主要零(元)部件明细表中所载信息一致。

3. 一致性检查应做好记录，并存档。经一致性检查合格的产品，应张贴合格标记。

（二）防爆电气设备入井前进行防爆检查，应包括以下内容：

1. 证件。防爆电气设备应具有产品合格证和矿用产品安全标志。

2. 标志。设备上应有"MA"标志、防爆标志，且内容完整、清晰；并有"严禁带电开盖"等的永久性警告或警示标志。

3. 铭牌。铭牌上的内容应完整、清晰，且至少应包括以下信息：制造商名称或注册商标、产品名称及型号、产品编号或产品批次号（表面积有限的设备除外）、防爆标志或防爆型式、防爆合格证编号、安全标志编号、出厂日期。

4. 接地。设备上接地部位有清晰的接地标识和接线柱。

5. 电气间隙和爬电距离。电气设备接线盒内或直接引入的接线端子部分的电气间隙和爬电距离应符合标准规定。

6. 引入装置。多余的电缆引入口应使用相匹配的封堵件进行封堵，密封圈和压紧元件之间应有一个金属垫圈，密封圈不应有老化、破损等现象。

7. 隔爆面。可打开的门或盖以及易磨损的隔爆面应完好、进行过防锈处理，无损伤或者锈蚀；隔爆间隙应符合标准的规定。

8. 紧固件。紧固件应完整，不得缺失、松动。

9. 抗电弧。隔爆壳体内部应有喷涂耐弧漆等抗电弧措施。

10. 机械联锁。设备门或盖采用快开门结构时机械连锁应正常、可靠，门或盖打开后隔离开关不能合闸。

第十一章　监　控　与　通　信

68. 第四百九十三条　传感器"允许误差"的含义

【规程条文】第四百九十三条　必须每天检查安全监控设备及线缆是否正常，使用便携式光学甲烷检测仪或者便携式甲烷检测报警仪与甲烷传感器进行对照，并将记录和检查结果报矿值班员；当两者读数差大于允许误差时，应当以读数较大者为依据，采取安全措施并在 8 h 内对 2 种设备调校完毕。

【执行说明】"允许误差"采用甲烷传感器的基本误差，即在正常试验条件下确定的传感器测量误差值。例如，载体催化式甲烷传感器的基本误差为：$0 \sim 1.00\%$ CH_4，$\pm 0.10\%$（绝对误差）CH_4；$1.00\% \sim 3.00\%$ CH_4，读数的 $\pm 10\%$；$3.00\% \sim 4.00\%$ CH_4，$\pm 0.30\%$（绝对误差）CH_4。

当读数较大者达到《规程》表18规定的报警浓度时，应当报警，并停止作业。当读数较大者达到表18规定的断电浓度时，应当切断断电范围内的全部非本质安全型电气设备的电源、撤人。并必须在 8 h 内对 2 种设备调校完毕。

第四编 露 天 煤 矿

69. 第五百二十八条 露天煤矿爆破"三联系制"

【规程条文】第五百二十八条 爆破安全警戒必须遵守下列规定：

（一）必须有安全警戒负责人，并向爆破区周围派出警戒人员。

（二）爆破区域负责人与警戒人员之间实行"三联系制"。

（三）因爆破中断生产时，立即报告矿调度室，采取措施后方可解除警戒。

【执行说明】"三联系制"是指爆破区负责人和警戒人员、起爆人员之间在起爆作业时的三次联系制度。

第一次信号：爆破区负责人向警戒人员发出第一次信号，确认警戒人员到达警戒地点，所有与爆破无关人员撤出警戒区，设备撤至安全距离以外，然后警戒人员向爆破区负责人发回安全信号，爆破区负责人命令起爆人员作起爆预备。

第二次信号：起爆预备完成后，爆破区负责人向警戒人员发出第二次信号，得到警戒人员发回的安全信号后，再向起爆人员发出起爆命令，进行起爆。

第三次信号：起爆后 5 min，确认无危险时，爆破区负责人和起爆人员进入爆破区进行检查，无问题后，向各警戒人员发出解除警戒信号。

70. 第五百六十四条 露天煤矿矿用卡车可靠性检验

【规程条文】第五百六十四条 矿用卡车在作业时，其制动、转向系统和安全装置必须完好。应当定期检验其可靠性，大型自卸车设示宽灯或者标志。

【执行说明】定期检验可靠性是针对矿用卡车的制动装置、转向系统和安全装置，司机在每次交接班时必须进行例行检查，专业维修人员按其运行状态和设备使用说明书的规定进行保养、检修、更换、检验，确保卡车始终保持完好状态。

71. 第五百八十四、五百八十八条　定期进行边坡稳定性分析、评价

【规程条文】第五百八十四条　非工作帮形成一定范围的到界台阶后，应当定期进行边坡稳定分析和评价，对影响生产安全的不稳定边坡必须采取安全措施。

第五百八十八条　排土场边坡管理必须遵守下列规定：

（一）定期对排土场边坡进行稳定性分析，必要时采取防治措施。

（二）内排土场建设前，查明基底形态、岩层的赋存状态及岩石物理力学性质，测定排弃物料的力学参数，进行排土场设计和边坡稳定计算，清除基底上不利于边坡稳定的松软土岩。

（三）内排土场最下部台阶的坡底与采掘台阶坡底之间必须留有足够的安全距离。

（四）排土场必须采取有效的防排水措施，防止或者减少水流入排土场。

【执行说明】随着采场和排土场的发展，矿山的地质条件不断发生变化，应当每年至少进行 1 次边坡稳定性分析和评价。

72. 第六百二十条　露天采场内配电线路停送电的作业要求

【规程条文】第六百二十条　采场内（变电站、所及以下）配电线路的停送电作业应当遵守下列规定：

（一）计划停送电严格执行工作票、操作票制度。

（二）非计划停送电，应当经调度同意后执行，并双方做好停送电记录。

（三）事故停电，执行先停电，后履行停电手续，采取安全措施做好记录。

（四）严禁约时停送电。

【执行说明】（一）计划停送电是指有针对性地进行供电设备、设施的检修、位置调整的停送电。工作票、操作票制度按《电力安全工程规程 发电厂和变电站电气部分》（GB 26860—2011）执行。

（二）非计划停送电是指供电设备、线路因临时性的检修、位置调整、加减电缆、电源切换等需要进行的停送电。

（三）事故停电是指发生事故时造成供用电设备、设施、线路的停电。

（四）约时停送电是指提前约定停送电时间，且在停送电时不再进行任何联系程序的停送电。

第五编　职业病危害防治

73. 第六百四十一条　煤矿粉尘监测的方法

【规程条文】第六百四十一条　粉尘监测应采用定点监测、个体监测方法。

【执行说明】个体监测方法是指用佩戴在作业人员身上的粉尘浓度个体采样器连续在呼吸带抽取含尘空气，测定一个工班内作业人员所接触的平均粉尘浓度的方法。所测得的结果对了解作业人员每天实际接触的粉尘浓度以及评价粉尘对作业人员健康的危害具有实际意义。

我国煤炭行业使用的粉尘浓度个体采样器的分粒特性应当符合BMRC曲线，即分粒的尘粒最大空气动力学直径为7.07 μm，其沉积效率为0。50%的沉积点的粉尘粒径为5.0 μm。

个体采样是全工作日连续一次性采样，空气中粉尘8 h时间加权平均浓度按下式计算：

$$TWA = \frac{m_2 - m_1}{Q \cdot 480} \times 1000$$

式中　　TWA——空气中粉尘8 h时间加权平均浓度，mg/m^3；

　　　　m_2——采样后的滤膜质量，mg；

　　　　m_1——采样前的滤膜质量，mg；

　　　　Q——采样流量，L/min；

　　　　480——时间加权平均容许浓度规定的以8 h计，min。

定点监测是采用定点长时间或定点短时间采样方法对作业场所粉尘浓度进行测定的方法。

定点采样时若采样仪器不能满足全工作日连续一次性采样，可在全工作日内进行分次的1 h以上的长时间采样，或分次的短时间15 min采样。空气中粉尘8 h时间加权平均浓度按下式计算：

$$TWA = (C_1 T_1 + C_2 T_2 + \cdots + C_n T_n)/8$$

式中　　　　　TWA——空气中粉尘 8 h 时间加权平均浓度，mg/m^3；

C_1、C_2、$\cdots$、C_n——长时间采样或短时间 15 min 采样测得空气中
粉尘浓度，mg/m^3；

T_1、T_2、$\cdots$、T_n——劳动者在相应的粉尘浓度下的工作时间，h；

8——时间加权平均容许浓度规定的 8 h。

第六编 应 急 救 援

74. 第六百七十六条 建立矿山救护队的规定

【规程条文】第六百七十六条 所有煤矿必须有矿山救护队为其服务。井工煤矿企业应当设立矿山救护队，不具备设立矿山救护队条件的煤矿企业，所属煤矿应当设立兼职救护队，并与就近的救护队签订救护协议；否则，不得生产。

矿山救护队到达服务煤矿的时间应当不超过 30 min。

【执行说明】（一）不具备设立矿山救护队条件的煤矿企业，是指生产规模较小、从业人员较少、建立矿山救护队确有困难的煤矿企业。

（二）煤矿建设期间，煤矿建设单位如果没有矿山救护队或者其矿山救护队距离在建煤矿行车时间超过 30 min，应当与在建煤矿就近的矿山救护队签订救护协议，并指定兼职应急救援人员。

（三）矿山救护队到达服务煤矿的时间应当不超过 30 min，是指矿山救护队驻地至服务煤矿的最远距离，在路况正常、无极端天气、车辆正常行驶等情况下，以行车时间不超过 30 min 为限。

（四）兼职救护队的基本要求为：

1. 兼职救护队队员应由煤矿生产一线班组长和业务骨干人员组成。

2. 兼职救护队规模根据煤矿的生产规模、自然条件、灾害情况确定。

3. 煤矿应定期组织对兼职救护队员进行救护知识培训。

4. 兼职救护队主要任务是，协助矿井安全预防性检查；控制和处理煤矿初期事故，救助遇险人员；协助救护队开展事故救援工作。

防治煤矿冲击地压细则

第一章 总 则

第一条 为了加强煤矿冲击地压防治工作，有效预防冲击地压事故，保障煤矿职工安全，根据《中华人民共和国安全生产法》《中华人民共和国矿山安全法》《国务院关于预防煤矿生产安全事故的特别规定》《煤矿安全规程》等法律、法规、规章和规范性文件的规定，制定《防治煤矿冲击地压细则》（以下简称《细则》）。

第二条 煤矿企业（煤矿）和相关单位的冲击地压防治工作，适用本细则。

第三条 煤矿企业（煤矿）的主要负责人（法定代表人、实际控制人）是冲击地压防治的第一责任人，对防治工作全面负责；其他负责人对分管范围内冲击地压防治工作负责；煤矿企业（煤矿）总工程师是冲击地压防治的技术负责人，对防治技术工作负责。

第四条 冲击地压防治费用必须列入煤矿企业（煤矿）年度安全费用计划，满足冲击地压防治工作需要。

第五条 冲击地压矿井必须编制冲击地压事故应急预案，且每年至少组织一次应急预案演练。

第六条 冲击地压矿井必须建立冲击地压防治安全技术管理制度、防治岗位安全责任制度、防治培训制度、事故报告制度等工作规范。

第七条 鼓励煤矿企业（煤矿）和科研单位开展冲击地压防治研究与科技攻关，研发、推广使用新技术、新工艺、新材料、新装备，提高冲击地压防治水平。

第二章 一 般 规 定

第八条 冲击地压是指煤矿井巷或工作面周围煤（岩）体由于弹性变形能的瞬时释放而产生的突然、剧烈破坏的动力现象，常伴有煤（岩）体瞬间位移、抛出、巨响及气浪等。

冲击地压可按照煤（岩）体弹性能释放的主体、载荷类型等进行分类，对不同的冲击地压类型采取针对性的防治措施，实现分类防治。

第九条 在矿井井田范围内发生过冲击地压现象的煤层，或者经鉴定煤层（或者其顶底板岩层）具有冲击倾向性且评价具有冲击危险性的煤层为冲击地压煤层。有冲击地压煤层的矿井为冲击地压矿井。

第十条 有下列情况之一的，应当进行煤层（岩层）冲击倾向性鉴定：

（一）有强烈震动、瞬间底（帮）鼓、煤岩弹射等动力现象的。

（二）埋深超过 400 m 的煤层，且煤层上方 100 m 范围内存在单层厚度超过 10 m、单轴抗压强度大于 60 MPa 的坚硬岩层。

（三）相邻矿井开采的同一煤层发生过冲击地压或经鉴定为冲击地压煤层的。

（四）冲击地压矿井开采新水平、新煤层。

第十一条 煤层冲击倾向性鉴定按照《冲击地压测定、监测与防治方法　第 2 部分：煤的冲击倾向性分类及指数的测定方法》（GB/T 25217.2）进行。

第十二条 顶板、底板岩层冲击倾向性鉴定按照《冲击地压测定、监测与防治方法　第 1 部分：顶板岩层冲击倾向性分类及指数的测定方法》（GB/T 25217.1）进行。

第十三条 煤矿企业（煤矿）应当委托能够执行国家标准

（GB/T 25217.1、GB/T 25217.2）的机构开展煤层（岩层）冲击倾向性的鉴定工作。鉴定单位应当在接受委托之日起90天内提交鉴定报告，并对鉴定结果负责。煤矿企业应当将鉴定结果报省级煤炭行业管理部门、煤矿安全监管部门和煤矿安全监察机构。

第十四条 开采具有冲击倾向性的煤层，必须进行冲击危险性评价。煤矿企业应当将评价结果报省级煤炭行业管理部门、煤矿安全监管部门和煤矿安全监察机构。

开采冲击地压煤层必须进行采区、采掘工作面冲击危险性评价。

第十五条 冲击危险性评价可采用综合指数法或其他经实践证实有效的方法。评价结果分为4级：无冲击地压危险、弱冲击地压危险、中等冲击地压危险、强冲击地压危险。

煤层（或者其顶底板岩层）具有强冲击倾向性且评价具有强冲击地压危险的，为严重冲击地压煤层。开采严重冲击地压煤层的矿井为严重冲击地压矿井。

经冲击危险性评价后划分出冲击地压危险区域，不同的冲击地压危险区域可按冲击危险等级采取一种或多种的综合防治措施，实现分区管理。

第十六条 新建矿井在可行性研究阶段应当根据地质条件、开采方式和周边矿井等情况，参照冲击倾向性鉴定规定对可采煤层及其顶底板岩层冲击倾向性进行评估，当评估有冲击倾向性时，应当进行冲击危险性评价，评价结果作为矿井立项、初步设计和指导建井施工的依据，并在建井期间完成煤层（岩层）冲击倾向性鉴定。

第十七条 煤层（矿井）、采区冲击危险性评价及冲击地压危险区划分可委托具有冲击地压研究基础与评价能力的机构或由具有5年以上冲击地压防治经验的煤矿企业开展，编制评价报告，并对评价结果负责。

采掘工作面冲击危险性评价可由煤矿组织开展，评价报告报煤矿企业技术负责人审批。

第十八条 有冲击地压矿井的煤矿企业必须明确分管冲击地压防治工作的负责人及业务主管部门，配备相关的业务管理人员。冲击地压矿井必须明确分管冲击地压防治工作的负责人，设立专门的防冲机构，并配备专业防冲技术人员与施工队伍，防冲队伍人数必须满足矿井防冲工作的需要，建立防冲监测系统，配备防冲装备，完善安全设施和管理制度，加强现场管理。

第十九条　冲击地压防治应当坚持"区域先行、局部跟进、分区管理、分类防治"的原则。

第二十条　冲击地压矿井必须编制中长期防冲规划和年度防冲计划。中长期防冲规划每 3～5 年编制一次，执行期内有较大变化时，应当在年度计划中补充说明。中长期防冲规划与年度防冲计划由煤矿组织编制，经煤矿企业审批后实施。

中长期防冲规划主要包括防冲管理机构及队伍组成、规划期内的采掘接续、冲击地压危险区域划分、冲击地压监测与治理措施的指导性方案、冲击地压防治科研重点、安全费用、防冲原则及实施保障措施等。

年度防冲计划主要包括上年度冲击地压防治总结及本年度采掘工作面接续、冲击地压危险区域排查、冲击地压监测与治理措施的实施方案、科研项目、安全费用、防冲安全技术措施、年度培训计划等。

第二十一条　有冲击地压危险的采掘工作面作业规程中必须包括防冲专项措施，防冲专项措施应当依据防冲设计编制，应当包括采掘作业区域冲击危险性评价结论、冲击地压监测方法、防治方法、效果检验方法、安全防护方法以及避灾路线等主要内容。

第二十二条　开采冲击地压煤层时，必须采取冲击地压危险性预测、监测预警、防范治理、效果检验、安全防护等综合性防治措施。

第二十三条　冲击地压矿井必须依据冲击地压防治培训制度，定期对井下相关的作业人员、班组长、技术员、区队长、防冲专业人员与管理人员进行冲击地压防治的教育和培训，保证防冲相关人员具备必要的岗位防冲知识和技能。

第二十四条　新建矿井和冲击地压矿井的新水平、新采区、新煤层有冲击地压危险的，必须编制防冲设计。防冲设计应当包括开拓方式、保护层的选择、巷道布置、工作面开采顺序、采煤方法、生产能力、支护形式、冲击危险性预测方法、冲击地压监测预警方法、防冲措施及效果检验方法、安全防护措施等内容。

新建矿井防冲设计还应当包括：防冲必须具备的装备、防冲机构和管理制度、冲击地压防治培训制度和应急预案等。

新水平防冲设计还应当包括：多水平之间相互影响、多水平开采顺序、水平内煤层群的开采顺序、保护层设计等。

新采区防冲设计还应当包括：采区内工作面采掘顺序设计、冲击地压危险区域与等级划分、基于防冲的回采巷道布置、上下山巷道位置、停采线位置等。

第二十五条 冲击地压矿井应当按照采掘工作面的防冲要求进行矿井生产能力核定，在冲击地压危险区域采掘作业时，应当按冲击地压危险性评价结果明确采掘工作面安全推进速度，确定采掘工作面的生产能力。提高矿井生产能力和新水平延深时，必须组织专家进行论证。

第二十六条 矿井具有冲击地压危险的区域，采取综合防冲措施仍不能消除冲击地压危险的，不得进行采掘作业。

第二十七条 开采冲击地压煤层时，在应力集中区内不得布置2个工作面同时进行采掘作业。2个掘进工作面之间的距离小于150 m时，采煤工作面与掘进工作面之间的距离小于350 m时，2个采煤工作面之间的距离小于500 m时，必须停止其中一个工作面，确保2个采煤工作面之间、采煤工作面与掘进工作面之间、2个掘进工作面之间留有足够的间距，以避免应力叠加导致冲击地压的发生。相邻矿井、相邻采区之间应当避免开采相互影响。

第二十八条 开拓巷道不得布置在严重冲击地压煤层中，永久硐室不得布置在冲击地压煤层中。开拓巷道、永久硐室布置达不到以上要求且不具备重新布置条件时，需进行安全性论证。在采取加强防冲综合措施，确认冲击危险监测指标小于临界值后方可继续使用，且必须加强监测。

第二十九条　冲击地压煤层巷道与硐室布置不应留底煤，如果留有底煤必须采取底板预卸压等专项治理措施。

第三十条　严重冲击地压厚煤层中的巷道应当布置在应力集中区外。冲击地压煤层双巷掘进时，2 条平行巷道在时间、空间上应当避免相互影响。

第三十一条　冲击地压煤层应当严格按顺序开采，不得留孤岛煤柱。采空区内不得留有煤柱，如果特殊情况必须在采空区留有煤柱时，应当进行安全性论证，报企业技术负责人审批，并将煤柱的位置、尺寸以及影响范围标在采掘工程平面图上。煤层群下行开采时，应当分析上一煤层煤柱的影响。

第三十二条　冲击地压煤层开采孤岛煤柱前，煤矿企业应当组织专家进行防冲安全开采论证，论证结果为不能保障安全开采的，不得进行采掘作业。

严重冲击地压矿井不得开采孤岛煤柱。

第三十三条　对冲击地压煤层，应当根据顶底板岩性适当加大掘进巷道宽度。应当优先选择无煤柱护巷工艺，采用大煤柱护巷时应当避开应力集中区，严禁留大煤柱影响邻近层开采。

第三十四条　采用垮落法管理顶板时，支架（柱）应当具有足够的支护强度，采空区中所有支柱必须回净。

第三十五条　冲击地压煤层采掘工作面临近大型地质构造（幅度在 30 m 以上、长度在 1000 m 以上的褶曲，落差大于 20 m 的断层）、采空区、煤柱及其他应力集中区附近时，必须制定防冲专项措施。

第三十六条　编制采煤工作面作业规程时，应当确定采煤工作面初次来压、周期来压、采空区"见方"等可能的影响范围，并制定防冲专项措施。

第三十七条　在无冲击地压煤层中的三面或者四面被采空区所包围的区域开采或回收煤柱时，必须进行冲击危险性评价、制定防冲专项措施，并组织专家论证通过后方可开采。

有冲击地压潜在风险的无冲击地压煤层的矿井，在煤层、工作面采掘顺序，巷道布置、支护和煤柱留设，采煤工作面布置、支护、推进速度和停采线位置等设计时，应当避免应力集中，防止不合理开采导致冲击地压发生。

第三十八条　冲击地压煤层内掘进巷道贯通或错层交叉时，应当在距离贯通或交叉点50 m之前开始采取防冲专项措施。

第三十九条　具有冲击地压危险的高瓦斯、煤与瓦斯突出矿井，应当根据本矿井条件，综合考虑制定防治冲击地压、煤与瓦斯突出、瓦斯异常涌出等复合灾害的综合技术措施，强化瓦斯抽采和卸压措施。

具有冲击地压危险的高瓦斯矿井，采煤工作面进风巷（距工作面不大于10 m处）应当设置甲烷传感器，其报警、断电、复电浓度和断电范围同突出矿井采煤工作面进风巷甲烷传感器。

第四十条　具有冲击地压危险的复杂水文地质、容易自燃煤层的矿井，应当根据本矿井条件，在防治水、煤层自然发火时综合考虑防治冲击地压。

第四十一条　冲击地压矿井必须制定避免因冲击地压产生火花造成煤尘、瓦斯燃烧或爆炸等事故的专项措施。

第四十二条　开采具有冲击地压危险的急倾斜煤层、特厚煤层时，在确定合理采煤方法和工作面参数的基础上，应当制定防冲专项措施，并由企业技术负责人审批。

第四十三条　具有冲击地压危险的急倾斜煤层，顶板具有难垮落特征时，应当对顶板活动进行监测预警，制定强制放顶或顶板预裂等措施，实施措施后必须进行顶板处理效果检验。

第三章 冲击危险性预测、监测、效果检验

第四十四条 冲击地压矿井必须进行区域危险性预测（以下简称区域预测）和局部危险性预测（以下简称局部预测）。区域预测即对矿井、水平、煤层、采（盘）区进行冲击危险性评价，划分冲击地压危险区域和确定危险等级；局部预测即对采掘工作面和巷道、硐室进行冲击危险性评价，划分冲击地压危险区域和确定危险等级。

第四十五条 区域预测与局部预测可根据地质与开采技术条件等，优先采用综合指数法确定冲击危险性，还可采用其他经实践证明有效的方法。预测结果分为 4 类：无冲击地压危险区、弱冲击地压危险区、中等冲击地压危险区、强冲击地压危险区。根据不同的预测结果制定相应的防治措施。

第四十六条 冲击地压矿井必须建立区域与局部相结合的冲击危险性监测制度，区域监测应当覆盖矿井采掘区域，局部监测应当覆盖冲击地压危险区，区域监测可采用微震监测法等，局部监测可采用钻屑法、应力监测法、电磁辐射法等。

第四十七条 采用微震监测法进行区域监测时，微震监测系统的监测与布置应当覆盖矿井采掘区域，对微震信号进行远距离、实时、动态监测，并确定微震发生的时间、能量（震级）及三维空间坐标等参数。

第四十八条 采用钻屑法进行局部监测时，钻孔参数应当根据实际条件确定。记录每米钻进时的煤粉量，达到或超过临界指标时，判定为有冲击地压危险；记录钻进时的动力效应，如声响、卡钻、吸钻、钻孔冲击等现象，作为判断冲击地压危险的参考指标。

第四十九条 采用应力监测法进行局部监测时，应当根据冲击危

险性评价结果,确定应力传感器埋设深度、测点间距、埋设时间、监测范围、冲击地压危险判别指标等参数,实现远距离、实时、动态监测。

可采用矿压监测法进行局部补充性监测,掘进工作面每掘进一定距离设置顶底板动态仪和顶板离层仪,对顶底板移近量和顶板离层情况进行定期观测;回采工作面通过对液压支架工作阻力进行监测,分析采场来压程度、来压步距、来压征兆等,对采场大面积来压进行预测预报。

第五十条 冲击地压矿井应当根据矿井的实际情况和冲击地压发生类型,选择区域和局部监测方法。可以用实验室试验或类比法先设定预警临界指标初值,再根据现场实际考察资料和积累的数据进一步修订初值,确定冲击危险性预警临界指标。

第五十一条 冲击地压矿井必须有技术人员专门负责监测与预警工作;必须建立实时预警、处置调度和处理结果反馈制度。

第五十二条 冲击地压危险区域必须进行日常监测,防冲专业人员每天对冲击地压危险区域的监测数据、生产条件等进行综合分析、判定冲击地压危险程度,并编制监测日报,报经矿防冲负责人、总工程师签字,及时告知相关单位和人员。

第五十三条 当监测区域或作业地点监测数据超过冲击地压危险预警临界指标,或采掘作业地点出现强烈震动、巨响、瞬间底(帮)鼓、煤岩弹射等动力现象,判定具有冲击地压危险时,必须立即停止作业,按照冲击地压避灾路线迅速撤出人员,切断电源,并报告矿调度室。

第五十四条 冲击地压危险区域实施解危措施时,必须撤出冲击地压危险区域所有与防冲施工无关的人员,停止运转一切与防冲施工无关的设备。实施解危措施后,必须对解危效果进行检验,检验结果小于临界值,确认危险解除后方可恢复正常作业。

第五十五条 停采3天及以上的冲击地压危险采掘工作面恢复生产前,防冲专业人员应当根据钻屑法、应力监测法或微震监测法等检测监测情况对工作面冲击地压危险程度进行评价,并采取相应的安全措施。

第四章 区域与局部防冲措施

第五十六条 冲击地压矿井必须采取区域和局部相结合的防冲措施。在矿井设计、采（盘）区设计阶段应当先行采取区域防冲措施；对已形成的采掘工作面应当在实施区域防冲措施的基础上及时跟进局部防冲措施。

第五十七条 冲击地压矿井应当选择合理的开拓方式、采掘部署、开采顺序、煤柱留设、采煤方法、采煤工艺及开采保护层等区域防冲措施。

第五十八条 冲击地压矿井进行开拓方式选择时，应当参考地应力等因素合理确定开拓巷道层位与间距，尽可能地避免局部应力集中。

第五十九条 冲击地压矿井进行采掘部署时，应当将巷道布置在低应力区，优先选择无煤柱护巷或小煤柱护巷，降低巷道的冲击危险性。

第六十条 冲击地压矿井同一煤层开采，应当优化确定采区间和采区内的开采顺序，避免出现孤岛工作面等高应力集中区域。

第六十一条 冲击地压矿井进行采区设计时，应当避免开切眼和停采线外错布置形成应力集中，否则应当制定防冲专项措施。

第六十二条 应当根据煤层层间距、煤层厚度、煤层及顶底板的冲击倾向性等情况综合考虑保护层开采的可行性，具备条件的，必须开采保护层。优先开采无冲击地压危险或弱冲击地压危险的煤层，有效减弱被保护煤层的冲击危险性。

第六十三条 保护层的有效保护范围应当根据保护层和被保护层的煤层赋存情况、保护层采煤方法和回采工艺等矿井实际条件确定；保护层回采超前被保护层采掘工作面的距离应当符合本细则第二十七条的规定；保护层的卸压滞后时间和对被保护层卸压的有效时间应当根据理论分析、现场观测或工程类比综合确定。

第六十四条 开采保护层后，仍存在冲击地压危险的区域，必须采取防冲措施。

第六十五条 冲击地压煤层应当采用长壁综合机械化采煤方法。

第六十六条 缓倾斜、倾斜厚及特厚煤层采用综采放顶煤工艺开采时，直接顶不能随采随冒的，应当预先对顶板进行弱化处理。

第六十七条 冲击地压矿井应当在采取区域措施基础上，选择煤层钻孔卸压、煤层爆破卸压、煤层注水、顶板爆破预裂、顶板水力致裂、底板钻孔或爆破卸压等至少一种有针对性、有效的局部防冲措施。

采用爆破卸压时，必须编制专项安全措施，起爆点及警戒点到爆破地点的直线距离不得小于 300 m，躲炮时间不得小于 30 min。

第六十八条 采用煤层钻孔卸压防治冲击地压时，应当依据冲击危险性评价结果、煤岩物理力学性质、开采布置等具体条件综合确定钻孔参数。必须制定防止打钻诱发冲击伤人的安全防护措施。

第六十九条 采用煤层爆破卸压防治冲击地压时，应当依据冲击危险性评价结果、煤岩物理力学性质、开采布置等具体条件确定合理的爆破参数，包括孔深、孔径、孔距、装药量、封孔长度、起爆间隔时间、起爆方法、一次爆破的孔数。

第七十条 采用煤层注水防治冲击地压时，应当根据煤层条件及煤的浸水试验结果等，综合考虑确定注水孔布置、注水压力、注水量、注水时间等参数，并检验注水效果。

第七十一条 采用顶板爆破预裂防治冲击地压时，应当根据邻近钻孔顶板岩层柱状图、顶板岩层物理力学性质和工作面来压情况等，确定岩层爆破层位，依据爆破岩层层位确定爆破钻孔方位、倾角、长度、装药量、封孔长度等爆破参数。

第七十二条 采用顶板水力致裂防治冲击地压时，应当根据邻近钻孔顶板岩层柱状图、顶板岩层物理力学性质和工作面来压情况等，确定压裂孔布置（孔深、孔径、孔距）、高压泵压力、致裂时间等参数。

第七十三条　采用底板爆破卸压防治冲击地压时，应当根据邻近钻孔柱状图和煤层及底板岩层物理力学性质等煤岩层条件等，确定煤岩层爆破深度、钻孔倾角与方位角、装药量、封孔长度等参数。

第七十四条　采用底板钻孔卸压防治冲击地压时，应当依据冲击危险性评价结果、底板煤岩层物理力学性质、开采布置等实际具体条件综合确定卸压钻孔参数。

第七十五条　冲击地压危险工作面实施解危措施后，必须进行效果检验，确认检验结果小于临界值后，方可进行采掘作业。

防冲效果检验可采用钻屑法、应力监测法或微震监测法等，防冲效果检验的指标参考监测预警的指标执行。

第五章　冲击地压安全防护措施

第七十六条　人员进入冲击地压危险区域时必须严格执行"人员准入制度"。"人员准入制度"必须明确规定人员进入的时间、区域和人数，井下现场设立管理站。

第七十七条　进入严重（强）冲击地压危险区域的人员必须采取穿戴防冲服等特殊的个体防护措施，对人体胸部、腹部、头部等主要部位加强保护。

第七十八条　有冲击地压危险的采掘工作面，供电、供液等设备应当放置在采动应力集中影响区外，且距离工作面不小于 200 m；不能满足上述条件时，应当放置在无冲击地压危险区域。

第七十九条　评价为强冲击地压危险的区域不得存放备用材料和设备；巷道内杂物应当清理干净，保持行走路线畅通；对冲击地压危险区域内的在用设备、管线、物品等应当采取固定措施，管路应当吊挂在巷道腰线以下，高于 1.2 m 的必须采取固定措施。

第八十条　冲击地压危险区域的巷道必须采取加强支护措施，采煤工作面必须加大上下出口和巷道的超前支护范围与强度，并在作业规程或专项措施中规定。加强支护可采用单体液压支柱、门式支架、垛式支架、自移式支架等。采用单体液压支柱加强支护时，必须采取防倒措施。

第八十一条　严重（强）冲击地压危险区域，必须采取防底鼓措施。防底鼓措施应当定期清理底鼓，并可根据巷道底板岩性采取底板卸压、底板加固等措施。底板卸压可采取底板爆破、底板钻孔卸压等；底板加固可采用 U 形钢底板封闭支架、带有底梁的液压支架、打设锚杆（锚索）、底板注浆等。

第八十二条　冲击地压危险区域巷道扩修时，必须制定专门的防冲措施，严禁多点作业，采动影响区域内严禁巷道扩修与回采平行作业。

第八十三条　冲击地压巷道严禁采用刚性支护，要根据冲击地压危险性进行支护设计，可采用抗冲击的锚杆（锚索）、可缩支架及高强度、抗冲击巷道液压支架等，提高巷道抗冲击能力。

第八十四条　有冲击地压危险的采掘工作面必须设置压风自救系统。应当在距采掘工作面 25～40 m 的巷道内、爆破地点、撤离人员与警戒人员所在位置、回风巷有人作业处等地点，至少设置 1 组压风自救装置。压风自救系统管路可以采用耐压胶管，每 10～15 m 预留 0.5～1.0 m 的延展长度。

第八十五条　冲击地压矿井必须制定采掘工作面冲击地压避灾路线，绘制井下避灾线路图。冲击地压危险区域的作业人员必须掌握作业地点发生冲击地压灾害的避灾路线以及被困时的自救常识。井下有危险情况时，班组长、调度员和防冲专业人员有权责令现场作业人员停止作业，停电撤人。

第八十六条　发生冲击地压后，必须迅速启动应急救援预案，防止发生次生灾害。

恢复生产前，必须查清事故原因，制定恢复生产方案，通过专家论证，落实综合防冲措施，消除冲击地压危险后，方可恢复生产。

第六章　附　　则

第八十七条　本细则自 2018 年 8 月 1 日起施行。

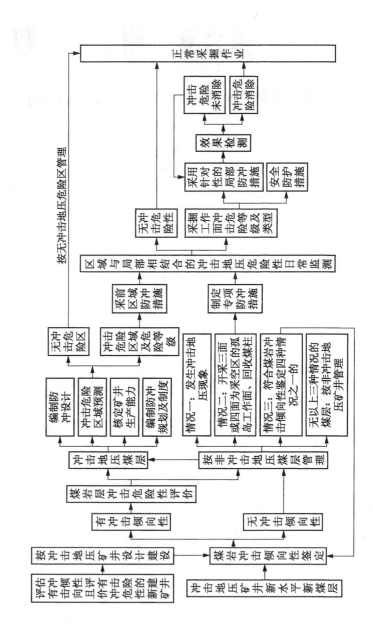

附录　防治煤矿冲击地压基本流程示意图

煤矿防治水细则

第一章 总 则

第一条 为了加强煤矿防治水工作，防止和减少事故，保障职工生命安全和健康，根据《中华人民共和国安全生产法》《中华人民共和国矿山安全法》《国务院关于预防煤矿生产安全事故的特别规定》和《煤矿安全规程》等，制定本细则。

第二条 煤炭企业、煤矿和有关单位的防治水工作，适用本细则。

第三条 煤矿防治水工作应当坚持预测预报、有疑必探、先探后掘、先治后采的原则，根据不同水文地质条件，采取探、防、堵、疏、排、截、监等综合防治措施。

煤矿必须落实防治水的主体责任，推进防治水工作由过程治理向源头预防、局部治理向区域治理、井下治理向井上下结合治理、措施防范向工程治理、治水为主向治保结合的转变，构建理念先进、基础扎实、勘探清楚、科技攻关、综合治理、效果评价、应急处置的防治水工作体系。

第四条 煤炭企业、煤矿的主要负责人（法定代表人、实际控制人，下同）是本单位防治水工作的第一责任人，总工程师（技术负责人，下同）负责防治水的技术管理工作。

第五条 煤矿应当根据本单位的水害情况，配备满足工作需要的防治水专业技术人员，配齐专用的探放水设备，建立专门的探放水作业队伍，储备必要的水害抢险救灾设备和物资。

水文地质类型复杂、极复杂的煤矿，还应当设立专门的防治水机构、配备防治水副总工程师。

第六条 煤炭企业、煤矿应当结合本单位实际情况建立健全水害防治岗位责任制、水害防治技术管理制度、水害预测预报制度、水害隐患排查治理制度、探放水制度、重大水患停产撤人制度以及应急处置制度等。

煤矿主要负责人必须赋予调度员、安检员、井下带班人员、班组长等相关人员紧急撤人的权力，发现突水（透水、溃水，下同）征兆、极端天气可能导致淹井等重大险情，立即撤出所有受水患威胁地点的人员，在原因未查清、隐患未排除之前，不得进行任何采掘活动。

第七条　煤炭企业、煤矿应当编制本单位防治水中长期规划（5年）和年度计划，并组织实施。煤矿防治水应当做到"一矿一策、一面一策"，确保安全技术措施的科学性、针对性和有效性。

第八条　当矿井水文地质条件尚未查清时，应当进行水文地质补充勘探工作。在水害隐患情况未查明或者未消除之前，严禁进行采掘活动。

第九条　矿井应当建立地下水动态监测系统，对井田范围内主要充水含水层的水位、水温、水质等进行长期动态观测，对矿井涌水量进行动态监测。受底板承压水威胁的水文地质类型复杂、极复杂矿井，应当采用微震、微震与电法耦合等科学有效的监测技术，建立突水监测预警系统，探测水体及导水通道，评估注浆等工程治理效果，监测导水通道受采动影响变化情况。

第十条　煤炭企业、煤矿应当对井下职工进行防治水知识的教育和培训，对防治水专业人员进行新技术、新方法的再教育，提高防治水工作技能和有效处置水灾的应急能力。

第十一条　煤炭企业、煤矿和相关单位应当加强防治水技术研究和科技攻关，推广使用防治水的新技术、新装备和新工艺，提高防治水工作的科技水平。

第二章 矿井水文地质类型划分及基础资料

第一节 矿井水文地质类型划分

第十二条 根据井田内受采掘破坏或者影响的含水层及水体、井田及周边老空（火烧区，下同）水分布状况、矿井涌水量、突水量、开采受水害影响程度和防治水工作难易程度，将矿井水文地质类型划分为简单、中等、复杂和极复杂4种类型（表2-1）。

第十三条 矿井应当收集水文地质类型划分各项指标的相关资料，分析矿井水文地质条件，编制矿井水文地质类型报告，由煤炭企业总工程师组织审批。

矿井水文地质类型报告，应当包括下列主要内容：

（一）矿井所在位置、范围及四邻关系，自然地理，防排水系统等情况；

（二）以往地质和水文地质工作评述；

（三）井田地质、水文地质条件；

（四）矿井充水因素分析，井田及周边老空水分布状况；

（五）矿井涌水量的构成分析，主要突水点位置、突水量及处理情况；

（六）矿井未来3年采掘和防治水规划，开采受水害影响程度和防治水工作难易程度评价；

（七）矿井水文地质类型划分结果及防治水工作建议。

第十四条 矿井水文地质类型应当每3年修订1次。当发生较大以上水害事故或者因突水造成采掘区域或矿井被淹的，应当在恢

表 2-1　矿井水文地质类型

分类依据		类　别			
		简　单	中　等	复　杂	极复杂
含水层（水体）性质及补给条件	井田内受采掘破坏或者影响的含水层及水体	为孔隙、裂隙、岩溶含水层，补给条件差，补给来源极少或者少	为孔隙、裂隙、岩溶含水层，补给条件一般，有一定的补给水源	为岩溶含水层、厚层砂砾石含水层、老空水、地表水，其补给条件好，补给水源充沛	为岩溶含水层、老空水、地表水，其补给条件很好，补给来源极其充沛，地表泄水条件差
单位涌水量 $q/(\mathrm{L \cdot s^{-1} \cdot m^{-1}})$		$q \leqslant 0.1$	$0.1 < q \leqslant 1.0$	$1.0 < q \leqslant 5.0$	$q > 5.0$
井田及周边老空水分布状况		无老空积水	位置、范围、积水量清楚	位置、范围或者积水量不清楚	位置、范围、积水量不清楚
矿井涌水量/$(\mathrm{m^3 \cdot h^{-1}})$	正常 Q_1	$Q_1 \leqslant 180$	$180 < Q_1 \leqslant 600$	$600 < Q_1 \leqslant 2100$	$Q_1 > 2100$
	最大 Q_2	$Q_2 \leqslant 300$	$300 < Q_2 \leqslant 1200$	$1200 < Q_2 \leqslant 3000$	$Q_2 > 3000$

表 2－1（续）

分 类 依 据	类　　别			
	简　单	中　等	复　杂	极复杂
突水量 $Q_3/(\text{m}^3\cdot\text{h}^{-1})$	$Q_3\leqslant60$	$60<Q_3\leqslant600$	$600<Q_3\leqslant1800$	$Q_3>1800$
开采受水害影响程度	采掘工程不受水害影响	矿井偶有突水，采掘工程受水害影响，但不威胁矿井安全	矿井时有突水，采掘工程、矿井安全受水害威胁	矿井突水频繁，采掘工程、矿井安全受水害严重威胁
防治水工作难易程度	防治水工作简单	防治水工作简单或者易于进行	防治水工作难度较高，工程量较大	防治水工作难度高，工程量大

注：1. 单位涌水量 q 以井田主要充水含水层中有代表性的最大值为分类依据；

　　2. 矿井涌水量 Q_1、Q_2 和突水量 Q_3 以近 3 年最大值并结合地质报告中预测涌水量作为分类依据。含水层富水性及突水点等级划分标准见附录一；

　　3. 同一井田煤层较多，且水文地质条件变化较大时，应当分煤层进行矿井水文地质类型划分；

　　4. 按分类依据就高不就低的原则，确定矿井水文地质类型。

复生产前重新确定矿井水文地质类型。

第二节　基　础　资　料

第十五条　矿井应当根据实际情况建立下列防治水基础台账，并至少每半年整理完善 1 次。

（一）矿井涌水量观测成果台账；

（二）气象资料台账；

（三）地表水文观测成果台账；

（四）钻孔水位、井泉动态观测成果及河流渗漏台账；

（五）抽（放）水试验成果台账；

（六）矿井突水点台账；

（七）井田地质钻孔综合成果台账；

（八）井下水文地质钻孔成果台账；

（九）水质分析成果台账；

（十）水源水质受污染观测资料台账；

（十一）水源井（孔）资料台账；

（十二）封孔不良钻孔资料台账；

（十三）矿井和周边煤矿采空区相关资料台账；

（十四）防水闸门（墙）观测资料台账；

（十五）物探成果验证台账；

（十六）其他专门项目的资料台账。

第十六条　建设矿井应当按照矿井建设的有关规定，在建井期间收集、整理、分析有关水文地质资料，并在建井完成后将井田地质勘探报告、建井设计及建井地质报告等资料全部移交给生产单位。

建设矿井应当编制下列主要成果及图件：

（一）水文地质观测台账和成果；

（二）突水点台账，防治水的技术总结，注浆堵水记录和有关资料；

（三）井筒及主要巷道水文地质实测剖面；

（四）建井水文地质补充勘探成果（如井筒检查孔等）；

（五）建井地质报告，应当包含防治水的相关内容。

第十七条 生产矿井应当编制包括防治水内容的生产地质报告，并按照规定编制下列水文地质图件：

（一）矿井综合水文地质图；

（二）矿井综合水文地质柱状图；

（三）矿井水文地质剖面图；

（四）矿井充水性图；

（五）矿井涌水量与相关因素动态曲线图。

矿井水文地质图件主要内容及要求见附录二，并至少每半年修订 1 次。

其他有关防治水图件由矿井根据实际需要编制。

第十八条 矿井闭坑报告应当包括下列防治水相关内容：

（一）闭坑前的矿井采掘空间分布情况，对可能存在的充水水源、通道、积水量和水位等情况的分析评价；

（二）闭坑对邻近生产矿井安全的影响和采取的防治水措施；

（三）矿井关闭时采取的水害隐患处置工作及关闭后淹没过程检测监控情况。

第十九条 矿井应当建立水文地质信息管理系统，实现矿井水文地质文字资料收集、数据采集、台账编制、图件绘制、计算评价和水害预测预报一体化。

第三章 矿井水文地质补充勘探

第一节 一 般 规 定

第二十条 矿井有下列情形之一的，应当开展水文地质补充勘探工作：

（一）矿井主要勘探目的层未开展过水文地质勘探工作的；

（二）矿井原勘探工作量不足，水文地质条件尚未查清的；

（三）矿井经采掘揭露煤岩层后，水文地质条件比原勘探报告复杂的；

（四）矿井水文地质条件发生较大变化，原有勘探成果资料难以满足生产建设需要的；

（五）矿井开拓延深、开采新煤系（组）或者扩大井田范围设计需要的；

（六）矿井采掘工程处于特殊地质条件部位，强富水松散含水层下提高煤层开采上限或者强富水含水层上带压开采，专门防治水工程设计、施工需要的；

（七）矿井井巷工程穿过强含水层或者地质构造异常带，防治水工程设计、施工需要的。

第二十一条 矿井水文地质补充勘探应当针对具体问题合理选择勘查技术、方法，井田外区域以遥感水文地质测绘等为主，井田内以水文地质物探、钻探、试验、实验及长期动态观（监）测等为主，进行综合勘查。

第二十二条 矿井水文地质补充勘探应当根据相关规范编制补充勘探设计，经煤炭企业总工程师组织审批后实施。

补充勘探工作完成后，应当及时提交矿井水文地质补充勘探报告和相关成果，由煤炭企业总工程师组织评审。

第二节　水文地质补充调查

第二十三条　水文地质测绘应当采用遥感水文地质测绘方法，应用全球卫星定位系统、地理信息系统、数字影像、互联网等技术手段，提高测绘质量。区域水文地质测绘比例尺应当采用 1∶100000～1∶10000，矿区应当采用 1∶10000～1∶2000。

第二十四条　水文地质补充调查应当包括下列主要内容：

（一）资料收集。收集降水量、蒸发量、气温、气压、相对湿度、风向、风速及其历年月平均值、两极值等气象资料。收集调查区内以往勘查研究成果，动态观测资料，勘探钻孔、供水井钻探及抽水试验资料；

（二）地貌地质。调查收集由开采或者地下水活动诱发的崩塌、滑坡、地裂缝、人工湖等地貌变化、岩溶发育矿区的各种岩溶地貌形态。对松散覆盖层和基岩露头，查明其时代、岩性、厚度、富水性及地下水的补排方式等情况，并划分含水层或者相对隔水层。查明地质构造的形态、产状、性质、规模、破碎带（范围、充填物、胶结程度、导水性）及有无泉水出露等情况，初步分析研究其对矿井开采的影响；

（三）地表水体。调查收集矿区河流、水渠、湖泊、积水区、山塘、水库等地表水体的历年水位、流量、积水量、最大洪水淹没范围、含泥沙量、水质以及与下伏含水层的水力联系等。对可能渗漏补给地下水的地段应当进行详细调查，并进行渗漏量监测；

（四）地面岩溶。调查岩溶发育的形态、分布范围。详细调查对地下水运动有明显影响的补给和排泄通道，必要时可进行连通试验和暗河测绘工作。分析岩溶发育规律和地下水径流方向，圈定补给区，测定补给区内的渗漏情况，估算地下水径流量。对有岩溶塌陷的区域，进行岩溶塌陷的测绘工作；

（五）井泉。调查井泉的位置、标高、深度、出水层位、涌水量、水位、水质、水温、气体溢出情况及类型、流量（浓度）及其补给水源。素描泉水出露的地形地质平面图和剖面图；

（六）老空。调查老空的位置、分布范围、积水量及补给情况等，分析空间位置关系以及对矿井生产的影响；

（七）周边矿井。调查周边矿井的位置、范围、开采层位、充水情况、地质构造、采煤方法、采出煤量、隔离煤柱以及与相邻矿井的空间关系，以往发生水害的观测资料，并收集系统完整的采掘工程平面图及有关资料；

（八）本矿井历史资料。收集整理矿井充水因素、突水情况、矿井涌水量动态变化情况、防治水措施及效果等。

第二十五条 煤矿应当加强与当地气象部门沟通联系，及时收集气象资料，建立气象资料台账；矿井 30 km 范围内没有气象台（站），气象资料不能满足安全生产需要时，应当建立降水量观测站。

第二十六条 矿井应当对与充水含水层有水力联系的地表水体进行长期动态观测，掌握其动态规律，分析研究地表水与地下水的水力联系，掌握其补给、排泄地下水的规律，测算补给、排泄量。

第二十七条 井下水文地质观测应当包括下列主要内容：

（一）对新开凿的井筒、主要穿层石门及开拓巷道，应当及时进行水文地质观测和编录，并绘制井筒、石门、巷道的实测水文地质剖面图或者展开图；

（二）井巷穿过含水层时，应当详细描述其产状、厚度、岩性、构造、裂隙或者岩溶的发育与充填情况、揭露点的位置及标高、出水形式、涌水量和水温等，并采取水样进行水质分析；

（三）遇裂隙时，应当测定其产状、长度、宽度、数量、形状、尖灭情况、充填物及充填程度等，观察地下水活动的痕迹，绘制裂隙玫瑰花图，并选择有代表性的地段测定岩石的裂隙率。较密集裂隙，测定的面积可取 $1 \sim 2 \ m^2$；稀疏裂隙，可取 $4 \sim 10 \ m^2$。其计算公式为

$$K_T = \frac{\sum lb}{A} \times 100\% \qquad (3-1)$$

式中　　K_T——裂隙率，% ；

　　　　A——测定面积，m^2 ；

　　　　l——裂隙长度，m ；

　　　　b——裂隙宽度，m ；

（四）遇岩溶时，应当观测其形态、发育情况、分布状况、充填物成分及充水状况等，并绘制岩溶素描图；

（五）遇断裂构造时，应当测定其产状、断距、断层带宽度，观测断裂带充填物成分、胶结程度及导水性等；

（六）遇褶曲时，应当观测其形态、产状及破碎情况等；

（七）遇陷落柱时，应当观测陷落柱内外地层岩性与产状、裂隙与岩溶发育程度及涌水等情况，并编制卡片，绘制平面图、剖面图和素描图；

（八）遇突水点时，应当详细观测记录突水的时间、地点、出水形式，出水点层位、岩性、厚度以及围岩破坏情况等，并测定水量、水温、水质和含砂量。同时，应当观测附近出水点涌水量和观测孔水位的变化，并分析突水原因。各主要突水点应当作为动态观测点进行系统观测，并编制卡片，绘制平面图、素描图和水害影响范围预测图。

对于大中型煤矿发生 300 m^3/h 以上、小型煤矿发生 60 m^3/h 以上的突水，或者因突水造成采掘区域或矿井被淹的，应当将突水情况及时上报地方人民政府负责煤矿安全生产监督管理的部门、煤炭行业管理部门和驻地煤矿安全监察机构；

（九）应当加强矿井涌水量观测和水质监测。

矿井应当分水平、分煤层、分采区设观测站进行涌水量观测，每月观测次数不得少于 3 次。对于涌水量较大的断裂破碎带、陷落柱，应当单独设观测站进行观测，每月观测 1~3 次。水质的监测每年不得少于 2 次，丰、枯水期各 1 次。涌水量出现异常、井下发生突水或者受降水影响矿井的雨季时段，观测频率应当适当增加。

对于井下新揭露的出水点，在涌水量尚未稳定或者尚未掌握其变化规律前，一般应当每日观测 1 次。对溃入性涌水，在未查明突水原因前，应当每隔 1～2 h 观测 1 次，以后可以适当延长观测间隔时间，并采取水样进行水质分析。涌水量稳定后，可按井下正常观测时间观测。

当采掘工作面上方影响范围内有地表水体、富水性强的含水层，穿过与富水性强的含水层相连通的构造断裂带或者接近老空积水区时，应当每作业班次观测涌水情况，掌握水量变化。

对于新凿立井、斜井，垂深每延深 10 m，应当观测 1 次涌水量；揭露含水层时，即使未达规定深度，也应当在含水层的顶底板各测 1 次涌水量。

矿井涌水量观测可以采用容积法、堰测法、浮标法、流速仪法等测量方法，测量工具和仪表应当定期校验；

（十）对含水层疏水降压时，在涌水量、水压稳定前，应当每小时观测 1～2 次钻孔涌水量和水压；待涌水量、水压基本稳定后，按照正常观测的要求进行。

第三节　地面水文地质补充勘探

第二十八条　应当根据勘探区的水文地质条件、探测地质体的地球物理特征和探测工作目的等编写地面水文地质物探设计，由煤炭企业总工程师组织审批。

应当采用多种物探方法进行综合勘探，可以采用地震与电法相结合的勘探技术方法查明构造及其富水性。水文物探主要以电法勘探为主，宜采用直流电法、瞬变电磁法或者可控源音频大地电磁测深等技术方法。可以采用高精度三维地震勘探查明火成岩侵入范围和断层、陷落柱等构造。

物探作业时，野外施工、资料处理和解释应当符合国家、行业标准。

施工结束后应当提交成果报告，由煤炭企业总工程师组织审批。物探成果应当与其他勘探成果相结合，相互验证。

第二十九条 水文地质钻探工程量应当根据水文地质补充勘探目的、具体任务及综合勘探的要求等确定；应当充分利用已有钻孔（井）及钻探成果，与长期水文动态观（监）测网的建设（完善）统筹考虑，形成控制地下水降落漏斗形态的水文地质剖面线。

第三十条 按照水文地质补充勘探设计要求，编写单孔设计，内容包括钻孔结构、套管结构、孔斜、岩芯采取、封孔止水、终孔直径、终孔层位、简易水文观测、抽水试验、地球物理测井及采样测试、封孔质量、孔口装置和测量标志等要求。

水文地质钻探主要技术指标应当符合下列要求：

（一）以煤层底板水害为主的矿井，其钻孔终孔深度以揭露下伏主要含水层段为原则；

（二）所有勘探钻孔均应当进行水文测井工作，配合钻探取芯划分含、隔水层，取得有关参数；

（三）主要含水层或者试验观测段采用清水钻进。遇特殊情况可以采用低固相优质泥浆钻进，并采取有效的洗孔措施；

（四）抽水试验孔试验段孔径，以满足设计的抽水量和安装抽水设备为原则；水位观测孔观测段孔径，应当满足止水和水位观测的要求；

（五）抽水试验钻孔的孔斜，应当满足选用抽水设备和水位观测仪器的工艺要求；

（六）钻孔应当取芯钻进，并进行岩芯描述。岩芯采取率：岩石，大于70%；破碎带，大于50%；黏土，大于70%；砂和砂砾层，大于30%。当采用水文物探测井，能够正确划分地层和含（隔）水层位置及厚度时，可以适当减少取芯；

（七）在钻孔分层（段）隔离止水时，通过提水、注水和水文测井等不同方法，检查止水效果，并作正式记录；不合格的，应当重新止水；

（八）除长期动态观测钻孔外，其余钻孔应当使用高标号水泥封孔，并取样检查封孔质量；

（九）水文地质钻孔应当做好简易水文地质观测，其技术要求参照相关规程规范。否则，应当降低其钻孔质量等级或者不予验收；

（十）观测孔竣工后，应当进行洗孔，以确保观测层（段）不被淤塞，并进行抽水试验。水文地质观测孔，应当安装孔口装置和长期观测测量标志，并采取有效保护措施。

第三十一条　编制抽水试验设计，应当根据矿井水文地质条件、水文地质概念模型和水文地质计算的要求，选择稳定流或者非稳定流抽水试验。抽水试验时，应当对其影响范围内的观测孔同步观测水位。

抽水试验成果应当满足矿井涌水量预测、防治水工程设计施工的要求，取得含水层渗透系数、导水系数、给水度、释水系数等水文地质参数。

应当利用抽水试验资料分析研究地下水、地表水及不同含水层（组）之间水力联系，确定断层、陷落柱等构造的导（含）水性，必要时进行抽（放）水连通（示踪）试验。

第三十二条　需要进行注水试验的，应当编制注水试验设计。设计包括试验层段的起、止深度，孔径及套管下入层位、深度及止水方法，采用的注水设备、注水试验方法，以及注水试验质量要求等内容。

注水试验施工主要技术指标，应当符合下列要求：

（一）根据岩层的岩性和孔隙、裂隙发育深度，确定试验孔段，并严格做好止水工作；

（二）注水试验前，彻底洗孔，以确保疏通含水层，并测定钻孔水温和注入水的温度；

（三）注水试验前后，应当分别进行静止水位和恢复水位的观测。

第四节　井下水文地质补充勘探

第三十三条　矿井有下列情形之一的，应当进行井下水文地质补充勘探：

（一）采用地面水文地质勘探难以查清问题，需要在井下进行放水试验或者连通（示踪）试验的；

（二）受地表水体、地形限制或者受开采塌陷影响，地面没有施工条件的；

（三）孔深或者地下水位埋深过大，地面无法进行水文地质试验的。

第三十四条 井下水文地质补充勘探应当采用井下钻探、物探、化探、监测、测试等综合勘探方法，针对井下特殊作业环境，采取可靠的安全技术措施。

第三十五条 放水试验应当符合下列要求：

（一）编制放水试验设计，确定试验方法、降深值和放水量。放水量视矿井现有最大排水能力而确定，原则上放水试验的观测孔应当有明显的水位降深。其设计由煤矿总工程师组织审批；

（二）做好放水试验前的准备工作，检验校正观测仪器和工具，检查排水设备能力和排水线路，采取可靠的安全技术组织措施；

（三）放水前，在同一时间对井上下观测孔和出水点的水位、水压、涌水量、水温和水质进行统测；

（四）根据具体情况确定放水试验的延续时间。当涌水量、水位难以稳定时，试验延续时间一般不少于 10～15 日。选取观测时间间隔，应当考虑非稳定流计算的需要。中心水位或者水压与涌水量进行同步观测；

（五）观测数据及时录入台账，并绘制涌水量与水位历时曲线；

（六）放水试验结束后，及时整理资料，提交放水试验总结报告。

第三十六条 井下物探应当符合下列要求：

（一）物探作业前，应当根据采掘工作面的实际情况和工作目的等编写设计，设计时充分考虑控制精度，设计由煤矿总工程师组织审批；

（二）可以采用直流电阻率电测深、瞬变电磁、音频电穿透、探地雷达、瑞利波及槽波、无线电坑透等方法探测，采煤工作面应当选择两种以上方法，相互验证；

（三）采用电法实施掘进工作面超前探测的，探测环境应当符合下列要求：

1. 巷道断面、长度满足探测所需要的空间；

2. 距探测点 20 m 范围内不得有积水，且不得存放掘进机、铁轨、皮带机架、锚网、锚杆等金属物体；

3. 巷道内动力电缆、大型机电设备必须停电；

（四）施工结束后，应当提交成果报告，由煤矿总工程师组织验收。物探成果应当与其他勘探成果相结合，相互验证。

第四章 井下探放水

第三十七条 矿井应当加强充水条件分析，认真开展水害预测预报及隐患排查工作。

（一）每年年初，根据年度采掘计划，结合矿井水文地质资料，全面分析水害隐患，提出水害分析预测表及水害预测图；

（二）水文地质类型复杂、极复杂矿井应当每月至少开展1次水害隐患排查，其他矿井应当每季度至少开展1次；

（三）在采掘过程中，对预测图、表逐月进行检查，不断补充和修正。发现水患险情，及时发出水害通知单，并报告矿井调度室；

（四）采掘工作面年度和月度水害预测资料及时报送煤矿总工程师及生产安全部门。

采掘工作面水害分析预报表和预测图模式见附录三。

第三十八条 在地面无法查明水文地质条件时，应当在采掘前采用物探、钻探或者化探等方法查清采掘工作面及其周围的水文地质条件。

采掘工作面遇有下列情况之一的，必须进行探放水：

（一）接近水淹或者可能积水的井巷、老空或者相邻煤矿时；

（二）接近含水层、导水断层、溶洞或者导水陷落柱时；

（三）打开隔离煤柱放水时；

（四）接近可能与河流、湖泊、水库、蓄水池、水井等相通的导水通道时；

（五）接近有出水可能的钻孔时；

（六）接近水文地质条件不清的区域时；

（七）接近有积水的灌浆区时；

（八）接近其他可能突水的地区时。

第三十九条 严格执行井下探放水"三专"要求。由专业技术人员编制探放水设计，采用专用钻机进行探放水，由专职探放水队伍施工。严禁使用非专用钻机探放水。

严格执行井下探放水"两探"要求。采掘工作面超前探放水应当同时采用钻探、物探两种方法，做到相互验证，查清采掘工作面及周边老空水、含水层富水性以及地质构造等情况。有条件的矿井，钻探可采用定向钻机，开展长距离、大规模探放水。

第四十条 矿井受水害威胁的区域，巷道掘进前，地测部门应当提出水文地质情况分析报告和水害防治措施，由煤矿总工程师组织生产、安检、地测等有关单位审批。

第四十一条 工作面回采前，应当查清采煤工作面及周边老空水、含水层富水性和断层、陷落柱含（导）水性等情况。地测部门应当提出专门水文地质情况评价报告和水害隐患治理情况分析报告，经煤矿总工程师组织生产、安检、地测等有关单位审批后，方可回采。发现断层、裂隙或者陷落柱等构造充水的，应当采取注浆加固或者留设防隔水煤（岩）柱等安全措施；否则，不得回采。

第四十二条 采掘工作面探水前，应当编制探放水设计和施工安全技术措施，确定探水线和警戒线，并绘制在采掘工程平面图和矿井充水性图上。探放水钻孔的布置和超前距、帮距，应当根据水头值高低、煤（岩）层厚度、强度及安全技术措施等确定，明确测斜钻孔及要求。探放水设计由地测部门提出，探放水设计和施工安全技术措施经煤矿总工程师组织审批，按设计和措施进行探放水。

第四十三条 布置探放水钻孔应当遵循下列规定：

（一）探放老空水和钻孔水。老空和钻孔位置清楚时，应当根据具体情况进行专门探放水设计，经煤矿总工程师组织审批后，方可施工；老空和钻孔位置不清楚时，探水钻孔成组布设，并在巷道前方的水平面和竖直面内呈扇形，钻孔终孔位置满足水平面间距不得大于3 m，厚煤层内各孔终孔的竖直面间距不得大于1.5 m；

（二）探放断裂构造水和岩溶水等时，探水钻孔沿掘进方向的正前方及含水体方向呈扇形布置，钻孔不得少于3个，其中含水体方向的钻孔不得少于2个；

（三）探查陷落柱等垂向构造时，应当同时采用物探、钻探两种方法，根据陷落柱的预测规模布孔，但底板方向钻孔不得少于 3 个，有异常时加密布孔，其探放水设计由煤矿总工程师组织审批；

（四）煤层内，原则上禁止探放水压高于 1 MPa 的充水断层水、含水层水及陷落柱水等。如确实需要的，可以先构筑防水闸墙，并在闸墙外向内探放水。

第四十四条　上山探水时，应当采用双巷掘进，其中一条超前探水和汇水，另一条用来安全撤人；双巷间每隔 30～50 m 掘 1 个联络巷，并设挡水墙。

第四十五条　在安装钻机进行探水前，应当符合下列规定：

（一）加强钻孔附近的巷道支护，并在工作面迎头打好坚固的立柱和挡板，严禁空顶、空帮作业；

（二）清理巷道，挖好排水沟。探水钻孔位于巷道低洼处时，应当施工临时水仓，配备足够能力的排水设备；

（三）在钻探地点或附近安设专用电话；

（四）由测量人员依据设计现场标定探放水钻孔位置，与负责探放水工作的人员共同确定钻孔的方位、倾角、深度和钻孔数量；

（五）制定包括紧急撤人时避灾路线在内的安全措施，使作业区域的每个人员了解和掌握，并保持撤人通道畅通。

第四十六条　在预计水压大于 0.1 MPa 的地点探水时，预先固结套管，并安装闸阀。止水套管应当进行耐压试验，耐压值不得小于预计静水压值的 1.5 倍，兼做注浆钻孔的，应当综合注浆终压值确定，并稳定 30 min 以上；预计水压大于 1.5 MPa 时，采用反压和有防喷装置的方法钻进，并制定防止孔口管和煤（岩）壁突然鼓出的措施。

第四十七条　探放水钻孔除兼作堵水钻孔外，终孔孔径一般不得大于 94 mm。

第四十八条　探放水钻孔超前距和止水套管长度，应当符合下列规定：

（一）老空积水范围、积水量不清楚的，近距离煤层开采的或者地质构造不清楚的，探放水钻孔超前距不得小于 30 m，止水套管长度不得小于 10 m；老空积水范围、积水量清楚的，根据水头值高低、煤（岩）层厚度、强度及安全技术措施等确定；

（二）沿岩层探放含水层、断层和陷落柱等含水体时，按表 4 - 1 确定探放水钻孔超前距和止水套管长度。

表 4 - 1　岩层中探放水钻孔超前距和止水套管长度

水压 p/MPa	钻孔超前距/m	止水套管长度/m
$p < 1.0$	> 10	> 5
$1.0 \leqslant p < 2.0$	> 15	> 10
$2.0 \leqslant p < 3.0$	> 20	> 15
$p \geqslant 3.0$	> 25	> 20

第四十九条　在探放水钻进时，发现煤岩松软、片帮、来压或者钻孔中水压、水量突然增大和顶钻等突水征兆时，立即停止钻进，但不得拔出钻杆；应当立即撤出所有受水威胁区域的人员到安全地点，并向矿井调度室汇报，采取安全措施，派专业技术人员监测水情并分析，妥善处理。

第五十条　探放老空水时，预计可能发生瓦斯或者其他有害气体涌出的，应当设有瓦斯检查员或者矿山救护队员在现场值班，随时检查空气成分。如果瓦斯或者其他有害气体浓度超过有关规定，应当立即停止钻进，切断电源，撤出人员，并报告矿井调度室，及时处理。揭露老空未见积水的钻孔应当立即封堵。

第五十一条　钻孔放水前，应当估计积水量，并根据排水能力和水仓容量，控制放水流量，防止淹井淹面；放水时，应当设有专人监测钻孔出水情况，测定水量和水压，做好记录。如果水量突然变化，应当分析原因，及时处理，并立即报告矿井调度室。

第五章　矿井防治水技术

第一节　地表水防治

第五十二条　煤矿应当查清矿区、井田及其周边对矿井开采有影响的河流、湖泊、水库等地表水系和有关水利工程的汇水、疏水、渗漏情况，掌握当地历年降水量和历史最高洪水位资料，建立疏水、防水和排水系统。

煤矿应当查明采矿塌陷区、地裂缝区分布情况及其地表汇水情况。

第五十三条　矿井井口和工业场地内建筑物的地面标高，应当高于当地历史最高洪水位；否则，应当修筑堤坝、沟渠或者采取其他可靠防御洪水的措施。不具备采取可靠安全措施条件的，应当封闭填实该井口。

在山区还应当避开可能发生泥石流、滑坡等地质灾害危险的地段。

第五十四条　当矿井井口附近或者塌陷区波及范围的地表水体可能溃入井下时，必须采取安全防范措施。

在地表容易积水的地点，应当修筑沟渠，排泄积水。修筑沟渠时，应当避开煤层露头、裂隙和导水岩层。特别低洼地点不能修筑沟渠排水的，应当填平压实。如果低洼地带范围太大无法填平时，应当采取水泵或者建排洪站专门排水，防止低洼地带积水渗入井下。

当矿井受到河流、山洪威胁时，应当修筑堤坝和泄洪渠，防止洪水侵入。

对于排到地面的矿井水，应当妥善处理，避免再渗入井下。

对于漏水的沟渠（包括农田水利的灌溉沟渠）和河床，如果威胁矿井安全，应当进行铺底或者改道。地面裂缝和塌陷地点应当及时填塞。进行填塞工作时，应当采取相应的安全措施，防止人员陷入塌陷坑内。

在有滑坡危险的地段，可能威胁煤矿安全时，应当进行治理。

在井田内季节性沟谷下开采前，需对是否有洪水灌井的危险进行评价，开采应避开雨季，采后及时做好地面裂缝的填堵工作。

第五十五条　严禁将矸石、炉灰、垃圾等杂物堆放在山洪、河流可能冲刷到的地段，以免淤塞河道、沟渠。

发现与煤矿防治水有关系的河道中存在障碍物或者堤坝破损时，应当及时报告当地人民政府，采取措施清理障碍物或者修复堤坝，防止地表水进入井下。

第五十六条　使用中的钻孔，应当按照规定安装孔口盖。报废的钻孔应当及时封孔，防止地表水或者含水层的水涌入井下，封孔资料等有关情况记录在案，存档备查。观测孔、注浆孔、电缆孔、下料孔、与井下或者含水层相通的钻孔，其孔口管应当高出当地历史最高洪水位。

第五十七条　报废的立井应当封堵填实，或者在井口浇注坚实的钢筋混凝土盖板，设置栅栏和标志。

报废的斜井应当封堵填实，或者在井口以下垂深大于 20 m 处砌筑 1 座混凝土墙，再用泥土填至井口，并在井口砌筑厚度不低于 1 m 的混凝土墙。

报废的平硐，应当从硐口向里封堵填实至少 20 m，再砌封墙。

位于斜坡、汇水区、河道附近的井口，充填距离应当适当加长。报废井口的周围有地表水影响的，应当设置排水沟。

封填报废的立井、斜井或者平硐时，应当做好隐蔽工程记录，并填图归档。

第五十八条　每年雨季前，必须对煤矿防治水工作进行全面检查，制定雨季防治水措施，建立雨季巡视制度，组织抢险队伍并进行演练，储备足够的防洪抢险物资。对检查出的事故隐患，应当制定措施，落实资金，责任到人，并限定在汛期前完成整改。需要施工防治水工程的应当有专门设计，工程竣工后由煤矿总工程师组织验收。

第五十九条 煤矿应当与当地气象、水利、防汛等部门进行联系，建立灾害性天气预警和预防机制。应当密切关注灾害性天气的预报预警信息，及时掌握可能危及煤矿安全生产的暴雨洪水灾害信息，采取安全防范措施；加强与周边相邻矿井信息沟通，发现矿井水害可能影响相邻矿井时，立即向周边相邻矿井发出预警。

第六十条 煤矿应当建立暴雨洪水可能引发淹井等事故灾害紧急情况下及时撤出井下人员的制度，明确启动标准、指挥部门、联络人员、撤人程序和撤退路线等，当暴雨威胁矿井安全时，必须立即停产撤出井下全部人员，只有在确认暴雨洪水隐患消除后方可恢复生产。

第六十一条 煤矿应当建立重点部位巡视检查制度。当接到暴雨灾害预警信息和警报后，对井田范围内废弃老窑、地面塌陷坑、采动裂隙以及可能影响矿井安全生产的河流、湖泊、水库、涵闸、堤防工程等实施 24 h 不间断巡查。矿区降大到暴雨时和降雨后，应当派专业人员及时观测矿井涌水量变化情况。

第二节 顶板水防治

第六十二条 当煤层（组）顶板导水裂隙带范围内的含水层或者其他水体影响采掘安全时，应当采用超前疏放、注浆改造含水层、帷幕注浆、充填开采或者限制采高等方法，消除威胁后，方可进行采掘活动。

第六十三条 采取超前疏放措施对含水层进行区域疏放水的，应当综合分析导水裂隙带发育高度、顶板含水层富水性，进行专门水文地质勘探和试验，开展可疏性评价。根据评价成果，编制区域疏放水方案，由煤炭企业总工程师审批。

第六十四条 采取注浆改造顶板含水层的，必须制定方案，经煤炭企业总工程师审批后实施，确保开采后导水裂隙带波及范围内含水层改造成弱含水层或者隔水层。

第六十五条　采取充填开采、限制采高等措施控制导水裂隙带高度的，必须制定方案，经煤炭企业总工程师审批后实施，确保导水裂隙带不波及含水层。

第六十六条　疏干（降）开采半固结或者较松散的古近系、新近系、第四系含水层覆盖的煤层时，开采前应当遵守下列规定：

（一）查明流砂层的埋藏分布条件，研究其相变及成因类型；

（二）查明流砂层的富水性、水理性质，预计涌水量和评价可疏干（降）性，建立水文动态观测网，观测疏干（降）速度和疏干（降）半径；

（三）在疏干（降）开采试验中，应当观测研究导水裂隙带发育高度，水砂分离方法、跑砂休止角，巷道开口时溃水溃砂的最小垂直距离，钻孔超前探放水安全距离等；

（四）研究对溃水溃砂引起地面塌陷的预测及处理方法。

第六十七条　被富水性强的松散含水层覆盖的缓倾斜煤层，需要疏干（降）开采时，应当进行专门水文地质勘探或者补充勘探，根据勘探成果确定疏干（降）地段、制定疏干（降）方案，经煤炭企业总工程师组织审批后实施。

第六十八条　矿井疏干（降）开采可以应用"三图双预测法"进行顶板水害分区评价和预测。有条件的矿井可以应用数值模拟技术，进行导水裂隙带发育高度、疏干水量和地下水流场变化的模拟和预测；观测研究多煤层开采后导水裂隙带综合发育高度。

第六十九条　受离层水威胁（火成岩等坚硬覆岩下开采）的矿井，应当对煤层覆岩特征及其组合关系、力学性质、含水层富水性等进行分析，判断离层发育的层位，采取施工超前钻孔等手段，破坏离层空间的封闭性、预先疏放离层的补给水源或者超前疏放离层水等。

第三节　底板水防治

第七十条　底板水防治应当遵循井上与井下治理相结合、区域与局部治理相结合的原则。根据矿井实际，采取地面区域治理、井下注浆加固底板或者改造含水层、疏水降压、充填开采等防治水措施，消除水害威胁。

第七十一条 当承压含水层与开采煤层之间的隔水层能够承受的水头值大于实际水头值时，可以进行带压开采，但应当制定专项安全技术措施，由煤炭企业总工程师审批。

第七十二条 当承压含水层与开采煤层之间的隔水层能够承受的水头值小于实际水头值时，开采前应当遵守下列规定：

（一）采取疏水降压的方法，把承压含水层的水头值降到安全水头值以下，并制定安全措施，由煤炭企业总工程师审批。矿井排水应与矿区供水、生态环境保护相结合，推广应用矿井排水、供水、生态环保"三位一体"优化结合的管理模式和方法；

（二）承压含水层的集中补给边界已经基本查清情况下，可以预先进行帷幕注浆，截断水源，然后疏水降压开采；

（三）当承压含水层的补给水源充沛，不具备疏水降压和帷幕注浆的条件时，可以采用地面区域治理，或者局部注浆加固底板隔水层、改造含水层的方法，但应当编制专门的设计，在有充分防范措施的条件下进行试采，并制定专门的防止淹井措施，由煤炭企业总工程师审批。

安全水头值计算公式见附录四。各矿区应当总结适合本矿区的安全水头值。

第七十三条 煤层底板存在高承压岩溶含水层，且富水性强或者极强，采用井下探查、注浆加固底板或者改造含水层时，应当符合下列要求：

（一）掘进前应当同时采用钻探和物探方法，确认无突水危险时方可施工。巷道底板的安全隔水层厚度，钻探与物探探测深度按附录五式（附5-1）合理确定，钻孔超前距和帮距参考附录六式（附6-3）确定；

（二）应当编制注浆加固底板或者改造含水层设计和施工安全技术措施，由煤矿总工程师组织审批。可结合矿井实际情况，建立地面注浆系统；

（三）注浆加固底板或者改造含水层结束后，由煤炭企业总工程师组织效果评价。采煤工作面突水系数按附录五式（附 5－2）计算，不得大于 0.1 MPa/m。

第七十四条　煤层底板存在高承压岩溶含水层，且富水性强或者极强，采用地面区域治理方法时，应当符合下列要求：

（一）煤矿总工程师组织编制区域治理设计方案，由煤炭企业总工程师审批；

（二）地面区域治理可以采用定向钻探技术，根据矿井水文地质条件确定治理目标层和布孔方式，并根据注浆扩散距离确定合理孔间距，施工中应当逢漏必注，循环钻进直至设计终孔位置，注浆终压不得小于底板岩溶含水层静水压力的 1.5 倍，达到探测、治理、验证"三位一体"的治理效果；

（三）区域治理工程结束后，对工程效果做出结论性评价，提交竣工报告，由煤炭企业总工程师组织验收。采煤工作面突水系数按附录五式（附 5－2）计算，不得大于 0.1 MPa/m；

（四）实施地面区域治理的区域，掘进前应当采用物探方法进行效果检验，没有异常的，可以正常掘进；发现异常的，应当采用钻探验证并治理达标。回采前应同时采用物探、钻探方法进行效果验证。

第七十五条　有条件的矿井可以采用"脆弱性指数法"或者"五图双系数法"等，对底板承压含水层突水危险性进行综合分区评价。

第四节　老空水防治

第七十六条　煤矿应当开展老空分布范围及积水情况调查工作，查清矿井和周边老空及积水情况，调查内容包括老空位置、形成时间、范围、层位、积水情况、补给来源等。老空范围不清、积水情况不明的区域，必须采取井上下结合的钻探、物探、化探等综合技术手段进行探查，编制矿井老空水害评价报告，制定老空水防治方案。

（一）地面物探可以采用地震勘探方法探查老空范围，采用直流电法、瞬变电磁法、可控源音频大地电磁测深法探查老空积水情况；

（二）井下物探可以采用槽波地震勘探、瑞利波勘探、无线电波透视法（坑透）探测老空边界，采用瞬变电磁法、直流电法、音频电穿透法探测老空积水情况；

（三）物探等探查圈定的异常区应当采用钻探方法验证；

（四）可以采用化探方法分析老空水来源及补给情况。

第七十七条 煤矿应当根据老空水查明程度和防治措施落实到位程度，对受老空水影响的煤层按威胁程度编制分区管理设计，由煤矿总工程师组织审批。老空积水情况清楚且防治措施落实到位的区域，划为可采区；否则，划为缓采区。缓采区由煤矿地测部门编制老空水探查设计，通过井上下探查手段查明老空积水情况，防治措施落实到位后，方可转为可采区；治理后仍不能保证安全开采的，划为禁采区。

第七十八条 煤矿应当及时掌握本矿及相邻矿井距离本矿200 m范围内的采掘动态，将采掘范围、积水情况、防隔水煤（岩）柱等填绘在矿井充水性图、采掘工程平面图等图件上，并标出积水线、探水线和警戒线的位置。

第七十九条 当老空有大量积水或者有稳定补给源时，应当优先选择留设防隔水煤（岩）柱；当老空积水量较小或者没有稳定补给源时，应当优先选择超前疏干（放）方法；对于有潜在补给源的未充水老空，应当采取切断可能补给水源或者修建防水闸墙等隔离措施。

第八十条 疏放老空水时，应当由地测部门编制专门疏放水设计，经煤矿总工程师组织审批后，按设计实施。疏放过程中，应当详细记录放水量、水压动态变化。放水结束后，对比放水量与预计积水量，采用钻探、物探方法对放水效果进行验证，确保疏干放净。

第八十一条 近距离煤层群开采时，下伏煤层采掘前，必须疏干导水裂隙带波及范围内的上覆煤层采空区积水。

第八十二条 沿空掘进的下山巷道超前疏放相邻采空区积水的，

在查明采空区积水范围、积水标高等情况后，可以实行限压（水压小于0.01 MPa）循环放水，但必须制定专门措施由煤矿总工程师审批。

第八十三条 应当对老空积水情况进行动态监测，监测内容包括水压、水量、水温、水质、有害气体等；采用留设防隔水煤（岩）柱和防水闸墙措施隔离老空水的，还应当对其安全状态进行监测。

第五节　水 体 下 采 煤

第八十四条 在矿井、水平、采区设计时必须划定受河流、湖泊、水库、采煤塌陷区和海域等地表水体威胁的开采区域。受地表水体威胁区域的近水体下开采，应当留足防隔水煤（岩）柱。

在松散含水层下开采时，应当按照水体采动等级留设防水、防砂或者防塌等不同类型的防隔水煤（岩）柱。

在基岩含水层（体）或者含水断裂带下开采时，应当对开采前后覆岩的渗透性及含水层之间的水力联系进行分析评价，确定采用留设防隔水煤（岩）柱或者采用疏干（降）等方法保证安全开采。

第八十五条 水体下采煤，应当根据矿井水文地质及工程地质条件、开采方法、开采高度和顶板控制方法等，按照《建筑物、水体、铁路及主要井巷煤柱留设与压煤开采规范》中有关规定，编制专项开采方案设计，经有关专家论证，煤炭企业主要负责人审批后，方可进行试采。采煤过程中，应当严格按照批准的设计要求，控制开采范围、开采高度和防隔水煤（岩）柱尺寸。

第八十六条 进行水体下采煤的，应当对开采煤层上覆岩层进行专门水文地质工程地质勘探。

专门水文地质工程地质勘探应当包括下列内容：

（一）查明与煤层开采有关的上覆岩层水文地质结构，包括含水层、隔水层的厚度和分布，含水层水位、水质、富水性，各含水层之间的水力联系及补给、径流、排泄条件，断层的导（含）水性；

（二）采用钻探、物探等方法探明工作面上方基岩面的起伏和基岩厚度。在松散含水层下开采时，应当查明松散层底部隔水层的厚度、变化与分布情况；

（三）通过岩芯工程地质编录和数字测井等，查明上覆岩土层的工程地质类型、覆岩组合及结构特征，采取岩土样进行物理力学性质测试。

第八十七条 水体下采煤，其防隔水煤（岩）柱应当按照裂缝角与水体采动等级所要求的防隔水煤（岩）柱相结合的原则设计留设。煤层（组）垮落带、导水裂隙带高度、保护层厚度可以按照《建筑物、水体、铁路及主要井巷煤柱留设与压煤开采规范》中的公式计算，或者根据实测、类似地质条件下的经验数据结合力学分析、数值模拟、物理模拟等多种方法综合确定。放顶煤开采或者大采高（3 m 以上）综采的垮落带、导水裂隙带高度，应当根据本矿区类似地质条件实测资料等多种方法综合确定。煤层顶板存在富水性中等及以上含水层或者其他水体威胁时，应当实测垮落带、导水裂隙带发育高度，进行专项设计，确定防隔水煤（岩）柱尺寸。

放顶煤开采的保护层厚度，应当根据对上覆岩土层结构和岩性、垮落带、导水裂隙带高度以及开采经验等分析确定。

留设防砂和防塌煤（岩）柱开采的，应当结合上覆土层、风化带的临界水力坡度，进行抗渗透破坏评价，确保不发生溃水和溃砂事故。

第八十八条 临近水体下的采掘工作，应当遵守下列规定：

（一）采用有效控制采高和开采范围的采煤方法，防止急倾斜煤层抽冒。在工作面范围内存在高角度断层时，采取有效措施，防止断层导水或者沿断层带抽冒破坏；

（二）在水体下开采缓倾斜及倾斜煤层时，宜采用倾斜分层长壁开采方法，并尽量减少第一、第二分层的采厚；上下分层同一位置的采煤间歇时间不得小于 6 个月，岩性坚硬顶板间歇时间适当延长。留设防砂和防塌煤（岩）柱，采用放顶煤开采方法时，先试验后推广；

（三）严禁开采地表水体、老空水淹区域、强含水层下且水患威胁未消除的急倾斜煤层；

（四）开采煤层组时，采用间隔式采煤方法。如果仍不能满足安全开采的，修改煤柱设计，加大煤柱尺寸，保障矿井安全；

（五）当地表水体或者松散层富水性强的含水层下无隔水层时，开采浅部煤层及在采厚大、含水层富水性中等以上、预计导水裂隙带大于水体与开采煤层间距时，采用充填法、条带开采、顶板关键层弱化或者限制开采厚度等控制导水裂隙带发育高度的开采方法。对于易于疏降的中等富水性以上松散层底部含水层，可以采用疏降含水层水位或者疏干等方法，以保证安全开采；

（六）开采老空积水区内有陷落柱或者断层等构造发育的下伏煤层，在煤层间距大于预计的导水裂隙带波及范围时，还必须查明陷落柱或者断层等构造的导（含）水性，采取相应的防治措施，在隐患消除前不得开采。

第八十九条　进行水体下采掘活动时，应当加强水情和水体底界面变形的监测。试采结束后，提出试采总结报告，研究规律，指导类似条件下的水体下采煤。

第九十条　在采掘过程中，当发现地质条件变化，需要缩小防隔水煤（岩）柱尺寸、提高开采上限时，应当进行可行性研究和工程验证，组织有关专家论证评价，经煤炭企业主要负责人审批后方可进行试采。

缩小防隔水煤（岩）柱的，工作面内或者其附近范围内钻孔间距不得大于 500 m，且至少有 2 个以上钻孔控制含水层顶、底界面，查明含水层顶、底界面及含水层岩性组合、富水性等水文地质工程地质条件。

进行缩小防隔水煤（岩）柱试采时，必须开展垮落带和导水裂隙带的实测工作。

第六节　防隔水煤（岩）柱留设

第九十一条　相邻矿井的分界处，应当留设防隔水煤（岩）柱。矿井以断层分界的，应当在断层两侧留设防隔水煤（岩）柱。

第九十二条 有下列情况之一的，应当留设防隔水煤（岩）柱：

（一）煤层露头风化带；

（二）在地表水体、含水冲积层下或者水淹区域邻近地带；

（三）与富水性强的含水层间存在水力联系的断层、裂隙带或者强导水断层接触的煤层；

（四）有大量积水的老空；

（五）导水、充水的陷落柱、岩溶洞穴或者地下暗河；

（六）分区隔离开采边界；

（七）受保护的观测孔、注浆孔和电缆孔等。

第九十三条 矿井应当根据地质构造、水文地质条件、煤层赋存条件、围岩物理力学性质、开采方法及岩层移动规律等因素确定相应的防隔水煤（岩）柱的尺寸。防隔水煤（岩）柱的尺寸要求见附录六，但不得小于 20 m。

防隔水煤（岩）柱应当由矿井地测部门组织编制专门设计，经煤炭企业总工程师组织有关单位审批后实施。

第九十四条 矿井防隔水煤（岩）柱一经确定，不得随意变动。严禁在各类防隔水煤（岩）柱中进行采掘活动。

第九十五条 有突水淹井历史或者带压开采并有突水淹井威胁的矿井，应当分水平或者分采区实行隔离开采，留设防隔水煤（岩）柱。多煤层开采矿井，各煤层的防隔水煤（岩）柱必须统一考虑确定。

第七节 防水闸门与防水闸墙

第九十六条 水文地质类型复杂、极复杂或者有突水淹井危险的矿井，应当在井底车场周围设置防水闸门或者在正常排水系统基础上另外安设由地面直接供电控制，且排水能力不小于最大涌水量的潜水泵排水系统。不具备形成独立潜水泵排水系统条件，与正常排水系统共用排水管路的老矿井，必须安装控制阀门，实现管路间的快速切换。

第九十七条 有突水危险的采区，应当在其附近设置防水闸门；不具备设置防水闸门条件的，应当制定防突水措施，由煤炭企业主要负责人审批。

第九十八条 建筑防水闸门应当符合下列规定：

（一）防水闸门由具有相应资质的单位进行设计，门体应当采用定型设计；

（二）防水闸门的施工及其质量，应当符合设计要求。闸门和闸门硐室不得漏水；

（三）防水闸门硐室前、后两端，分别砌筑不小于 5 m 的混凝土护硐，硐后用混凝土填实，不得空帮、空顶。防水闸门硐室和护硐采用高标号水泥进行注浆加固，注浆压力应当符合设计要求；

（四）防水闸门来水一侧 15～25 m 处，加设 1 道挡物箅子门。防水闸门与箅子门之间，不得停放车辆或者堆放杂物。来水时，先关箅子门，后关防水闸门。如果采用双向防水闸门，应当在两侧各设 1 道箅子门；

（五）通过防水闸门的轨道、电机车架空线、带式输送机等必须灵活易拆。通过防水闸门墙体的各种管路和安设在闸门外侧的闸阀的耐压能力，与防水闸门所设计压力相一致。电缆、管道通过防水闸门墙体处，用堵头和阀门封堵严密，不得漏水；

（六）防水闸门必须安设观测水压的装置，并有放水管和放水闸阀；

（七）防水闸门竣工后，必须按照设计要求进行验收。对新掘进巷道内建筑的防水闸门，必须进行注水耐压试验；防水闸门内巷道的长度不得大于 15 m，试验的压力不得低于设计水压，其稳压时间在 24 h 以上，试压时应当有专门安全措施；

（八）防水闸门必须灵活可靠，并保证每年进行 2 次关闭试验，其中 1 次在雨季前进行。关闭闸门所用的工具和零配件必须专人保管，专门地点存放，不得挪用丢失。

第九十九条 井下防水闸墙的设置应当根据矿井水文地质条件确定，其设计经煤炭企业总工程师批准后方可施工，投入使用前应当由煤炭企业总工程师组织竣工验收。

第一百条 报废的暗井和倾斜巷道下口的密闭防水闸墙必须留泄水孔,每月定期进行观测记录,雨季加密观测,发现异常及时处理。

第八节 注 浆 堵 水

第一百零一条 井筒预注浆应当符合下列规定:

(一)当井筒(立井、斜井)预计穿过较厚裂隙含水层或者裂隙含水层较薄但层数较多时,可以选用地面竖孔预注浆或者定向斜孔预注浆;

(二)在制定注浆方案前,施工井筒检查孔,获取含水层的埋深、厚度、岩性及简易水文观测、抽(压)水试验、水质分析等资料;

(三)注浆起始深度确定在风化带以下较完整的岩层内。注浆终止深度大于井筒要穿过的最下部含水层底板的埋深或者超过井筒深度 10~20 m;

(四)当含水层富水性弱时,可以在井筒工作面直接注浆;

(五)井筒预注浆方案,经煤炭企业总工程师组织审批后实施。

第一百零二条 注浆封堵突水点时,应当根据突水水量、水压、水质、水温及含水层水位动态变化特征等,综合分析判断突水水源,结合地层岩性、构造特征,分析判断突水通道性质特征,制定注浆堵水方案,经煤炭企业总工程师批准后实施。

第一百零三条 需要疏干(降)与区域水源有水力联系的含水层时,可以采取帷幕注浆截流措施。帷幕注浆方案编制前,应当对帷幕截流进行可行性研究,开展帷幕建设条件勘探,查明地层层序、地质构造、边界条件以及含水层水文地质工程地质参数,必要时开展地下水数值模拟研究。帷幕注浆方案经煤炭企业总工程师组织审批后实施。

第一百零四条 当井下巷道穿过含水层或者与河流、湖泊、溶洞、强含水层等存在水力联系的导水断层、裂隙（带）、陷落柱等构造前，应当查明水文地质条件，根据需要可以采取井下或者地面竖孔、定向斜孔超前预注浆封堵加固措施，巷道穿过后应当进行壁后围岩注浆处理。巷道超前预注浆封堵加固方案，经煤炭企业总工程师组织审批后实施。

第一百零五条　矿井闭坑前，应当采用物探、化探和钻探等方法，探测矿井边界防隔水煤（岩）柱破坏状况及其可能的透水地段，采取注浆堵水措施隔断废弃矿井与相邻生产矿井的水力联系，避免矿井发生水害事故。

第九节　井下排水系统

第一百零六条　矿井应当配备与矿井涌水量相匹配的水泵、排水管路、配电设备和水仓等，并满足矿井排水的需要。除正在检修的水泵外，应当有工作水泵和备用水泵。工作水泵的能力，应当能在 20 h 内排出矿井 24 h 的正常涌水量（包括充填水及其他用水）。备用水泵的能力，应当不小于工作水泵能力的 70% 。检修水泵的能力，应当不小于工作水泵的 25% 。工作和备用水泵的总能力，应当能在 20 h 内排出矿井 24 h 的最大涌水量。

水文地质类型复杂、极复杂的矿井，除符合本条第一款规定外，可以在主泵房内预留一定数量的水泵安装位置，或者增加相应的排水能力。

排水管路应当有工作管路和备用管路。工作管路的能力，应当满足工作水泵在 20 h 内排出矿井 24 h 的正常涌水量。工作和备用管路的总能力，应当满足工作和备用水泵在 20 h 内排出矿井 24 h 的最大涌水量。

配电设备的能力应当与工作、备用和检修水泵的能力相匹配，能保证全部水泵同时运转。

第一百零七条　矿井主要泵房至少有 2 个出口，一个出口用斜巷通到井筒，并高出泵房底板 7 m 以上；另一个出口通到井底车场，在此出口通路内，应当设置易于关闭的既能防水又能防火的密闭门。泵房和水仓的连接通道，应当设置控制闸门。

第一百零八条 矿井主要水仓应当有主仓和副仓，当一个水仓清理时，另一个水仓能够正常使用。

新建、改扩建矿井或者生产矿井的新水平，正常涌水量在1000 m^3/h 以下时，主要水仓的有效容量应当能容纳所承担排水区域8 h 的正常涌水量。

正常涌水量大于1000 m^3/h 的矿井，主要水仓有效容量可以按照下式计算

$$V = 2(Q + 3000) \qquad\qquad (5-1)$$

式中 V——主要水仓的有效容量，m^3；

   Q——矿井每小时的正常涌水量，m^3。

采区水仓的有效容量应当能容纳4 h 的采区正常涌水量，排水设备应当满足采区排水的需要。

矿井最大涌水量与正常涌水量相差大的矿井，排水能力和水仓容量应当由有资质的设计单位编制专门设计，由煤炭企业总工程师组织审批。

水仓进口处应当设置箅子。对水砂充填和其他涌水中带有大量杂质的矿井，还应当设置沉淀池。各水仓的空仓容量应当经常保持在总容量的50%以上。

第一百零九条 水泵、水管、闸阀、配电设备和线路，必须经常检查和维护。在每年雨季之前，应当全面检修1次，并对全部工作水泵、备用水泵及潜水泵进行1次联合排水试验，提交联合排水试验报告。

水仓、沉淀池和水沟中的淤泥，应当及时清理；每年雨季前必须清理1次。检修、清理工作应当做好记录，并存档备查。

第一百一十条 特大型矿井根据井下生产布局及涌水情况，可以分区建设排水系统，实现独立排水，排水能力根据分区预测的正常和最大涌水量计算配备，但泵房总体设计需满足第一百零六条至第一百零九条要求。

　　第一百一十一条　采用平硐自流排水的矿井，平硐内水沟的总过水能力应当不小于历年矿井最大涌水量的 1.2 倍；专门泄水巷的顶板标高应当低于主运输巷道底板的标高。

　　第一百一十二条　新建矿井永久排水系统形成前，各施工区应当设置临时排水系统，并按该区预计的最大涌水量配备排水设备、设施，保证有足够的排水能力。

　　第一百一十三条　生产矿井延深水平，只有在建成新水平的防、排水系统后，方可开拓掘进。

第六章　露天煤矿防治水

第一百一十四条　露天煤矿应当制定防治水中长期规划，对地下水、地表水和降水可能对排土场、工业广场、采场等区域造成的危害进行风险评估；应当在每年年初制定防排水计划和措施，由煤炭企业负责人审批。雨季前必须对防排水设施作全面检查，并完成防排水设施检修。新建的重要防排水工程必须在雨季前完工。

第一百一十五条　露天煤矿各种设施要充分考虑当地历史最高洪水位的影响，对低于当地历史最高洪水位的设施，必须按规定采取修筑堤坝沟渠、疏通水沟等防洪措施，矿坑内必须形成可靠排水系统。

第一百一十六条　露天煤矿地表及边坡上的防排水设施，应当避开有滑坡危险的地段；当采场内有滑坡区时，应当在滑坡区周围采取设置截水沟等措施。排水沟应当经常检查、清淤，不应渗漏、倒灌或者漫流；当水沟经过有变形、裂缝的边坡地段时，应当采取防渗措施。排土场应当保持平整，不得有积水，周围应当修筑可靠的截泥、防洪或者排水设施。

第一百一十七条　用露天采场深部做储水池排水时，必须采取安全措施，备用水泵的能力不得小于工作水泵能力的50%。

第一百一十八条　地层含水影响采矿工程正常进行时，应当进行疏干，当疏干不可行，可以采取帷幕注浆截流等措施，疏干、帷幕注浆截流等工程应当超前于采矿工程。在矿床疏干漏斗范围内，如果地面出现裂缝、塌陷时，应当圈定范围加以防护、设置警示标志，并采取安全措施；（半）地下疏干泵房应当设通风装置。

第一百一十九条　受地下水影响较大和已进行疏干排水工程的边坡，应当施工水文观测孔，进行地下水位、水压及矿坑涌水量的观测，分析地下水对边坡稳定的影响程度及疏干的效果，并制定地下水治理措施。

第一百二十条　排土场进行排弃时，底部应当排弃易透水的大块岩石，确保排土场正常渗流。对含有泉眼、冲沟等水文地质条件复杂的排土场，应当采用引水隧道、暗涵、盲沟等工程措施，确保排土场排水畅通。因地下水水位升高，可能造成排土场或者采场滑坡时，必须进行地下水疏干。

第一百二十一条　露天煤矿采排场周围存在地表河流、水库或者地下水体，且水体难以疏干，应当进行专门的水文地质勘探，确定含水区域准确边界，进行专门设计，确定防隔水煤（岩）柱尺寸。并定期对水位水情进行观测，分析防隔水煤（岩）柱稳定情况。

第七章　水害应急处置

第一节　应急预案及实施

第一百二十二条　煤炭企业、煤矿应当开展水害风险评估和应急资源调查工作，根据风险评估结论及应急资源状况，制定水害应急专项预案和现场处置方案，并组织评审，形成书面评审纪要，由本单位主要负责人批准后实施。应急预案内容应当具有针对性、科学性和可操作性。

第一百二十三条　煤炭企业、煤矿应当组织开展水害应急预案、应急知识、自救互救和避险逃生技能的培训，使矿井管理人员、调度室人员和其他相关作业人员熟悉预案内容、应急职责、应急处置程序和措施。

第一百二十四条　每年雨季前至少组织开展 1 次水害应急预案演练。演练结束后，应当对演练效果进行评估，分析存在的问题，并对水害应急预案进行修订完善。演练计划、方案、记录和总结评估报告等资料保存期限不得少于 2 年。

第一百二十五条　矿井必须规定避水灾路线，设置能够在矿灯照明下清晰可见的避水灾标识。巷道交叉口必须设置标识，采区巷道内标识间距不得大于 200 m，矿井主要巷道内标识间距不得大于 300 m，并让井下职工熟知，一旦突水，能够安全撤离。

第一百二十六条　井下泵房应当积极推广无人值守和地面远程监控集控系统，加强排水系统检测与维修，时刻保持排水系统运转正常。水文地质类型复杂、极复杂的矿井，应当实现井下泵房无人值守和地面远程监控。

第一百二十七条　煤矿调度室接到水情报告后，应当立即启动本矿水害应急预案，向值班负责人和主要负责人汇报，并将水患情况通报周边所有煤矿。

第一百二十八条　当发生突水时，矿井应当立即做好关闭防水闸门的准备，在确认人员全部撤离后，方可关闭防水闸门。

第一百二十九条　矿井应当根据水患的影响程度，及时调整井下通风系统，避免风流紊乱、有害气体超限。

第一百三十条　煤矿应当将防范灾害性天气引发煤矿事故灾难的情况纳入事故应急处置预案和灾害预防处理计划中，落实防范暴雨洪水等所需的物资、设备和资金，建立专业抢险救灾队伍，或者与专业抢险救灾队伍签订协议。

第一百三十一条　煤矿应当加强与各级抢险救灾机构的联系，掌握抢救技术装备情况，一旦发生水害事故，立即启动相应的应急预案，争取社会救援，实施事故抢救。

第一百三十二条　水害事故发生后，煤矿应当依照有关规定报告政府有关部门，不得迟报、漏报、谎报、瞒报。

第二节　排水恢复被淹井巷

第一百三十三条　恢复被淹井巷前，应当编制矿井突水淹井调查分析报告。报告应当包括下列主要内容：

（一）突水淹井过程，突水点位置，突水时间，突水形式，水源分析，淹没速度和涌水量变化等；

（二）突水淹没范围，估算积水量；

（三）预计排水过程中的涌水量。依据淹没前井巷各个部分的涌水量，推算突水点的最大涌水量和稳定涌水量，预计恢复过程中各不同标高段的涌水量，并设计排水量曲线；

（四）分析突水原因所需的有关水文地质点（孔、井、泉）的动态资料和曲线、矿井综合水文地质图、矿井水文地质剖面图、矿井充水性图和水化学资料等。

第一百三十四条　矿井恢复时，应当设有专人跟班定时测定涌水量和下降水面高程，并做好记录；观察记录恢复后井巷的冒顶、片帮和淋水等情况；观察记录突水点的具体位置、涌水量和水温等，并作突水点素描；定时对地面观测孔、井、泉等水文地质点进行动态观测，并观察地面有无塌陷、裂缝现象等。

第一百三十五条 排除井筒和下山的积水及恢复被淹井巷前，应当制定防止被水封闭的有害气体突然涌出的安全措施。排水过程中，矿山救护队应当现场监护，并检查水面上的空气成分；发现有害气体，及时处理。

第一百三十六条 矿井恢复后，应当全面整理淹没和恢复两个过程的图纸和资料，查明突水原因，提出防范措施。

第八章 附　　则

第一百三十七条　本细则下列用语的含义：

老空，是指采空区、老窑和已经报废井巷的总称。

采空区，是指回采以后不再维护的空间。

火烧区，是指出露或者接近地表的煤层经过氧化燃烧，并伴随其高温引起顶底板岩层的物化特征发生变化，形成的空间区域。

水淹区域，是指被水淹没的井巷和被水淹没的老空的总称。

矿井正常涌水量，是指矿井开采期间，单位时间内流入矿井的平均水量。一般以年度作为统计区间，以"m^3/h"为计量单位。

矿井最大涌水量，是指矿井开采期间，正常情况下矿井涌水量的高峰值。主要与采动影响和降水量有关，不包括矿井灾害水量。一般以年度作为统计区间，以"m^3/h"为计量单位。

突水，是指含水层水的突然涌出。

透水，是指老空水的突然涌出。

离层水，是指煤层开采后，顶板覆岩不均匀变形及破坏而形成的离层空腔积水。

安全水头值，是指隔水层能承受含水层的最大水头压力值。

防隔水煤（岩）柱，是指为确保近水体安全采煤而留设的煤层开采上（下）限至水体底（顶）界面之间的煤岩层区段。

探放水，是指包括探水和放水的总称。探水是指采矿过程中用超前勘探方法，查明采掘工作面顶底板、侧帮和前方等水体的具体空间位置和状况等情况。放水是指为了预防水害事故，在探明情况后采用施工钻孔等安全方法将水体放出。

垮落带，是指由采煤引起的上覆岩层破裂并向采空区垮落的岩层范围。

导水裂隙带，是指垮落带上方一定范围内的岩层发生断裂，产生裂隙，且具有导水性的岩层范围。

抽冒，是指在浅部厚煤层、急倾斜煤层及断层破碎带和基岩风化带附近采煤或者掘进时，顶板岩层或者煤层本身在较小范围内垮落超过正常高度的现象。

带压开采，是指在具有承压水压力的含水层上进行的采煤。

隔水层厚度，是指开采煤层底板至含水层顶面之间的厚度。

三图双预测法，是指一种解决煤层顶板充水水源、通道和强度三大问题的顶板水害评价方法。三图是指煤层顶板充水含水层富水性分区图、顶板垮裂安全性分区图和顶板涌（突）水条件综合分区图；双预测是指顶板充水含水层预处理前、后采煤工作面分段和整体工程涌水量预测。

脆弱性指数法，是指将可以确定底板突水多种主控因素权重系数的信息融合与具有强大空间信息分析处理功能的 GIS 耦合于一体的煤层底板水害评价方法。

五图双系数法，是指一种煤层底板水害评价方法。五图是指底板保护层破坏深度等值线图、底板保护层厚度等值线图、煤层底板以上水头等值线图、有效保护层厚度等值线图、带压开采评价图；双系数是指带压系数和突水系数。

积水线，是指经过调查确定的积水边界线。

探水线，是指用钻探方法进行探水作业的起始线。

警戒线，是指开始加强水情观测、警惕积水威胁的起始线。

超前距，是指探水钻孔沿巷道掘进前方所控制范围超前于掘进工作面迎头的最小安全距离。

帮距，是指最外侧探水钻孔所控制范围与巷道帮的最小安全距离。

煤炭企业，是指从事煤炭生产与煤矿建设具有法人地位的企业。

煤矿，是指直接从事煤炭生产和煤矿建设的业务单元，可以是法人单位，也可以是非法人单位，包括井工和露天煤矿。

矿井，是指从事地下开采的煤矿。

第一百三十八条　本细则自 2018 年 9 月 1 日起施行。原国家安全生产监督管理总局 2009 年 9 月 21 日公布的《煤矿防治水规定》同时废止。

附录一 含水层富水性及 突水点等级划分标准

一、按照钻孔单位涌水量 q 值大小，将含水层富水性分为以下 4 级。

1. 弱富水性：$q \leqslant 0.1\ \mathrm{L/(s \cdot m)}$；

2. 中等富水性：$0.1\ \mathrm{L/(s \cdot m)} < q \leqslant 1.0\ \mathrm{L/(s \cdot m)}$；

3. 强富水性：$1.0\ \mathrm{L/(s \cdot m)} < q \leqslant 5.0\ \mathrm{L/(s \cdot m)}$；

4. 极强富水性：$q > 5.0\ \mathrm{L/(s \cdot m)}$。

注：评价含水层的富水性，钻孔单位涌水量以口径 91 mm、抽水水位降深 10 m 为准；若口径、降深与上述不符时，应当进行换算后再比较富水性。换算方法：先根据抽水时涌水量 Q 和降深 S 的数据，用最小二乘法或者图解法确定 $Q = f(S)$ 曲线，根据 $Q - S$ 曲线确定降深 10 m 时抽水孔的涌水量，再用下面的公式计算孔径为 91 mm 时的涌水量，最后除以 10 m 即单位涌水量。

$$Q_{91} = Q \left(\frac{\lg R - \lg r}{\lg R_{91} - \lg r_{91}} \right) \qquad （附 1-1）$$

式中　Q_{91}、R_{91}、r_{91}——孔径为 91 mm 的钻孔的涌水量、影响半径和钻孔半径；

　　　　Q、R、r——拟换算钻孔的涌水量、影响半径和钻孔半径。

二、按照突水量 Q 值大小，将突水点分为以下 4 级。

1. 小突水点：$30\ \mathrm{m^3/h} \leqslant Q \leqslant 60\ \mathrm{m^3/h}$；

2. 中等突水点：$60\ \mathrm{m^3/h} < Q \leqslant 600\ \mathrm{m^3/h}$；

3. 大突水点：$600\ \mathrm{m^3/h} < Q \leqslant 1800\ \mathrm{m^3/h}$；

4. 特大突水点：$Q > 1800\ \mathrm{m^3/h}$。

附录二 矿井水文地质图件
主要内容及要求

一、矿井综合水文地质图

矿井综合水文地质图是反映矿井水文地质条件的图纸之一，也是进行矿井防治水工作的主要参考依据。综合水文地质图一般在井田地形地质图的基础上编制，比例尺为 1∶2000、1∶5000 或者 1∶10000。主要内容有：

1. 基岩含水层露头（包括岩溶）及冲积层底部含水层（流砂、砂砾、砂礓层等）的平面分布状况；

2. 地表水体，水文观测站，井、泉分布位置及陷落柱范围；

3. 水文地质钻孔及其抽水试验成果；

4. 基岩等高线（适用于隐伏煤田）；

5. 已开采井田井下主干巷道、矿井回采范围及井下突水点资料；

6. 主要含水层等水位（压）线；

7. 老窑、小煤矿位置及开采范围和涌水情况；

8. 有条件时，划分水文地质单元，进行水文地质分区。

二、矿井综合水文地质柱状图

矿井综合水文地质柱状图是反映含水层、隔水层及煤层之间的组合关系和含水层层数、厚度及富水性的图纸。一般采用相应比例尺随同矿井综合水文地质图一道编制。主要内容有：

1. 含水层年代地层名称、厚度、岩性、岩溶发育情况；
2. 各含水层水文地质试验参数；
3. 含水层的水质类型；
4. 含水层与主要开采煤层之间距离关系。

三、矿井水文地质剖面图

矿井水文地质剖面图主要是反映含水层、隔水层、褶曲、断裂构造等和煤层之间的空间关系。主要内容有：

1. 含水层岩性、厚度、埋藏深度、岩溶裂隙发育深度；
2. 水文地质孔、观测孔及其试验参数和观测资料；
3. 地表水体及其水位；
4. 主要井巷位置；
5. 主要开采煤层位置。

矿井水文地质剖面图一般以走向、倾向有代表性的地质剖面为基础。

四、矿井充水性图

矿井充水性图是综合记录井下实测水文地质资料的图纸，是分析矿井充水规律、开展水害预测及制定防治水措施的主要依据之一，也是矿井防治水的必备图纸。一般采用采掘工程平面图作底图进行编制，比例尺为 1：2000 或者 1：5000。主要内容有：

1. 各种类型的出（突）水点应当统一编号，并注明出水日期、涌水量、水位（水压）、水温及涌水特征；
2. 古井、废弃井巷、采空区、老硐等的积水范围和积水量；
3. 井下防水闸门、防水闸墙、放水孔、防隔水煤（岩）柱、泵房、水仓、水泵台数及能力；
4. 井下输水路线；
5. 井下涌水量观测站（点）的位置；

6. 其他。

矿井充水性图应当随采掘工程的进展定期补充填绘。

五、矿井涌水量与相关因素动态曲线图

矿井涌水量与相关因素动态曲线是综合反映矿井充水变化规律，预测矿井涌水趋势的图件。各矿井应当根据具体情况，选择不同的相关因素绘制下列几种关系曲线图。

1. 矿井涌水量与降水量、地下水位关系曲线图；

2. 矿井涌水量与单位走向开拓长度、单位采空面积关系曲线图；

3. 矿井涌水量与地表水补给量或者水位关系曲线图；

4. 矿井涌水量随开采深度变化曲线图。

六、矿井含水层等水位（压）线图

等水位（压）线图主要反映地下水的流场特征。水文地质复杂型和极复杂型的矿井，对主要含水层（组）应当坚持定期绘制等水位（压）线图，以对照分析矿井疏干（降）动态。比例尺为 1：2000、1：5000 或者 1：10000。主要内容有：

1. 含水层、煤层露头线，主要断层线；

2. 水文地质孔、观测孔、井、泉的地面标高，孔（井、泉）口标高和地下水位（压）标高；

3. 河、渠、山塘、水库、塌陷积水区等地表水体观测站的位置、地面标高和同期水面标高；

4. 矿井井口位置、开拓范围和公路、铁路交通干线；

5. 地下水等水位（压）线和地下水流向；

6. 可采煤层底板隔水层等厚线（当受开采影响的主含水层在可采煤层底板下时）；

7. 井下涌水、突水点位置及涌水量。

七、区域水文地质图

区域水文地质图一般在 1：10000 ～ 1：100000 区域地质图的基础上经过区域水文地质调查之后编制。成图的同时，尚需写出编图说明书。矿井水文地质复杂型和极复杂型矿井，应当认真加以编制。主要内容有：

1. 地表水系、分水岭界线、地貌单元划分；
2. 主要含水层露头，松散层等厚线；
3. 地下水天然出露点及人工揭露点；
4. 岩溶形态及构造破碎带；
5. 水文地质钻孔及其抽水试验成果；
6. 地下水等水位线，地下水流向；
7. 划分地下水补给、径流、排泄区；
8. 划分不同水文地质单元，进行水文地质分区；
9. 附相应比例尺的区域综合水文地质柱状图、区域水文地质剖面图。

八、矿区岩溶图

岩溶特别发育的矿区，应当根据调查和勘探的实际资料编制矿区岩溶图，为研究岩溶的发育分布规律和矿井岩溶水防治提供参考依据。

岩溶图的形式可以根据具体情况编制成岩溶分布平面图、岩溶实测剖面图或者展开图等。

1. 岩溶分布平面图可以在矿井综合水文地质图的基础上填绘岩溶地貌、汇水封闭洼地、落水洞、地下暗河的进出水口、天窗、地下水的天然出露点及人工出露点、岩溶塌陷区、地表水和地下水的分水岭等；

2. 岩溶实测剖面图或者展开图，根据对溶洞或者暗河的实际测绘资料编制。

附录三　采掘工作面水害分析预报表和预测图模式

一、采掘工作面水害分析预报表（附表 3 – 1）

附表 3 – 1　采掘工作面水害分析预测表

矿井	项号	预测水害地点	采掘队	工作面上下标高	煤　层			采掘时间	水害类型	水文地质简述	预防及处理意见	责任单位	备注
					名称	厚度/m	倾角/(°)						
	1												
	2												
	3												
	4												
	5												

注：水害类型指地表水、孔隙水、裂隙水、岩溶水、老空水、断裂构造水、陷落柱水、钻孔水、顶板水、底板水等。

二、水害预测图

在矿井采掘工程图（月报图）上，按预报表上的项目，在可能发生水害的部位，用红颜色标上水害类型符号。符号图例如附图 3 –

1 所示。

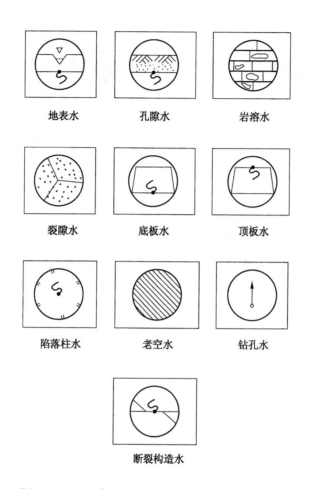

附图 3-1　矿井采掘工作面水害预测图例

附录四 安全水头值计算公式

一、掘进巷道底板隔水层安全水头值计算公式

$$p_s = 2K_p \frac{t^2}{L^2} + \gamma t \qquad (附4-1)$$

式中　p_s——底板隔水层安全水头值，MPa；

　　　t——隔水层厚度，m；

　　　L——巷道底板宽度，m；

　　　γ——底板隔水层的平均重度，MN/m^3；

　　　K_p——底板隔水层的平均抗拉强度，MPa。

二、采煤工作面安全水头值计算公式

$$p_s = T_s M \qquad (附4-2)$$

式中　p_s——底板隔水层安全水头值，MPa；

　　　M——底板隔水层厚度，m；

　　　T_s——临界突水系数，MPa/m。

T_s 值应当根据本区资料确定，一般情况下，底板受构造破坏的地段按 0.06 MPa/m 计算，隔水层完整无断裂构造破坏的地段按 0.1 MPa/m 计算。

附录五 安全隔水层厚度和突水系数计算公式

一、掘进工作面安全隔水层厚度计算公式

$$t = \frac{L(\sqrt{\gamma^2 L^2 + 8K_p p} - \gamma L)}{4K_p} \qquad (\text{附} 5-1)$$

式中　　t——安全隔水层厚度，m；

　　　　L——巷道底板宽度，m；

　　　　γ——底板隔水层的平均重度，MN/m^3；

　　　K_p——底板隔水层的平均抗拉强度，MPa；

　　　　p——底板隔水层承受的实际水头值，MPa。

二、突水系数计算公式

$$T = \frac{p}{M} \qquad (\text{附} 5-2)$$

式中　　T——突水系数，MPa/m；

　　　　p——底板隔水层承受的实际水头值，MPa；水压应当从含水层顶界面起算，水位值取近 3 年含水层观测水位最高值；

　　　M——底板隔水层厚度，m。

　　式（附 5-2）适用于采煤工作面，就全国实际资料看，底板受构造破坏的地段突水系数一般不得大于 0.06 MPa/m，隔水层完整无断裂构造破坏的地段不得大于 0.1 MPa/m。

附录六 防隔水煤（岩）柱的尺寸要求

一、煤层露头防隔水煤（岩）柱的留设

1. 煤层露头无覆盖或者被黏土类微透水松散层覆盖时，其计算公式为

$$H_f = H_k + H_b \qquad \text{（附 6－1）}$$

2. 煤层露头被松散富水性强的含水层覆盖时（附图 6－1），其计算公式为

$$H_f = H_d + H_b \qquad \text{（附 6－2）}$$

式中　H_f——防隔水煤（岩）柱高度，m；

　　　H_k——垮落带高度，m；

　　　H_d——最大导水裂隙带高度，m；

　　　H_b——保护层厚度，m。

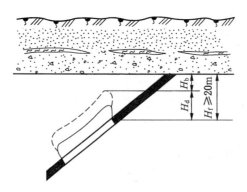

附图 6－1　煤层露头被松散富水性强含水层
覆盖时防隔水煤（岩）柱留设图

式中 H_k、H_d 的计算，参照《建筑物、水体、铁路及主要井巷煤柱留设与压煤开采规范》的相关规定。

二、含水或者导水断层防隔水煤（岩）柱的留设

可以参照下列经验公式计算（附图 6 – 2）：

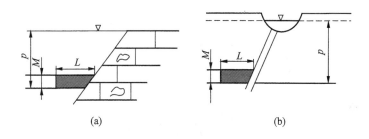

附图 6 – 2　含水或者导水断层防
隔水煤（岩）柱留设图

$$L = 0.5KM\sqrt{\frac{3p}{K_P}} \qquad （附 6 – 3）$$

式中　L——煤柱留设的宽度，m；

　　　K——安全系数，一般取 2 ~ 5；

　　　M——煤层厚度或者采高，m；

　　　p——实际水头值，MPa；

　　　K_p——煤的抗拉强度，MPa。

三、煤层与强含水层或者导水断层
接触防隔水煤（岩）柱的留设

1. 当含水层顶面高于最高导水裂隙带上限时，防隔水煤（岩）柱可以按附图 6 – 3a、附图 6 – 3b 留设。其计算公式为

$$L = L_1 + L_2 + L_3 = H_a \csc\theta + H_d \cot\theta + H_d \cot\delta \qquad （附 6 – 4）$$

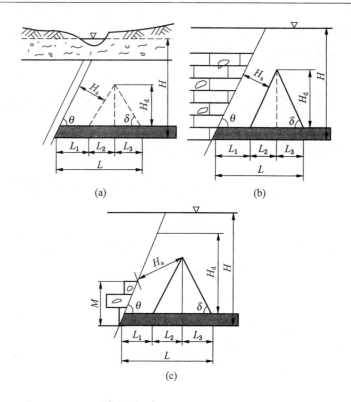

附图 6 – 3　煤层与富水性强的含水层或者导水
断层接触时防隔水煤（岩）柱留设图

2. 最高导水裂隙带上限高于断层上盘含水层时，防隔水煤
（岩）柱按附图 6 – 3c 留设。其计算公式为

$$L = L_1 + L_2 + L_3 = H_a(\sin\delta - \cos\delta\cot\theta) +$$
$$(H_a\cos\delta + M)(\cot\theta + \cot\delta) \qquad （附 6 – 5）$$

式中　　　　　L——防隔水煤（岩）柱宽度，m；

$L_1 、 L_2 、 L_3$——防隔水煤（岩）柱各分段宽度，m；

H_d——最大导水裂隙带高度，m；

θ——断层倾角，（°）；

δ——岩层塌陷角，（°）；

M——断层上盘含水层顶面高出下盘煤层底板的高
度，m；

H_a——安全防隔水煤（岩）柱的宽度，m。

H_a 值应当根据矿井实际观测资料来确定，即通过总结本矿区在断层附近开采时发生突水和安全开采的地质、水文地质资料，按公式（附5–2）计算其临界突水系数 T_s，并将各计算值标到以 T_s 为横轴、以埋藏深度 H_0 为纵轴的坐标系内，找出 T_s 值的安全临界线（附图6–4）。

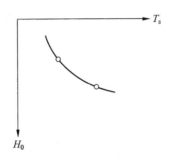

附图6–4　T_s 和 H_0 关系曲线图

H_a 值也可以按下列公式计算：

$$H_a = \frac{p}{T_s} + 10 \qquad\qquad （附6–6）$$

式中　p——防隔水煤（岩）柱所承受的实际水头值，MPa；

　　　T_s——临界突水系数，MPa/m；

　　　10——保护层厚度，一般取 10 m。

本矿区如无实际突水系数，可以参考其他矿区资料，但选用时应当综合考虑隔水层的岩性、物理力学性质、巷道跨度或者工作面的空顶距、采煤方法和顶板控制方法等一系列因素。

四、煤层位于含水层上方且断层导水时
防隔水煤（岩）柱的留设

1. 在煤层位于含水层上方且断层导水的情况下（附图6–5），

防隔水煤（岩）柱的留设应当考虑2个方向上的压力：一是煤层底部隔水层能否承受下部含水层水的压力；二是断层水在顺煤层方向上的压力。

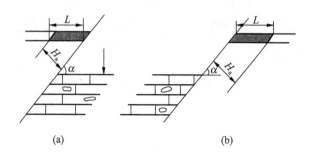

附图6-5　煤层位于含水层上方且断层
导水时防隔水煤（岩）柱留设图

当考虑底部压力时，应当使煤层底板到断层面之间的最小距离（垂距），大于安全防隔水煤（岩）柱宽度 H_a 的计算值，但不得小于20 m。其计算公式为

$$L = \frac{H_a}{\sin\alpha} \qquad\qquad (附6-7)$$

式中　　L——防隔水煤（岩）柱宽度，m；

$\qquad$ H_a——安全防隔水煤（岩）柱的宽度，m；

$\qquad$ α——断层倾角，（°）。

当考虑断层水在顺煤层方向上的压力时，按附录六之二计算煤柱宽度。

根据以上两种方法计算的结果，取用较大的数值，但仍不得小于20 m。

2. 如果断层不导水（附图6-6），防隔水煤（岩）柱的留设尺寸，应当保证含水层顶面与断层面交点至煤层底板间的最小距离，在垂直于断层走向的剖面上大于安全防隔水煤（岩）柱宽度 H_a，但不得小于20 m。

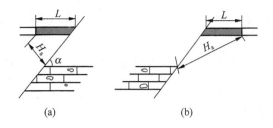

附图 6 - 6　煤层位于含水层上方且断层
不导水时防隔水煤（岩）柱留设图

五、水淹区域下采掘时防隔水煤（岩）柱的留设

1. 巷道在水淹区域下掘进时，巷道与水体之间的最小距离，不得小于巷道高度的 10 倍；

2. 在水淹区域下同一煤层中进行开采时，若水淹区域的界线已基本查明，防隔水煤（岩）柱的尺寸应当按附录六之二的规定留设；

3. 在水淹区域下的煤层中进行回采时，防隔水煤（岩）柱的尺寸，不得小于最大导水裂隙带高度与保护层厚度之和。

六、保护地表水体防隔水煤（岩）柱的留设

保护地表水体防隔水煤（岩）柱的留设，可以参照《建筑物、水体、铁路及主要井巷煤柱留设与压煤开采规范》执行。

七、保护通水钻孔防隔水煤（岩）柱的留设

根据钻孔测斜资料换算钻孔见煤点坐标，按附录六之二的办法留设防隔水煤（岩）柱，如无测斜资料，应当考虑钻孔可能偏斜的误差。

八、相邻矿（井）人为边界防隔水煤（岩）柱的留设

1. 水文地质类型简单、中等的矿井，可以采用垂直法留设，但总宽度不得小于 40 m；

2. 水文地质类型复杂、极复杂的矿井，应当根据煤层赋存条件、地质构造、静水压力、开采煤层上覆岩层移动角、导水裂隙带高度等因素确定；

3. 多煤层开采，当上、下两层煤的层间距小于下层煤开采后的导水裂隙带高度时，下层煤的边界防隔水煤（岩）柱，应当根据最上一层煤的岩层移动角和煤层间距向下推算（附图 6 - 7a）；当上、下两层煤之间的层间距大于下层煤开采后的导水裂隙带高度时，上、下煤层的防隔水煤（岩）柱，可以分别留设（附图 6 - 7b）。

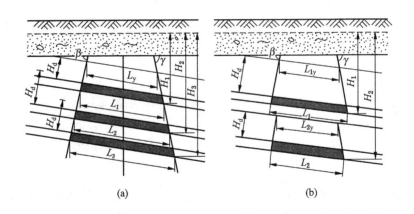

(a)　　　　　　　　　　　　(b)

H_d—最大导水裂隙带高度；H_1、H_2、H_3—各煤层底板以上的静水位高度；γ—上山岩层移动角；β—下山岩层移动角；L_y、L_{1y}、L_{2y}—导水裂隙带上限岩柱宽度；L_1—上层煤防水煤柱宽度；L_2、L_3—下层煤防水煤柱宽度

附图 6 - 7　多煤层开采边界防隔水煤（岩）柱留设图

导水裂隙带上限岩柱宽度 L_y 的计算，可以采用下列公式：

$$L_y = \frac{H - H_d}{10} \times \frac{1}{\lambda} \qquad （附6-8）$$

式中　L_y——导水裂隙带上限岩柱宽度，m；

　　　H——煤层底板以上的静水位高度，m；

　　　H_d——最大导水裂隙带高度，m；

　　　λ——水压与岩柱宽度的比值，可以取1。

九、以断层为界的井田防隔水煤（岩）柱的留设

以断层为界的井田，其边界防隔水煤（岩）柱可以参照断层煤柱留设，但应当考虑井田另一侧煤层的情况，以不破坏另一侧所留煤（岩）柱为原则（除参照断层煤柱的留设外，尚可参考附图6-8所示的例图）。

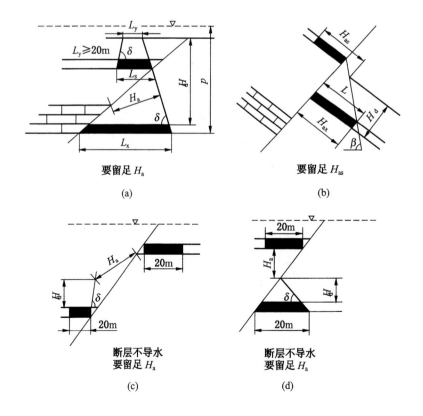

（a）要留足 H_a

（b）要留足 H_{as}

（c）断层不导水 要留足 H_a

（d）断层不导水 要留足 H_a

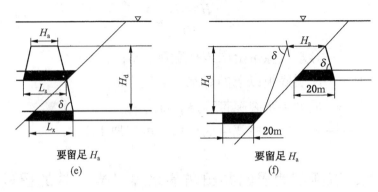

L—煤柱宽度；L_s、L_x—上、下煤层的煤柱宽度；L_y—导水裂隙带上限岩柱宽度；H_a、H_{as}、H_{ax}—安全防水岩柱宽度；H_d—最大导水裂隙带高度；p—底板隔水层承受的实际水头值

附图6-8　以断层分界的井田防隔水煤（岩）柱留设图

防治煤与瓦斯突出细则

第一章 总　　则

第一条　为加强防治煤（岩）与瓦斯（二氧化碳）突出（以下简称突出）工作（以下简称防突工作），预防煤矿事故，保障从业人员生命安全，根据《中华人民共和国安全生产法》《中华人民共和国矿山安全法》《煤矿安全规程》等，制定本细则。

第二条　煤矿企业、煤矿和有关单位的防突工作，适用本细则。

第三条　突出煤层是指在矿井井田范围内发生过突出或者经鉴定、认定有突出危险的煤层。

突出矿井是指在矿井开拓、生产范围内有突出煤层的矿井。

第四条　煤矿企业主要负责人、矿长是本单位防突工作的第一责任人。

有突出矿井的煤矿企业、突出矿井应当设置防突机构，建立健全防突管理制度和各级岗位责任制。

突出矿井应当建立突出预警机制，逐步实现突出预兆、瓦斯和地质异常、采掘影响等多元信息的综合预警、快速响应和有效处理。

第五条　有突出矿井的煤矿企业、突出矿井应当依据本细则，结合矿井开采条件，制定、实施区域和局部综合防突措施。

区域综合防突措施包括下列内容：

（一）区域突出危险性预测；

（二）区域防突措施；

（三）区域防突措施效果检验；

（四）区域验证。

局部综合防突措施包括下列内容：

（一）工作面突出危险性预测；

（二）工作面防突措施；

（三）工作面防突措施效果检验；

（四）安全防护措施。

突出矿井应当加强区域和局部（以下简称两个"四位一体"）综合防突措施实施过程的安全管理和质量管控，确保质量可靠、过程可溯。

第六条 防突工作必须坚持"区域综合防突措施先行、局部综合防突措施补充"的原则，按照"一矿一策、一面一策"的要求，实现"先抽后建、先抽后掘、先抽后采、预抽达标"。突出煤层必须采取两个"四位一体"综合防突措施，做到多措并举、可保必保、应抽尽抽、效果达标，否则严禁采掘活动。

在采掘生产和综合防突措施实施过程中，发现有喷孔、顶钻等明显突出预兆或者发生突出的区域，必须采取或者继续执行区域防突措施。

第七条 突出矿井发生突出的必须立即停产，并分析查找原因；在强化实施综合防突措施、消除突出隐患后，方可恢复生产。

非突出矿井首次发生突出的必须立即停产，按本细则的要求建立防突机构和管理制度，完善安全设施和安全生产系统，配备安全装备，实施两个"四位一体"综合防突措施并达到效果后，方可恢复生产。

第八条 具有冲击地压危险的突出矿井，应当根据本矿井条件，制定防治突出和冲击地压复合型煤岩动力灾害的综合技术措施，强化保护层开采、煤层瓦斯抽采及其他卸压措施。

第九条 鼓励煤矿企业、煤矿和科研单位开展防突新技术、新装备、新工艺、新材料的研究、试验和推广应用。

第二章　一　般　规　定

第一节　突出煤层和突出矿井鉴定

第十条　突出煤层和突出矿井的鉴定工作应当由具备煤与瓦斯突出鉴定资质的机构承担。

除停产停建矿井和新建矿井外，矿井内根据本细则第十三条按突出煤层管理的，应当在确定按突出煤层管理之日起6个月内完成该煤层的突出危险性鉴定；否则，直接认定为突出煤层。鉴定机构应当在接受委托之日起4个月内完成鉴定工作，并对鉴定结果负责。

按照突出煤层管理的煤层，必须采取区域或者局部综合防突措施。

煤矿企业应当将突出矿井及突出煤层的鉴定或者认定结果、按照突出煤层管理的情况，及时报省级煤炭行业管理部门、煤矿安全监管部门和煤矿安全监察机构。

第十一条　突出煤层鉴定应当首先根据实际发生的瓦斯动力现象进行，瓦斯动力现象特征基本符合煤与瓦斯突出特征或者抛出煤的吨煤瓦斯涌出量大于等于30 m^3（或者为本区域煤层瓦斯含量2倍以上）的，应当确定为煤与瓦斯突出，该煤层为突出煤层。

当根据瓦斯动力现象特征不能确定为突出，或者没有发生瓦斯动力现象时，应当根据实际测定的原始煤层瓦斯压力（相对压力）P、煤的坚固性系数f、煤的破坏类型、煤的瓦斯放散初速度Δp等突出危险性指标进行鉴定。

当全部指标均符合表1所列条件，或者钻孔施工过程中发生喷孔、顶钻等明显突出预兆的，应当鉴定为突出煤层。否则，煤层突出危险性应当由鉴定机构结合直接法测定的原始瓦斯含量等实际情况综合分析确定，但当 $f \leqslant 0.3$、$P \geqslant 0.74$ MPa，或者 $0.3 < f \leqslant 0.5$、$P \geqslant 1.0$ MPa，或者 $0.5 < f \leqslant 0.8$、$P \geqslant 1.50$ MPa，或者 $P \geqslant 2.0$ MPa 的，一般鉴定为突出煤层。

表 1　煤层突出危险性鉴定指标

判定指标	原始煤层瓦斯压力（相对）P/MPa	煤的坚固性系数 f	煤的破坏类型	煤的瓦斯放散初速度 Δp
有突出危险的临界值及范围	$\geqslant 0.74$	$\leqslant 0.5$	Ⅲ、Ⅳ、Ⅴ	$\geqslant 10$

确定为非突出煤层时，应当在鉴定报告中明确划定鉴定范围。当采掘工程超出鉴定范围的，应当测定瓦斯压力、瓦斯含量及其他与突出危险性相关的参数，掌握煤层瓦斯赋存变化情况。但若是根据本细则第十三条要求进行的突出煤层鉴定确定为非突出煤层的，在开拓新水平、新采区或者采深增加超过 50 m，或者进入新的地质单元时，应当重新进行突出煤层危险性鉴定。

第十二条　突出煤层的认定按以下要求进行：

（一）经事故调查确定为突出事故的所在煤层，或者根据本细则第十三条要求按突出煤层管理超期未完成鉴定的，由省级煤炭行业管理部门直接认定为突出煤层；

（二）煤矿企业自行认定为突出煤层的，应当报省级煤炭行业管理部门、煤矿安全监管部门和煤矿安全监察机构。

第十三条　非突出煤层出现下列情况之一的，应当立即进行煤层突出危险性鉴定，或者直接认定为突出煤层；鉴定或者直接认定完成前，应当按照突出煤层管理：

（一）有瓦斯动力现象的；

（二）煤层瓦斯压力达到或者超过 0.74 MPa 的；

（三）相邻矿井开采的同一煤层发生突出或者被鉴定、认定为突出煤层的。

第十四条 按本细则第十三条要求进行鉴定，结果为非突出煤层但具有下列情况之一的，应当在采掘作业时考察煤层的突出危险性，包括观察突出预兆、分析瓦斯涌出变化情况等，并在井巷揭煤、煤巷掘进及采煤工作面分别采用本细则第八十七条、第八十九条、第九十三条的方法测定突出危险性指标，其中采掘工作面每推进 100 m（地质构造带 50 m）应当进行不少于 2 次的测定：

（一）$P \geqslant 0.74$ MPa 的；

（二）当 $P \geqslant 0.50$ MPa 时，$f \leqslant 0.5$ 或者煤层埋深大于 500 m 的。

当突出危险性指标达到或者超过临界值时，则自工作面位置半径 100 m 范围内的煤层应当采取局部综合防突措施。

当后续的采掘作业或者钻孔施工中出现瓦斯动力现象的，应当再次进行煤层突出危险性鉴定，或者直接认定为突出煤层。

第二节 矿井建设和开采基本要求

第十五条 地质勘查阶段应当查明矿床瓦斯地质情况。地质勘查报告应当提供煤层突出危险性的基础资料。

基础资料应当包括下列内容：

（一）煤层赋存条件及其稳定性；

（二）煤的结构类型及工业分析；

（三）煤的坚固性系数、煤层围岩性质及厚度；

（四）煤层瓦斯含量、瓦斯成分和煤的瓦斯放散初速度等指标；

（五）标有瓦斯含量等值线的瓦斯地质图；

（六）地质构造类型及其特征、火成岩侵入形态及其分布、水文地质情况；

（七）勘探过程中钻孔穿过煤层时的瓦斯涌出动力现象；

（八）邻近矿井的瓦斯情况。

第十六条 新建矿井在可行性研究阶段，应当对井田范围内采掘工程可能揭露的所有平均厚度在 0.3 m 及以上的煤层，根据地质勘查资料和邻近生产矿井资料等进行建井前突出危险性评估，并对评估为有突出危险煤层划分出突出危险区和无突出危险区。若地质勘查时期测定的煤层瓦斯含量等参数与邻近生产矿井的参数存在较大差异时，应当对矿井首采区进行专项瓦斯补充勘查，查明首采区瓦斯地质情况。建井前评估结论作为矿井立项、初步设计和指导建井期间揭煤作业的依据。

建井前经评估为有突出危险煤层的，应当按突出矿井设计。

按突出矿井设计的矿井建设工程开工前，应当对首采区内评估有突出危险且瓦斯含量大于等于 $12~\mathrm{m^3/t}$ 的煤层进行地面井预抽煤层瓦斯，预抽率应当达到 30% 以上。

煤矿防突工作基本流程见附录 A。

第十七条 按突出矿井设计的新建矿井在建井期间，突出煤层鉴定完成前必须对评估为有突出危险的煤层采取区域综合防突措施，评估为无突出危险的煤层必须采取区域或者局部综合防突措施。

按非突出矿井设计的新建矿井在建井期间，所有平均厚度 0.3 m 以上的煤层在首次揭煤时，应当测定瓦斯压力、瓦斯含量等参数。

第十八条 根据建井前评估结果进行的突出矿井设计及突出矿井的新水平、新采区设计，必须有防突设计篇章。非突出矿井升级为突出矿井时，必须编制矿井防突专项设计。设计应当包括开拓方式、煤层开采顺序、采区巷道布置、采煤方法、通风系统、防突设施（设备）、两个"四位一体"综合防突措施等内容。

突出矿井必须建立地面永久瓦斯抽采系统。

突出矿井必须对防突措施的技术参数和效果进行实际考察确定。

第十九条 建井前经评估为有突出危险煤层的新建矿井，建井期间应当对开采煤层及其他可能对采掘活动造成威胁的煤层进行突出危险性鉴定或者认定。鉴定工作应当在巷道揭穿煤层前开始。所有需要进行鉴定的新建矿井，在建井期间鉴定为突出煤层的应当及时提交鉴定报告；鉴定为非突出煤层的，在建井期间应当采取区域或者局部综合防突措施，并在矿井建设三期工程竣工前完成突出鉴定工作。

第二十条 新建突出矿井设计生产能力不得低于 0.9 Mt/a，且不得高于 5.0 Mt/a。

新建突出矿井第一生产水平开采深度不得超过 800 m，生产的突出矿井延深水平开采深度不得超过 1200 m。

第二十一条 突出矿井的新水平和新采区开拓设计前，应当根据地质勘查资料、上水平及邻近区域的实测和生产资料等，参照本细则第五十八条方法，对新水平或者新采区内平均厚度在 0.3 m 以上的煤层进行区域突出危险性评估，评估结论作为新水平和新采区设计以及揭煤作业的依据。对评估为无突出危险的煤层，所有井巷揭煤作业还必须采取区域或者局部综合防突措施；对评估为有突出危险的煤层，按突出煤层进行设计。

突出矿井的设计应当根据对各煤层突出危险性的区域评估结果等，确定煤层开采顺序、巷道布置、区域防突措施的方式和主要参数等。非突出煤层区域评估为有突出危险的，开拓期间的所有揭煤作业前应当采取区域综合防突措施。

第二十二条 突出矿井和按突出矿井设计的矿井，巷道布置设计应当符合下列要求：

（一）斜井和平硐，运输和轨道大巷、主要进（回）风巷等主要巷道应当布置在岩层或者无突出危险煤层中。采区上下山布置在突出煤层中时，必须布置在评估为无突出危险区或者采用区域防突措施（顺层钻孔预抽煤巷条带煤层瓦斯除外）有效的区域；

（二）减少井巷揭开（穿）突出煤层的次数，揭开（穿）突出煤层的地点应当合理避开地质构造带；

（三）突出煤层的巷道优先布置在被保护区域、其他有效卸压区域或者无突出危险区域。

第二十三条 突出矿井必须确定合理的采掘部署，使煤层的开采顺序、巷道布置、采煤方法、采掘接替等有利于区域防突措施的实施。

突出矿井在编制生产发展规划和年度生产计划时，必须同时编制相应的区域防突措施规划和年度实施计划，将保护层开采、区域预抽煤层瓦斯等工程与矿井采掘部署、工程接替等统一安排，使矿井的开拓区、抽采区、保护层开采区和被保护区按比例协调配置，确保采掘作业在区域防突措施有效区域内进行。

第二十四条　突出矿井应当有效防范采掘接续紧张，根据采掘接续变化，至少每年进行 1 次矿井开拓煤量、准备煤量、回采煤量（以下简称"三量"）统计和分析。

正常生产的突出矿井"三量"可采期的最短时间为：

（一）开拓煤量可采期不得少于 5 年；

（二）准备煤量可采期不得少于 14 个月；

（三）2 个及以上采煤工作面同时生产的矿井回采煤量可采期不得少于 5 个月，其他矿井不得少于 4 个月。

当矿井"三量"低于上述要求时，应当及时降低煤炭产量，制定相应的灾害治理和采掘调整计划方案。

第二十五条　突出矿井地质测量工作必须遵守下列规定：

（一）地质测量部门与防突机构、通风部门共同编制矿井瓦斯地质图。图中应当标明采掘进度、被保护范围、煤层赋存条件、地质构造、突出点的位置、突出强度、瓦斯基本参数及绝对瓦斯涌出量和相对瓦斯涌出量等资料，作为区域突出危险性预测和制定防突措施的依据。矿井瓦斯地质图更新周期不得超过 1 年、工作面瓦斯地质图更新周期不得超过 3 个月；

（二）地质测量部门在采掘工作面距离未保护区边缘 50 m 前，编制临近未保护区通知单，并报煤矿总工程师审批后交有关采掘区（队）；

（三）在突出煤层顶、底板掘进岩巷时，地质测量部门必须提前进行地质预测，编制巷道剖面图，及时掌握施工动态和围岩变化情况，验证提供的地质资料，并定期通报给煤矿防突机构和采掘区（队）；遇有较大变化时，随时通报。

第二十六条　突出矿井开采的非突出煤层和高瓦斯矿井的开采煤层，在延深达到或者超过 50 m 或者开拓新采区时，必须测定煤层瓦斯压力、瓦斯含量及其他与突出危险性相关的参数。

突出矿井的非突出煤层和高瓦斯矿井各煤层在新水平、新采区开拓工程的所有煤巷掘进过程中，应当密切观察突出预兆，并在开拓工程揭穿这些煤层时执行揭煤工作面的局部综合防突措施。

有突出危险煤层的新建矿井或者突出矿井，开拓新水平的井巷第一次揭穿（开）厚度为 0.3 m 及以上煤层时，必须超前探测煤层厚度及地质构造、测定煤层瓦斯压力及瓦斯含量等与突出危险性相关的参数。

第二十七条 突出煤层的采掘作业应当遵守下列规定：

（一）严禁采用水力采煤法、倒台阶采煤法或者其他非正规采煤法；

（二）容易自燃的突出煤层在无突出危险区或者采取区域防突措施有效的区域进行放顶煤开采时，煤层瓦斯含量不得大于 6 m³/t；

（三）采用上山掘进时，上山坡度在 25°~45°的，应当制定包括加强支护、减小巷道空顶距等内容的专项措施，并经煤矿总工程师批准；当上山坡度大于 45°时，应当采用双上山掘进方式，并加强支护，减少空顶距和空顶时间；

（四）坡度大于 25°的上山掘进工作面采用爆破作业时，应当采用深度不大于 1.0 m 的炮眼远距离全断面一次爆破；

（五）预测或者认定为突出危险区的采掘工作面严禁使用风镐作业；

（六）掘进工作面与煤层巷道交叉贯通前，被贯通的煤层巷道必须超过贯通位置，其超前距不得小于 5 m，并且贯通点周围 10 m 内的巷道应当加强支护。

在掘进工作面与被贯通巷道距离小于 50 m 的作业期间，被贯通巷道内不得安排作业，保持正常通风，并且在掘进工作面爆破时不得有人；在贯通相距 50 m 以前实施钻孔一次打透，只允许向一个方向掘进；

（七）在突出煤层的煤巷中安装、更换、维修或者回收支架时，必须采取预防煤体冒落引起突出的措施；

（八）突出矿井的所有采掘工作面使用安全等级不低于三级的煤矿许用含水炸药。

第二十八条　突出煤层任何区域的任何工作面进行揭煤和采掘作业期间，必须采取安全防护措施。

突出矿井的入井人员必须随身携带隔离式自救器。

第二十九条　在突出煤层顶、底板及邻近煤层中掘进巷道（包括钻场等）时，必须超前探测煤层及地质构造情况，分析勘测验证地质资料，编制巷道剖面图，及时掌握施工动态和围岩变化情况，防止误穿突出煤层。当巷道距离突出煤层的最小法向距离小于 10 m 时（在地质构造破坏带小于 20 m 时），必须先探后掘。

在距突出煤层突出危险区法向距离小于 5 m 的邻近煤、岩层内进行采掘作业前，必须对突出煤层相应区域采取区域防突措施并经区域效果检验有效。

第三十条　在同一突出煤层正在采掘的工作面应力集中范围内，不得安排其他工作面同时进行回采或者掘进。应力集中范围由煤矿总工程师确定，但 2 个采煤工作面之间的距离不得小于 150 m；采煤工作面与掘进工作面的距离不得小于 80 m；2 个同向掘进工作面之间的距离不得小于 50 m；2 个相向掘进工作面之间的距离不得小于 60 m。

突出煤层的掘进工作面应当避开邻近煤层采煤工作面的应力集中范围，与可能造成应力集中的邻近煤层相向掘进工作面的间距不得小于 60 m，相向采煤工作面的间距不得小于 100 m。

第三十一条　突出矿井的通风系统应当符合下列要求：

（一）井巷揭穿突出煤层前，具有独立的、可靠的通风系统；

（二）突出矿井、有突出煤层的采区应当有独立的回风系统，并实行分区通风，采区回风巷和区段回风石门是专用回风巷。突出煤层采掘工作面回风应当直接进入专用回风巷。准备采区时，突出煤层掘进巷道的回风不得经过有人作业的其他采区回风巷；

（三）开采有瓦斯喷出、有突出危险的煤层，或者在距离突出煤层最小法向距离小于 10 m 的区域掘进施工时，严禁 2 个工作面之间串联通风；

（四）突出煤层双巷掘进工作面不得同时作业，其他突出煤层区域预测为危险区域的采掘工作面，其进入专用回风巷前的回风严禁切断其他采掘作业地点唯一安全出口；

（五）突出矿井采煤工作面的进、回风巷内，以及煤巷、半煤岩巷和有瓦斯涌出的岩巷掘进工作面回风流中，采区回风巷及总回风巷，应当安设全量程或者高低浓度甲烷传感器；突出矿井采煤工作面的进风巷内甲烷传感器应当安设在距工作面 10 m 以内的位置；

（六）开采突出煤层时，工作面回风侧不得设置调节风量的设施；

（七）严禁在井下安设辅助通风机；

（八）突出煤层采用局部通风机通风时，必须采用压入式。

第三十二条 施工防突措施钻孔时，应当满足以下要求：

（一）在钻机回风侧 10 m 范围内应当设置甲烷传感器，并具备超限报警断电功能。采用干式排渣工艺施工时，还应当悬挂一氧化碳报警仪或者设置一氧化碳传感器；

（二）煤层瓦斯压力达到或者超过 2 MPa 的区域，以及施工钻孔时出现喷孔、顶钻等动力现象的，应当采取防止瓦斯超限和喷孔顶钻伤人等措施或者使用远程操控钻机施工。钻孔施工与受威胁的掘进工作面，以及回风流中的采掘工作面不得同时作业；

（三）顺层钻孔直径超过 120 mm 时，必须制定专门的防止钻孔施工期间发生突出的安全措施。

第三十三条 突出矿井严禁使用架线式电机车。

突出矿井井下进行电焊、气焊和喷灯焊接等明火作业时，必须制定专门的安全技术措施并经矿长批准，且停止突出煤层的掘进、回采、钻孔、支护以及其他所有扰动突出煤层的作业。

第三十四条 清理突出的煤（岩）时，必须制定防煤尘、片帮、冒顶、瓦斯超限、火源、煤层自燃，以及防止再次发生突出事故的安全技术措施。

突出孔洞应当及时充填、封闭严实或者进行支护，在过突出孔洞及其附近 30 m 范围内进行采掘作业时，必须加强支护。

第三节　防突管理及培训

第三十五条　有突出矿井的煤矿企业主要负责人应当每季度、突出矿井矿长应当每月至少进行1次防突专题研究，检查、部署防突工作，解决防突所需的人力、财力、物力，确保抽、掘、采平衡和防突措施的落实。

有突出矿井（煤层）的煤矿企业、煤矿应当建立防突技术管理制度，煤矿企业技术负责人、煤矿总工程师对防突工作负技术责任，负责组织编制、审批、检查防突工作规划、计划和措施。

煤矿企业、煤矿的分管负责人负责落实所分管范围内的防突工作。

煤矿企业、煤矿的各职能部门负责人对职责范围内的防突工作负责；区（队）长、班组长对管辖范围内防突工作负直接责任；瓦斯防突工对所在岗位的防突工作负责。

煤矿企业、煤矿的安全生产管理部门负责对防突工作的监督检查。

第三十六条　有突出煤层的煤矿企业、煤矿应当设置满足防突工作需要的专业防突队伍。

突出矿井必须编制突出事故应急预案。突出煤层每个采掘工作面开始作业后10天内应当进行1次突出事故逃生、救援演习，以后每半年至少进行1次逃生演习，但当安全设施或者作业人员发生较大变化时必须进行1次逃生演习。

第三十七条　有突出煤层的煤矿企业、煤矿在编制年度、季度、月度生产建设计划时，必须同时编制年度、季度、月度防突措施计划，保证抽、掘、采平衡。

防突措施计划及所需的人力、物力、财力保障安排由煤矿企业技术负责人和煤矿总工程师组织编制，煤矿企业主要负责人、矿长审批，分管负责人组织实施。

第三十八条　各项防突措施按照下列要求贯彻实施：

（一）施工前，施工防突措施的区（队）负责向本区（队）从业人员讲解并严格组织实施防突措施；

（二）采掘作业时，应当严格执行防突措施的规定并有详细准确的记录。由于地质条件或者其他原因不能执行所规定的防突措施的，施工区（队）必须立即停止作业并报告矿调度室，经煤矿总工程师组织有关人员到现场调查后，由原措施编制部门提出修改或者补充措施，并按原措施的审批程序重新审批后方可继续施工；其他部门或者个人不得改变已批准的防突措施；

（三）煤矿企业的主要负责人、技术负责人应当每季度至少 1 次到现场检查各项防突措施的落实情况。矿长和总工程师应当每月至少 1 次到现场检查各项防突措施的落实情况；

（四）煤矿企业、煤矿的防突机构应当随时检查综合防突措施的实施情况，并及时将检查结果分别向煤矿企业主要负责人和技术负责人、矿长和总工程师汇报，有关负责人应当对发现的问题立即组织解决；

（五）煤矿企业、煤矿进行安全检查时，必须检查综合防突措施的编制、审批和贯彻执行情况。

第三十九条 突出煤层采掘工作面每班必须有专人经常检查瓦斯。

突出煤层工作面的作业人员、瓦斯检查工、班组长应当熟悉突出预兆，发现有突出预兆时，必须立即停止作业，按避灾路线撤出，并报告矿调度室。班组长、瓦斯检查工、矿调度员有权责令相关现场作业人员停止作业、停电撤人。

突出煤层采掘工作面爆破工作必须由固定的专职爆破工担任。

第四十条 防突技术资料的管理工作应当符合下列要求：

（一）每次发生突出后，煤矿企业指定专人进行现场调查，认真填写突出记录卡片，提交专题调查报告，分析突出发生的原因，总结经验教训，制定对策措施；

（二）每年第一季度将上年度发生煤与瓦斯突出矿井的基本情况调查表（见附录 B）、煤与瓦斯突出记录卡片（见附录 C）、矿井煤与瓦斯突出汇总表（见附录D）连同总结资料报省级煤炭行业管理部门；

（三）所有有关防突工作的资料均存档；

（四）煤矿企业每年对全年的防突技术资料进行系统分析总结，掌握突出规律，完善防突措施。

第四十一条　突出矿井的管理人员和井下工作人员必须接受防突知识的培训，经考试合格后方可上岗作业。

各类人员的培训达到下列要求：

（一）突出矿井的井下工作人员的培训包括防突基本知识以及与本岗位相关的防突规章制度；

（二）突出矿井的区（队）长、班组长和有关职能部门的工作人员应当全面熟悉两个"四位一体"综合防突措施、防突的规章制度等内容；

（三）突出矿井的防突工属于特种作业人员，必须接受防突知识、操作技能的专门培训，并取得特种作业操作证；

（四）有突出矿井的煤矿企业技术负责人和突出矿井的矿长、总工程师应当接受防突专项培训，具备突出矿井的安全生产知识和管理能力。

第四十二条　突出矿井的矿长、总工程师、防突机构和安全管理机构负责人、防突工应当满足下列要求：

矿长、总工程师应当具备煤矿相关专业大专及以上学历，具有3年以上煤矿相关工作经历；

防突机构和安全管理机构负责人应当具备煤矿相关中专及以上学历，具有2年以上煤矿相关工作经历；

防突机构应当配备不少于2名专业技术人员，具备煤矿相关专业中专及以上学历；

防突工应当具备初中及以上文化程度（新上岗的煤矿特种作业人员应当具备高中及以上文化程度），具有煤矿相关工作经历，或者具备职业高中、技工学校及中专以上相关专业学历。

第四十三条　突出矿井应当开展突出事故的监测报警工作，实时监测、分析井下各相关地点瓦斯浓度、风量、风向等的突变情况，及时判断突出事故发生的时间、地点和可能的波及范围等。一旦判断发生突出事故，及时采取断电、撤人、救援等措施。

第四节 综合防突措施实施过程
管理与突出预兆管控

第四十四条 突出矿井应当对两个"四位一体"综合防突措施的实施进行全过程管理，建立完善综合防突措施实施、检查、验收、审批等管理制度。

突出矿井应当详细记录突出预测、防突措施实施、措施效果检验、区域验证等关键环节的主要信息，并与视频监控、仪器测量、抽采计量等数据统一归档管理，并至少保存至相关区域采掘作业结束。

鼓励突出矿井建立防突信息系统，实施信息化管理。

第四十五条 区域预测或者区域措施效果检验测定瓦斯压力、瓦斯含量等参数时，应当记录测试时间、测试点位置、钻孔竣工轨迹及参数、钻进异常现象、取样及测试情况、测定结果和人员等信息。测试点及测定钻孔轨迹应当在瓦斯地质图或者防突措施竣工图上标注。

区域预测报告和区域防突措施效果检验报告，应当附包含测定钻孔记录和测定结果等数据资料的表单，记录和表单由测定人员及其部门负责人审核签字。

第四十六条 采用预抽煤层瓦斯区域防突措施的，应当采取措施确保预抽瓦斯钻孔能够按设计参数控制整个预抽区域。应当记录钻孔位置、实际参数、见煤见岩情况、钻进异常现象、钻孔施工时间和人员等信息，并绘制防突措施竣工图等。有关信息资料应当经施工人员、验收人员和负责人审核签字。

采用穿层钻孔预抽煤层瓦斯区域防突措施的，钻孔施工过程中出现见（止）煤深度与设计相差 5 m 及以上时，应当及时核查分析，不合格的及时补孔，出现喷孔、顶钻或者瓦斯异常现象的，应当在防突措施竣工图中标注清楚。防突措施竣工图应当有平面图和剖面图。采用顺层钻孔预抽煤层瓦斯区域防突措施的，必须及时核查分析，绘制平面图，对钻孔见岩长度超过孔深五分之一的，必须对有煤区域提前补孔，消除煤孔空白带。

第四十七条 区域预测、区域预抽、区域效果检验等钻孔施工应当采用视频监控等手段检查确认钻孔深度，并建立核查分析制度。

深度超过 120 m 的预抽瓦斯钻孔应当每 10 个钻孔至少测定 2 个钻孔的轨迹，深度 60～120 m 的应当每 10 个钻孔至少测定 1 个钻孔的轨迹。对穿层预抽瓦斯钻孔实际见（止）煤与设计见（止）煤长度误差超过三分之一的钻孔应当测定该钻孔轨迹。当钻孔控制范围不足或者存在空白区域时，必须补充区域防突措施。

预抽煤层瓦斯时应当记录每个钻孔的接抽时间，定期测定钻孔的浓度、负压；分单元安装抽采自动计量装置，按措施效果检验单元分别监测或者检测管道瓦斯的浓度、负压、流量、温度、一氧化碳等，自动计量或者统计计算单元的瓦斯抽采量。抽采自动计量数据或者统计计算数据作为预抽效果检验的基础数据。

第四十八条 局部综合防突措施由煤矿总工程师审批并落实。钻孔施工、核查、预测和效果检验管理比照区域综合防突措施执行，但可以不进行钻孔轨迹测定，采煤工作面区域验证和局部综合防突措施的钻孔施工可以不用视频监控。

工作面预测和措施效果检验报告应当按规定程序审核、审批。

第四十九条 突出矿井应当建立通风瓦斯日分析制度、突出预警分析与处置制度和突出预兆的报告制度。总工程师、安全矿长或者通风副总工程师负责每天组织防突、通风、地质和监测监控等人员对突出煤层的采掘工作面瓦斯涌出异常等现象，以及钻孔施工中出现的顶钻、喷孔等明显的突出预兆进行全面分析、查明原因，并采取措施、建立台账。

突出矿井应当利用人工观测、物探和钻探、煤矿安全监控系统、视频监控等手段综合分析地质构造、煤层赋存条件变化、采掘应力集中、瓦斯涌出异常变化、顶钻、卡钻、喷孔等现象。

采用人工观测、物探和钻探等手段发现突出煤层采掘工作面前方遇有断层、褶曲、火成岩侵入、煤层赋存条件急剧变化等情况时，应当按突出危险工作面采取防突措施。

通过监测和综合分析辨识发现有明显突出预兆时，应当及时发出煤层突出危险性动态预警，撤离现场作业人员，分析原因、采取措施。

突出煤层的采掘工作面应当编制防突预测图。防突预测图以煤层瓦斯地质图为基图，将采掘工程范围内的煤层赋存、瓦斯地质、巷道布置、综合防突措施等内容标注在图纸上，分别挂设在地面调度室和井下现场，用于指导工作面防突工作。

第五十条 在采掘过程中应当随时观测突出预兆。典型的突出预兆主要包括：响煤炮声（机枪声、闷雷声、劈裂声），喷孔、顶钻，煤壁外鼓、掉渣，瓦斯涌出持续增大或者忽大忽小，煤尘增大，煤壁温度降低、挂汗等。

第三章　区域综合防突措施

第一节　区域综合防突工作程序和要求

第五十一条　突出矿井应当主要依据煤层瓦斯的井下实测资料，并结合地质勘查资料、上水平及邻近区域的实测和生产资料等对开采的突出煤层进行区域突出危险性预测（以下简称区域预测）。经区域预测后，突出煤层划分为无突出危险区和突出危险区，用于指导采煤工作面设计和采掘生产作业。

未进行区域预测的区域视为突出危险区。

第五十二条　突出煤层区域预测的范围根据突出矿井的开拓方式、巷道布置、地质构造分布、测试点布置等情况划定。区域预测范围最大不得超出 1 个采（盘）区，一般不小于 1 个区段。若 1 个区段预测为突出危险区的，不得在该区段内划分无突出危险区；若预测为无突出危险区的，可根据区段内测定的煤层瓦斯参数、煤层赋存、地质构造等逐块段进行区域预测。

第五十三条　对已确切掌握煤层突出危险区域的分布规律，并有可靠的煤层赋存条件、地质构造、瓦斯参数等预测资料的，区域预测工作由总工程师组织实施；否则，应当委托有煤与瓦斯突出鉴定资质的机构进行区域预测。

区域预测结果为无突出危险区的应当由煤矿企业技术负责人批准。

第五十四条　经区域预测为突出危险区的煤层，必须采取区域防突措施并进行区域防突措施效果检验。经效果检验仍为突出危险区的，必须继续进行或者补充实施区域防突措施。

经区域预测或者区域防突措施效果检验为无突出危险区的煤层

进行揭煤和采掘作业时，必须采用工作面预测方法进行区域验证。

所有区域防突措施的设计均由煤矿企业技术负责人批准。

当区域预测或者区域防突措施效果检验结果认定为无突出危险区时，如果采掘过程中发现所依据的条件发生明显变化的，煤矿总工程师应当及时组织分析其对区域煤层突出危险性可能产生的影响，采取相应的对策和措施。

以下区域在实施区域验证、局部综合防突措施或者采掘作业中，发现有喷孔、顶钻等明显突出预兆或者发生突出的，必须采取或者继续执行区域防突措施。

（一）在原有区域预测划分的无突出危险区内发生明显突出预兆或者突出的位置以上 20 m（埋深）及以下的范围；

（二）在实施预抽煤层瓦斯区域防突措施的区域发生明显突出预兆或者突出的位置半径 100 m 范围内。

第五十五条 矿井首次开采某个保护层或者保护层与被保护层的层间距、岩性及保护层开采厚度等发生了较大变化时，应当对被保护层的保护效果及其有效保护范围进行实际考察。经保护效果考察有效的范围为无突出危险区。若经实际考察被保护层的最大膨胀变形量大于3‰，则检验和考察结果可适用于具有同一保护层和被保护层关系的其他区域。

有下列情况之一的，必须对每个被保护工作面的保护效果进行检验：

（一）未实际考察保护效果和保护范围的；

（二）最大膨胀变形量未超过3‰的；

（三）保护层的开采厚度小于等于 0.5 m 的；

（四）上保护层与被保护突出煤层间距大于 50 m 或者下保护层与被保护突出煤层间距大于 80 m 的。

保护效果和保护范围考察结果由煤矿企业技术负责人批准。

第五十六条 突出危险区的煤层不具备开采保护层条件的，必须采用预抽煤层瓦斯区域防突措施并进行区域防突措施效果检验。

预抽煤层瓦斯区域防突措施效果检验结果应当经煤矿总工程师

批准。

第二节　区域突出危险性预测

第五十七条　区域预测一般根据煤层瓦斯参数结合瓦斯地质分析的方法进行，也可以采用其他经试验证实有效的方法。

根据煤层瓦斯压力和瓦斯含量进行区域预测的临界值应当由具有煤与瓦斯突出鉴定资质的机构进行试验考察。试验方案和考察结果应用前由煤矿企业技术负责人批准。

区域预测新方法的研究试验应当由具有煤与瓦斯突出鉴定资质的机构进行，并在试验前由煤矿企业技术负责人批准。

第五十八条　根据煤层瓦斯参数结合瓦斯地质分析的区域预测方法应当按照下列要求进行：

（一）煤层瓦斯风化带为无突出危险区；

（二）根据已开采区域确切掌握的煤层赋存特征、地质构造条件、突出分布的规律和对预测区域煤层地质构造的探测、预测结果，采用瓦斯地质分析的方法划分出突出危险区。当突出点或者具有明显突出预兆的位置分布与构造带有直接关系时，则该构造的延伸位置及其两侧一定范围的煤层为突出危险区；否则，在同一地质单元内，突出点和具有明显突出预兆的位置以上 20 m（垂深）及以下的范围为突出危险区（图1）；

（三）在第一项划分出的无突出危险区和第二项划分的突出危险区以外的范围，应当根据煤层瓦斯压力 P 和煤层瓦斯含量 W 进行预测。预测所依据的临界值应当根据试验考察确定，在确定前可暂按表2预测。

表 2　根据煤层瓦斯压力和瓦斯含量进行区域预测的临界值

瓦斯压力 P/MPa	瓦斯含量 $W/(\mathrm{m}^3 \cdot \mathrm{t}^{-1})$	区域类别
$P < 0.74$	$W < 8$（构造带 $W < 6$）	无突出危险区
除上述情况以外的其他情况		突出危险区

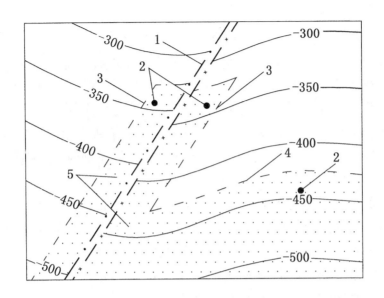

1—断层；2—突出点或者突出预兆位置；3—根据突出点或者突出预兆点
推测的断层两侧突出危险区边界线；4—推测的下部区域突出
危险区上边界线；5—突出危险区（阴影部分）

图1　根据瓦斯地质分析划分突出危险区示意图

第五十九条　区域预测所依据的主要瓦斯参数测定应当符合下列要求：

（一）煤层瓦斯压力、瓦斯含量等参数应当为井下实测数据，用直接法测定瓦斯含量时应当定点取样；

（二）测定煤层瓦斯压力、瓦斯含量等参数的测试点在不同地质单元内根据其范围、地质复杂程度等实际情况和条件分别布置；同一地质单元内沿煤层走向布置测试点不少于2个，沿倾向不少于3个，并确保在预测范围内埋深最大及标高最低的部位有测试点。

第三节　区域防突措施

第六十条　区域防突措施是指在突出煤层进行采掘前，对突出危险区煤层较大范围采取的防突措施。区域防突措施包括开采保护层和预抽煤层瓦斯 2 类。

开采保护层分为上保护层和下保护层 2 种方式。

预抽煤层瓦斯区域防突措施可采用的方式有：地面井预抽煤层瓦斯、井下穿层钻孔或者顺层钻孔预抽区段煤层瓦斯、顺层钻孔或者穿层钻孔预抽回采区煤层瓦斯、穿层钻孔预抽井巷（含立、斜井，石门等）揭煤区域煤层瓦斯、穿层钻孔预抽煤巷条带煤层瓦斯、顺层钻孔预抽煤巷条带煤层瓦斯、定向长钻孔预抽煤巷条带煤层瓦斯等。

煤矿应当根据生产和地质条件合理选取区域防突措施。

突出煤层突出危险区必须采取区域防突措施，严禁在区域防突措施效果未达到要求的区域进行采掘作业。

第六十一条 具备开采保护层条件的突出危险区，必须开采保护层。选择保护层应当遵循下列原则：

（一）优先选择无突出危险的煤层作为保护层。矿井中所有煤层都有突出危险时，应当选择突出危险程度较小的煤层作为保护层；

（二）当煤层群中有几个煤层都可作为保护层时，优先开采保护效果最好的煤层；

（三）优先选择上保护层。选择下保护层开采时，不得破坏被保护层的开采条件；

（四）开采煤层群时，在有效保护垂距内存在厚度 0.5 m 及以上的无突出危险煤层的，除因与突出煤层距离太近威胁保护层工作面安全或者可能破坏突出煤层开采条件的情况外，应当作为保护层首先开采。

第六十二条 开采保护层区域防突措施应当符合下列要求：

（一）开采保护层时，应当做到连续和规模开采，同时抽采被保护层和邻近层的瓦斯；

（二）开采近距离保护层时，必须采取防止误穿突出煤层和被保护层卸压瓦斯突然涌入保护层工作面的措施；

（三）正在开采的保护层采煤工作面必须超前于被保护层的掘进工作面，超前距离不得小于保护层与被保护层之间法向距离的 3 倍，并不得小于100 m。应当将保护层工作面推进情况在瓦斯地质图上标注，并及时更新；

（四）开采保护层时，采空区内不得留设煤（岩）柱。特殊情况需留煤（岩）柱时，必须将煤（岩）柱的位置和尺寸准确标注在采掘工程平面图和瓦斯地质图上，在瓦斯地质图上还应当标出煤（岩）柱的影响范围，在煤（岩）柱及其影响范围内的突出煤层采掘作业前，必须采取预抽煤层瓦斯区域防突措施。

当保护层留有不规则煤柱时，按照其最外缘的轮廓划出平直轮廓线，并根据保护层与被保护层之间的层间距变化，确定煤柱影响范围；在被保护层进行采掘作业期间，还应当根据采掘工作面瓦斯涌出情况及时修改煤柱影响范围。

第六十三条 开采保护层的有效保护范围及有关参数应当根据试验考察确定，并报煤矿企业技术负责人批准后执行。

首次开采保护层时，可参照附录 E 确定沿倾斜的保护范围、沿走向（始采线、终采线）的保护范围、保护层与被保护层之间的最大保护垂距、开采下保护层时不破坏上部被保护层的最小层间距等参数。

保护层开采后，在有效保护范围内的被保护层区域为无突出危险区，超出有效保护范围的区域仍然为突出危险区。

对不具备保护层开采条件的突出厚煤层，利用上分层或者相邻区段开采后形成的卸压作用保护下分层或者相邻区段煤层时，应当依据实际考察结果确定其有效保护范围。

第六十四条 采取井下预抽煤层瓦斯区域防突措施时，应当遵守下列规定：

（一）穿层钻孔或者顺层钻孔预抽区段煤层瓦斯区域防突措施的钻孔应当控制区段内整个回采区域、两侧回采巷道及其外侧如下范围内的煤层：倾斜、急倾斜煤层巷道上帮轮廓线外至少20 m（均为沿煤层层面方向的距离，下同），下帮至少10 m；其他煤层为巷道两侧轮廓线外至少各15 m；

（二）顺层钻孔或者穿层钻孔预抽回采区域煤层瓦斯区域防突措

施的钻孔应当控制整个回采区域的煤层。具备条件的，井下预抽煤层瓦斯钻孔应当优先采用定向钻机施工；

（三）穿层钻孔预抽井巷揭煤区域煤层瓦斯区域防突措施的钻孔应当在揭煤工作面距煤层最小法向距离 7 m 以前实施，并用穿层钻孔至少控制以下范围的煤层：石门和立井、斜井揭煤处巷道轮廓线外 12 m（急倾斜煤层底部或者下帮 6 m），同时还应当保证控制范围的外边缘到巷道轮廓线（包括预计前方揭煤段巷道的轮廓线）的最小距离不小于 5 m。

当区域防突措施难以一次施工完成时，可分段实施，但每一段都应当能保证揭煤工作面到巷道前方至少 20 m 之间的煤层内，区域防突措施控制范围符合上述要求；

（四）穿层钻孔预抽煤巷条带煤层瓦斯区域防突措施的钻孔应当控制整条煤层巷道及其两侧一定范围内的煤层。该范围与本条第一项中巷道外侧的要求相同；

（五）顺层钻孔预抽煤巷条带煤层瓦斯区域防突措施的钻孔应当控制煤巷条带前方长度不小于 60 m，煤巷两侧控制范围与本条第一项中巷道外侧的要求相同；

（六）定向长钻孔预抽煤巷条带煤层瓦斯区域防突措施的钻孔应当采用定向钻进工艺施工预抽钻孔，且钻孔应当控制煤巷条带煤层前方长度不小于 300 m 和煤巷两侧轮廓线外一定范围，该范围与本条第一项中巷道外侧的要求相同；

（七）当煤巷掘进和采煤工作面在预抽煤层瓦斯防突效果有效的区域内作业时，工作面距未预抽或者预抽防突效果无效区域边界的最小距离不得小于 20 m；

（八）厚煤层分层开采时，预抽钻孔应当一次性穿透全煤层，不能穿透的，应当控制开采分层及其上部法向距离至少 20 m、下部 10 m 范围内的煤层，当遇有局部煤层增厚时，应当对钻孔布置做相应的调整或者增加钻孔；

（九）对距本煤层法向距离小于 5 m 的平均厚度大于 0.3 m 的邻近突出煤层，预抽钻孔控制范围与本煤层相同。

（十）煤层瓦斯压力达到 3 MPa 的区域应当采用地面井预抽煤层瓦斯，或者开采保护层，或者采用远程操控钻机施工钻孔预抽煤层瓦斯；

（十一）不具备按要求实施区域防突措施条件，或者实施区域防突措施时不能满足安全生产要求的突出煤层或者突出危险区，不得进行开采活动，并划定禁采区和限采区。

第六十五条 采用顺层钻孔预抽煤巷条带煤层瓦斯作为区域防突措施时，钻孔预抽煤层瓦斯的有效抽采时间不得少于 20 天；如果在钻孔施工过程中发现有喷孔、顶钻等动力现象的，有效抽采时间不得少于 60 天。

有下列条件之一的突出煤层，不得将顺层钻孔预抽煤巷条带煤层瓦斯作为区域防突措施：

（一）新建矿井经建井前评估有突出危险的煤层，首采区未按要求测定瓦斯参数并掌握瓦斯赋存规律的；

（二）历史上发生过突出强度大于 500 t/次的；

（三）开采范围内 $f<0.3$ 的；f 为 $0.3\sim0.5$，且埋深大于 500 m 的；f 为 $0.5\sim0.8$，且埋深大于 600 m 的；煤层埋深大于 700 m 的；煤巷条带位于开采应力集中区的；

（四）煤层瓦斯压力 $P\geqslant1.5$ MPa 或者瓦斯含量 $W\geqslant15$ m^3/t 的区域。

第六十六条 地面井预抽煤层瓦斯区域防突措施应当符合下列要求：

（一）地面井的井型和位置应当根据开拓部署及井下采掘布置进行选择和设计，不应影响后期井下采掘作业；

（二）钻井时应当对预抽煤层瓦斯含量进行测定；

（三）每口地面井预抽煤层瓦斯量应当准确计量；

（四）地面井预抽煤层瓦斯区域开拓准备工程施工前应当测定预抽区域煤层残余瓦斯含量。

第六十七条 预抽煤层瓦斯钻孔间距应当根据实际考察的煤层有效抽采半径确定。

穿层钻孔应当钻进到煤层顶（底）板岩层，顺层钻孔应当有效控制煤层全厚，否则按照本细则第六十四条执行。

厚煤层或者煤层明显变厚时，采取顺层钻孔预抽煤层瓦斯区域防突措施应当增加钻孔数量，或者采用穿层钻孔预抽煤层瓦斯。

采用倾角大于等于25°的下向顺层钻孔预抽煤层瓦斯区域防突措施时，应当采取有效防范钻孔积水、确保抽采效果的技术措施，否则不得采用。

预抽瓦斯钻孔封堵必须严密。穿层钻孔的封孔段长度不得小于5 m，顺层钻孔的封孔段长度不得小于8 m。

第四节　区域防突措施效果检验

第六十八条　开采保护层的保护效果检验主要采用残余瓦斯压力、残余瓦斯含量及其他经试验（应当符合本细则第五十七条的要求）证实有效的指标和方法。

采用残余瓦斯压力、残余瓦斯含量检验的，应当根据实测的最大残余瓦斯压力或者最大残余瓦斯含量按本细则第五十八条第三项的要求对被保护区域的保护效果进行检验。若检验结果仍为突出危险区，保护效果为无效。

第六十九条　采用预抽煤层瓦斯区域防突措施的，必须对区域防突措施效果进行检验，检验指标优先采用残余瓦斯含量指标，根据现场条件也可采用残余瓦斯压力或者其他经试验（应当符合本细则第五十七条的要求）证实有效的指标和方法进行检验。

采用残余瓦斯含量或者残余瓦斯压力检验指标时，应当首先根据检验单元内瓦斯抽采及排放量等计算煤层的残余瓦斯含量或者残余瓦斯压力，达到了要求指标后再现场直接测定残余瓦斯含量或者残余瓦斯压力指标，并根据直接测定指标判断防突效果。残余瓦斯含量和残余瓦斯压力的测定方法应当符合本细则第五十九条的要求。

采用穿层钻孔预抽井巷揭煤区域煤层瓦斯区域防突措施时，也可以参照本细则第八十八条的方法采用钻屑瓦斯解吸指标进行措施效果检验。

要对距本煤层法向距离小于 5 m 的平均厚度大于 0.3 m 的邻近突出煤层一并检验。

检验期间还应当观察、记录在煤层中进行钻孔施工等作业时发生的喷孔、顶钻、卡钻及其他突出预兆。

第七十条　对预抽煤层瓦斯区域防突措施进行检验时，应当根据经试验考察（应当符合本细则第五十七条的要求）确定的临界值进行评判。在确定前可以按照表 2 指标进行评判，当瓦斯含量或者瓦斯压力大于等于表 2 的临界值，或者在检验过程中有喷孔、顶钻等动力现象时，判定区域防突措施无效，该预抽区域为突出危险区；否则预抽措施有效，该区域为无突出危险区。

若检验指标达到或者超过临界值，或者出现喷孔、顶钻及其他明显突出预兆时，则以此检验测试点或者发生明显突出预兆的位置为中心，半径 100 m 范围内的区域判定为措施无效，仍为突出危险区。

穿层钻孔预抽井巷揭煤区域煤层瓦斯区域防突措施采用钻屑瓦斯解吸指标进行检验的，如果所有实测的指标值均小于临界值且没有喷孔、顶钻等动力现象时，判定区域防突措施有效，否则措施无效。

第七十一条　对预抽煤层瓦斯区域防突措施进行检验时，均应当首先分析、检查预抽区域内钻孔的分布等是否符合设计要求。不符合设计要求的，不予检验。

第七十二条　采用直接测定煤层残余瓦斯含量或者残余瓦斯压力等参数进行预抽煤层瓦斯区域防突措施效果检验时，应当符合下列要求：

（一）对预抽区段煤层瓦斯区域防突措施和预抽回采区煤层瓦斯区域防突措施进行检验时，若区段宽度（两侧回采巷道间距加回采巷道外侧控制范围）或者回采区域宽度未超过 120 m，则沿采煤工作面推进方向每间隔 30～50 m 至少布置 2 个检验测试点；否则，应当沿采煤工作面推进方向每间隔 30～50 m 至少布置 3 个检验测试点，且检验测试点距离回采巷道两帮大于 20 m；

（二）对穿层钻孔预抽井巷揭煤区域煤层瓦斯区域防突措施进行检验时，至少布置 4 个检验测试点，分别位于井巷中部和井巷轮廓线外的上部和两侧。

当分段实施区域防突措施时，揭煤工作面与煤层最小法向距离小于 7 m 后的各段都必须进行区域防突措施效果检验，且每一段布置的检验测试点不得少于 4 个。

自煤层顶板揭煤对实施的防突措施效果进行检验时，应当至少增加 1 个位于巷道轮廓线下部的检验测试点；

（三）对穿层钻孔预抽煤巷条带煤层瓦斯区域防突措施进行检验时，沿煤巷条带每间隔 30～50 m 至少布置 1 个检验测试点；

（四）对顺层钻孔预抽煤巷条带煤层瓦斯区域防突措施效果进行检验时，沿煤巷条带每间隔 20～30 m 至少布置 1 个检验测试点，且每个检验区域不得少于 5 个检验测试点；

（五）对定向长钻孔预抽煤巷条带煤层瓦斯区域防突措施进行检验时，沿煤巷条带每隔 20～30 m 至少布置 1 个检验测试点。也可以分段检验，但每段检验的煤巷条带长度不得小于 80 m，且每段不得少于 5 个检验测试点；

（六）对预抽区段和回采区煤层瓦斯区域防突措施效果及穿层钻孔预抽煤巷条带煤层瓦斯区域防突措施效果进行检验时，可以沿采煤工作面推进方向或者巷道掘进方向分段进行检验，但每段的长度不得小于 200 m；

（七）各检验测试点应当布置于所在钻孔密度较小、孔间距较大、预抽时间较短的位置，并尽可能远离各预抽瓦斯钻孔或者尽可能与周围预抽瓦斯钻孔保持等距离，避开采掘巷道的排放范围和工作面的预抽超前距。在地质构造复杂区域适当增加检验测试点。

第五节　区　域　验　证

第七十三条　区域预测为无突出危险区或者区域措施效果检验有效时，采掘过程中还应当对无突出危险区进行区域验证，并保留完整的工程设计、施工和验证的原始资料。

对井巷揭煤区域进行的区域验证，应当采用本细则第八十七条所列的井巷揭煤工作面突出危险性预测方法进行。

在煤巷掘进工作面和采煤工作面应当分别采用本细则第八十九条、第九十三条所列的工作面预测方法结合工作面瓦斯涌出动态变化等对无突出危险区进行区域验证，并按照下列要求进行：

（一）在工作面首次进入该区域时，立即连续进行至少2次区域验证；

（二）工作面每推进10~50 m（在地质构造复杂区域或者采取非定向钻机施工的预抽煤层瓦斯区域防突措施的每推进30 m）至少进行2次区域验证，并保留完整的工程设计、施工和效果检验的原始资料；

（三）在构造破坏带连续进行区域验证；

（四）在煤巷掘进工作面还应当至少施工1个超前距不小于10 m的超前钻孔或者采取超前物探措施，探测地质构造和观察突出预兆。

第七十四条 当区域验证为无突出危险时，应当采取安全防护措施后进行采掘作业。但若为采掘工作面在该区域进行的首次区域验证时，采掘前还应当保留足够的突出预测超前距。

只要有一次区域验证为有突出危险，则该区域以后的采掘作业前必须采取区域或者局部综合防突措施。

第四章　局部综合防突措施

第一节　局部综合防突工作程序和要求

第七十五条　工作面突出危险性预测（以下简称工作面预测）是预测工作面煤体的突出危险性，包括井巷揭煤工作面、煤巷掘进工作面和采煤工作面的突出危险性预测等。工作面预测应当在工作面推进过程中进行，经工作面预测后划分为突出危险工作面和无突出危险工作面。

应当采取局部综合防突措施的采掘工作面未进行工作面预测的，视为突出危险工作面。

第七十六条　当预测为突出危险工作面时，必须实施工作面防突措施和工作面防突措施效果检验。只有经效果检验证实措施有效后，即判定为无突出危险工作面，方可进行采掘作业；当措施无效时，仍为突出危险工作面，必须采取补充防突措施，并再次进行措施效果检验，直到措施有效。

无突出危险工作面必须在采取安全防护措施并保留足够的突出预测超前距或者防突措施超前距的条件下进行采掘作业。

煤巷掘进和采煤工作面应当保留的最小预测超前距均为 2 m。

工作面应当保留的最小防突措施超前距为：煤巷掘进工作面 5 m，采煤工作面 3 m；在地质构造破坏严重地带煤巷掘进工作面不小于 7 m，采煤工作面不小于 5 m。

每次工作面防突措施施工完成后，应当绘制工作面防突措施竣工图，并标注每次工作面预测、效果检验的数据。

第七十七条　井巷揭开突出煤层前，必须掌握煤层层位、赋存参数、地质构造等情况。

在揭煤工作面掘进至距煤层最小法向距离 10 m 之前，应当至少施工 2 个穿透煤层全厚且进入顶（底）板不小于 0.5 m 的前探取芯钻孔，并详细记录岩芯资料，掌握煤层赋存条件、地质构造等。当需要测定瓦斯压力时，前探钻孔可用作测压钻孔；若二者不能共用时，则必须在最小法向距离 7 m 前施工 2 个瓦斯压力测定钻孔，且应当布置在与该区域其他钻孔见煤点间距最大的位置。

在地质构造复杂、岩石破碎的区域，揭煤工作面掘进至距煤层最小法向距离 20 m 之前必须布置一定数量的前探钻孔，也可用物探等手段探测煤层的层位、赋存形态和底（顶）板岩石致密性等情况。

第七十八条 揭煤作业包括从距突出煤层底（顶）板的最小法向距离 5 m 开始，直至揭穿煤层进入顶（底）板 2 m（最小法向距离）的全过程，应当采取局部综合防突措施。在距煤层底（顶）板最小法向距离 5 m 至 2 m 范围，掘进工作面应当采用远距离爆破。揭煤作业前应当编制井巷揭煤防突专项设计，并报煤矿企业技术负责人审批。

揭煤作业应当按照下列程序进行（井巷揭煤作业基本程序参考示意图参见附录 F）：

（一）探明揭煤工作面和煤层的相对位置；

（二）在与煤层保持适当距离的位置进行工作面预测（或者区域验证）；

（三）工作面预测（或者区域验证）有突出危险时，采取工作面防突措施；

（四）实施工作面措施效果检验；

（五）采用工作面预测方法进行揭煤验证；

（六）采取安全防护措施并采用远距离爆破揭开或者穿过煤层。

第七十九条 井巷揭煤工作面的突出危险性预测必须在距突出煤层最小法向距离 5 m 前进行，地质构造复杂、岩石破碎的区域应当适当加大法向距离。

经工作面预测或者措施效果检验为无突出危险工作面时，应当采用物探或者钻探手段边探边掘至距突出煤层法向距离不小于 2 m 处，然后采用井巷揭煤工作面预测的方法进行揭煤验证。若经揭煤验证仍为无突出危险工作面时，方可揭开突出煤层。

当工作面预测、措施效果检验或者揭煤前验证为突出危险工作面时，必须采取或者补充工作面防突措施，直到经措施效果检验和验证为无突出危险工作面。

第八十条 井巷揭煤作业期间必须采取安全防护措施，加强煤层段及煤岩交接处的巷道支护。井巷揭煤工作面距煤层法向距离 2 m 至进入顶（底）板 2 m 的范围，均应当采用远距离爆破掘进工艺。

禁止使用震动爆破揭开突出煤层。

第八十一条 揭煤巷道全部或者部分在煤层中掘进期间，还应当按照煤巷掘进工作面的要求连续进行工作面预测，并且根据煤层赋存状况分别在位于巷道轮廓线上方和下方的煤层中至少增加 1 个预测钻孔，当预测有突出危险时应当按照煤巷掘进工作面的要求实施局部综合防突措施。

第八十二条 根据超前探测结果，当井巷揭穿厚度小于 0.3 m 的突出煤层时，可在采取安全防护措施的条件下，直接采用远距离爆破方式揭穿煤层。

第八十三条 突出煤层的每个煤巷掘进工作面和采煤工作面都必须编制工作面防突专项设计，报煤矿总工程师批准。实施过程中当煤层赋存条件变化较大或者巷道设计发生变化时，还应当作出补充或者修改设计。

第八十四条 在实施局部综合防突措施的煤巷掘进工作面和采煤工作面，当预测为无突出危险，且上一循环的预测也是无突出危险时，方可确定为无突出危险工作面，并在采取安全防护措施、保留足够的预测超前距的条件下进行采掘作业；否则，仍要执行一次工作面防突措施和措施效果检验。

第二节 工作面突出危险性预测

第八十五条 对于各类工作面，除本细则规定应当或者可以采用的工作面预测方法外，其他新方法的研究试验应当由具有煤与瓦斯突出鉴定资质的机构进行；在试验前，应当由煤矿企业技术负责人批准。

突出矿井应当针对各煤层的特点和条件试验确定工作面预测的敏感指标和临界值，并作为判定工作面突出危险性的主要依据。试验应当由具有煤与瓦斯突出鉴定资质的机构进行，在试验前和应用前应当由煤矿企业技术负责人批准。

第八十六条 为使工作面预测更可靠，鼓励根据实际条件增加一些辅助预测指标（工作面瓦斯涌出量动态变化、声发射、电磁辐射、钻屑温度、煤体温度等），并采用物探、钻探等手段探测前方地质构造，观察分析煤体结构和采掘作业、钻孔施工中的各种现象，进行工作面突出危险性的综合预测。

工作面地质构造、采掘作业及钻孔等现象主要有以下方面：

（一）煤层的构造破坏带，包括断层、剧烈褶曲、火成岩侵入等；

（二）煤层赋存条件急剧变化；

（三）采掘应力叠加；

（四）工作面出现喷孔、顶钻等；

（五）工作面出现明显的突出预兆。

在突出煤层，当出现上述第四、第五项情况时，必须采取区域综合防突措施；当有上述第一、第二、第三项情况时，除已经实施了工作面防突措施外，应当视为突出危险工作面并实施相关措施。

第八十七条 井巷揭煤工作面的突出危险性预测应当选用钻屑瓦斯解吸指标法或者其他经试验证实有效的方法进行。

第八十八条 采用钻屑瓦斯解吸指标法预测井巷揭煤工作面突出危险性时，由工作面向煤层的适当位置至少施工 3 个钻孔，在钻孔钻进到煤层时每钻进 1 m 采集一次孔口排出的粒径 1～3 mm 的煤钻屑，测定其瓦斯解吸指标 K_1 或者 Δh_2 值。测定时，应当考虑不同钻进工艺条件下的排渣速度。

各煤层井巷揭煤工作面钻屑瓦斯解吸指标的临界值应当根据试验考察确定，在确定前可暂按表 3 中所列的指标临界值预测突出危险性。

表3　钻屑瓦斯解吸指标法预测井巷揭煤工作面
突出危险性的参考临界值

煤　样	Δh_2 指标临界值/ Pa	K_1 指标临界值/ $\left[\mathrm{mL} \cdot \left(\mathrm{g} \cdot \min^{\frac{1}{2}} \right)^{-1} \right]$
干煤样	200	0.5
湿煤样	160	0.4

如果所有实测的指标值均小于临界值，并且未发现其他异常情况，则该工作面为无突出危险工作面；否则，为突出危险工作面。

第八十九条　可采用下列方法预测煤巷掘进工作面的突出危险性：

（一）钻屑指标法；

（二）复合指标法；

（三）R 值指标法；

（四）其他经试验证实有效的方法。

当采用第一至第三项预测方法时，预测钻孔的布置方式为：在近水平、缓倾斜煤层工作面应当向前方煤体至少施工 3 个预测钻孔，在倾斜或者急倾斜煤层至少施工 2 个直径42 mm、孔深8～10 m 的预测钻孔。钻孔应当尽可能布置在软分层中，其中 1 个钻孔位于掘进巷道断面中部，并平行于掘进方向，其他钻孔的终孔点应当位于巷道断面两侧轮廓线外2～4 m 处。对于厚度超过 5 m 的煤层应当向巷道上方或者下方的煤体适当增加预测钻孔。

第九十条　采用钻屑指标法预测煤巷掘进工作面突出危险性时，预测钻孔从第 2 m 深度开始，每钻进 1 m 测定该 1 m 段的全部钻屑量 S，每钻进 2 m 至少测定 1 次钻屑瓦斯解吸指标 K_1 或者 Δh_2 值。

各煤层采用钻屑指标法预测煤巷掘进工作面突出危险性的指标

临界值应当根据试验考察确定，在确定前可暂按表4的临界值确定工作面的突出危险性。

表4　钻屑指标法预测煤巷掘进工作面突出
危险性的参考临界值

钻屑瓦斯解吸指标 Δh_2/Pa	钻屑瓦斯解吸指标 K_1/$[mL \cdot (g \cdot min^{\frac{1}{2}})^{-1}]$	钻屑量 S/	
		$(kg \cdot m^{-1})$	$(L \cdot m^{-1})$
200	0.5	6	5.4

如果实测得到的 S、K_1 或者 Δh_2 的所有测定值均小于临界值，并且未发现其他异常情况，则该工作面预测为无突出危险工作面；否则，为突出危险工作面。

第九十一条　采用复合指标法预测煤巷掘进工作面突出危险性时，预测钻孔从第2m深度开始，每钻进1m测定该1m段的全部钻屑量 S，并在暂停钻进后2min内测定钻孔瓦斯涌出初速度 q。测定钻孔瓦斯涌出初速度时，测量室的长度为1.0m。

各煤层采用复合指标法预测煤巷掘进工作面突出危险性的指标临界值应当根据试验考察确定，在确定前可暂按表5的临界值进行预测。

表5　复合指标法预测煤巷掘进工作面突出
危险性的参考临界值

钻孔瓦斯涌出初速度 q/$(L \cdot min^{-1})$	钻屑量 S/	
	$(kg \cdot m^{-1})$	$(L \cdot m^{-1})$
5	6	5.4

如果实测得到的指标 q、S 的所有测定值均小于临界值，并且未发现其他异常情况，则该工作面预测为无突出危险工作面；否则，为突出危险工作面。

第九十二条　采用 R 值指标法预测煤巷掘进工作面突出危险性时，预测钻孔从第 2 m 深度开始，每钻进 1 m 收集并测定该 1 m 段的全部钻屑量 S，并在暂停钻进后 2 min 内测定钻孔瓦斯涌出初速度 q。测定钻孔瓦斯涌出初速度时，测量室的长度为 1.0 m。

按下式计算各孔的 R 值：

$$R = (S_{max} - 1.8)(q_{max} - 4)$$

式中　S_{max}——每个钻孔沿孔长的最大钻屑量，L/m；

　　　q_{max}——每个钻孔的最大钻孔瓦斯涌出初速度，L/min。

判定各煤层煤巷掘进工作面突出危险性的临界值应当根据试验考察确定，在确定前可暂按以下指标进行预测：当所有钻孔的 R 值小于 6 且未发现其他异常情况时，该工作面可预测为无突出危险工作面；否则，判定为突出危险工作面。

第九十三条　对采煤工作面的突出危险性预测，可参照本细则第八十九条所列的煤巷掘进工作面预测方法进行。但应当沿采煤工作面每隔 10～15 m 布置 1 个预测钻孔，深度 5～10 m，除此之外的各项操作等均与煤巷掘进工作面突出危险性预测相同。

判定采煤工作面突出危险性的各项指标临界值应当根据试验考察确定，在确定前可参照煤巷掘进工作面突出危险性预测的临界值。

第三节　工作面防突措施

第九十四条　工作面防突措施是针对经工作面预测有突出危险的煤层实施的局部防突措施，其有效作用范围一般仅限于当前工作面周围的较小范围。

第九十五条　井巷揭煤防突专项设计应当至少包括下列内容：

（一）井巷揭煤区域煤层、瓦斯、地质构造及巷道布置的基本情况；

（二）建立安全可靠的独立通风系统及加强控制通风风流设施的措施；

（三）控制突出煤层层位、准确确定安全岩柱厚度的措施，测定煤层瓦斯参数的钻孔等工程布置、实施方案；

（四）揭煤工作面突出危险性预测及防突措施效果检验的方法、指标，预测及检验钻孔布置等；

（五）井巷揭煤工作面防突措施；

（六）安全防护措施及组织管理措施；

（七）加强过煤层段巷道的支护及其他措施。

应当采取区域综合防突措施的，还要包括本细则第三章规定的相关内容。

第九十六条　井巷揭煤工作面的防突措施包括超前钻孔预抽瓦斯、超前钻孔排放瓦斯、金属骨架、煤体固化、水力冲孔或者其他经试验证明有效的措施。

立井揭煤工作面可以选用前款规定中除水力冲孔以外的各项措施。

金属骨架、煤体固化措施，应当在采用了其他防突措施并检验有效后方可在揭开煤层前实施。

对所实施的防突措施都必须进行实际考察，得出符合本矿井实际条件的有关参数。

根据工作面岩层情况，实施工作面防突措施时，揭煤工作面与突出煤层间的最小法向距离：采取超前钻孔预抽瓦斯、超前钻孔排放瓦斯以及水力冲孔措施均为 5 m；采取金属骨架、煤体固化措施均为 2 m。当井巷断面较大、岩石破碎程度较高时，还应当适当加大距离。

第九十七条　在井巷揭煤工作面采用超前钻孔预抽瓦斯、超前钻孔排放瓦斯防突措施时，钻孔直径一般为 75～120 mm。石门揭煤工作面钻孔的控制范围是：石门揭煤工作面的两侧和上部轮廓线外至少 5 m、下部至少 3 m。立井揭煤工作面钻孔控制范围是：近水平、缓倾斜、倾斜煤层为井筒四周轮廓线外至少 5 m；急倾斜煤层沿走向两侧及沿倾斜上部轮廓线外至少 5 m，下部轮廓线外至少 3 m。钻孔的孔底间距应根据实际考察确定。

揭煤工作面施工的钻孔应当尽可能穿透煤层全厚。当不能一次揭穿（透）煤层全厚时，可分段施工，但第一次实施的钻孔穿煤长度不得小于15 m，且进入煤层掘进时，必须至少留有5 m的超前距离（掘进到煤层顶或者底板时不在此限）。

超前预抽钻孔和超前排放钻孔在揭穿煤层之前应当保持抽采或者自然排放状态。

采取排放钻孔措施的，应当明确排放的时间。

第九十八条　石门揭煤工作面采用水力冲孔防突措施时，钻孔应当至少控制自揭煤巷道至轮廓线外3～5 m的煤层，冲孔顺序为先冲对角孔后冲边上孔，最后冲中间孔。水压视煤层的软硬程度而定。石门全断面冲出的总煤量（t）数值不得小于煤层厚度（m）的20倍。若有钻孔冲出的煤量较少时，应当在该孔周围补孔。

第九十九条　井巷揭煤工作面金属骨架措施一般在石门和斜井上部和两侧或者立井周边外0.5～1.0 m范围内布置骨架孔。骨架钻孔应当穿过煤层并进入煤层顶（底）板至少0.5 m，当钻孔不能一次施工至煤层顶（底）板时，则进入煤层的深度不应小于15 m。钻孔间距一般不大于0.3 m，对于松软煤层应当安设两排金属骨架，钻孔间距应当小于0.2 m。骨架材料可选用8 kg/m及以上的钢轨、型钢或者直径不小于50 mm的钢管，其伸出孔外端用金属框架支撑或者砌入碹内等方法加固。插入骨架材料后，应当向孔内灌注水泥砂浆等不延燃性固化材料。

揭开煤层后，严禁拆除金属骨架。

第一百条　井巷揭煤工作面煤体固化措施适用于松软煤层，用以增加工作面周围煤体的强度。向煤体注入固化材料的钻孔应当进入煤层顶（底）板0.5 m及以上，一般钻孔间距不大于0.5 m，钻孔位于巷道轮廓线外0.5～2.0 m的范围内，根据需要也可在巷道轮廓线外布置多排环状钻孔。当钻孔不能一次施工至煤层顶板时，则进入煤层的深度不应小于10 m。

各钻孔应当在孔口封堵牢固后方可向孔内注入固化材料。可以根据注入压力升高的情况或者注入量决定是否停止注入。

固化操作时，所有人员不得正对孔口。

在巷道四周环状固化钻孔外侧的煤体中，预抽或者排放瓦斯钻孔自固化作业到完成揭煤前应当保持抽采或者自然排放状态，否则，应当施工一定数量的排放瓦斯钻孔。从固化作业完成到揭煤结束的时间超过 5 天时，必须重新进行工作面突出危险性预测或者措施效果检验。

第一百零一条 煤巷掘进和采煤工作面防突专项设计应当至少包括下列内容：

（一）煤层、瓦斯、地质构造及邻近区域巷道布置的基本情况；

（二）建立安全可靠的独立通风系统及加强控制通风风流设施的措施；

（三）工作面突出危险性预测及防突措施效果检验的方法、指标以及预测、效果检验钻孔布置等；

（四）防突措施的选取及施工设计；

（五）安全防护措施；

（六）组织管理措施。

矿井各煤层采用的煤巷掘进工作面和采煤工作面各种防突措施的效果和参数等都要经实际考察确定。

第一百零二条 有突出危险的煤巷掘进工作面防突措施选择应当符合下列要求：

（一）优先选用超前钻孔（包括超前钻孔预抽瓦斯、超前钻孔排放瓦斯），采取超前钻孔排放措施的，应当明确排放的时间；

（二）不得选用水力挤出（挤压）、水力冲孔措施；倾角在 8°以上的上山掘进工作面不得选用松动爆破、水力疏松措施；

（三）采用松动爆破或者其他工作面防突措施时，必须经试验考察确认防突效果有效后方可使用；

（四）前探支架措施应当配合其他措施一起使用。

第一百零三条 煤巷掘进工作面在地质构造破坏带或者煤层赋存条件急剧变化处不能按原措施设计要求实施时，必须施工钻孔查明煤层赋存条件，然后采用直径为 42～75 mm 的钻孔排放瓦斯。

若突出煤层煤巷掘进工作面前方遇到落差超过煤层厚度的断层，

应当参照石门揭煤的措施执行。

在煤巷掘进工作面第一次执行工作面防突措施或者措施超前距不足时，必须采取小直径超前排放钻孔防突措施，只有在工作面前方形成 5 m 及以上的安全屏障后，方可进入正常防突措施循环。

第一百零四条　煤巷掘进工作面采用超前钻孔作为工作面防突措施时，应当符合下列要求：

（一）巷道两侧轮廓线外钻孔的最小控制范围：近水平、缓倾斜煤层两侧各 5 m，倾斜、急倾斜煤层上帮 7 m、下帮 3 m。当煤层厚度较大时，钻孔应当控制煤层全厚或者在巷道顶部煤层控制范围不小于 7 m，巷道底部煤层控制范围不小于 3 m；

（二）钻孔在控制范围内应当均匀布置，在煤层的软分层中可适当增加钻孔数。钻孔数量、孔底间距等应当根据钻孔的有效抽放或者排放半径确定；

（三）钻孔直径应当根据煤层赋存条件、地质构造和瓦斯情况确定，一般为 75～120 mm，地质条件变化剧烈地带应当采用直径 42～75 mm 的钻孔；

（四）煤层赋存状态发生变化时，及时探明情况，重新确定超前钻孔的参数；

（五）钻孔施工前，加强工作面支护，打好迎面支架，背好工作面煤壁。

第一百零五条　煤巷掘进工作面采用松动爆破防突措施时，应当符合下列要求：

（一）松动爆破钻孔的孔径一般为 42 mm，孔深不得小于 8 m。松动爆破应当至少控制到巷道轮廓线外 3 m 的范围。孔数根据松动爆破的有效影响半径确定。松动爆破的有效影响半径通过实测确定；

（二）松动爆破孔的装药长度为孔长减去 5.5～6 m；

（三）松动爆破按远距离爆破的要求执行；

（四）松动爆破应当配合瓦斯抽放钻孔一起使用。

第一百零六条　煤巷掘进工作面水力疏松措施应当符合下列要求：

（一）向工作面前方按一定间距布置注水钻孔，然后利用封孔器封孔，向钻孔内注入高压水。注水参数应当根据煤层性质合理选择，如未实测确定，可参考如下参数：钻孔间距 4.0 m、孔径 42~50 mm、孔长 6.0~10 m、封孔 2~4 m，注水压力不超过 10 MPa，注水时以煤壁出水或者注水压力下降 30% 后方可停止注水；

（二）水力疏松后的允许推进度，一般不宜超过封孔深度，其孔间距不超过注水有效半径的 2 倍；

（三）单孔注水时间不低于 9 min。若提前漏水，则在邻近钻孔 2.0 m 左右处补充施工注水钻孔。

第一百零七条 前探支架可用于松软煤层的平巷掘进工作面。一般是向工作面前方施工钻孔，孔内插入钢管或者钢轨，其长度可按两次掘进循环的长度再加 0.5 m，每掘进一次施工一排钻孔，形成两排钻孔交替前进，钻孔间距为 0.2~0.3 m。

第一百零八条 采煤工作面可以选用超前钻孔（包括超前钻孔预抽瓦斯和超前钻孔排放瓦斯）、注水湿润煤体、松动爆破或者其他经试验证实有效的防突措施。采取排放钻孔措施的，应当明确排放的时间。

第一百零九条 采煤工作面采用超前钻孔作为工作面防突措施时，钻孔直径一般为 75~120 mm，钻孔在控制范围内应当均匀布置，在煤层的软分层中可适当增加钻孔数；超前钻孔的孔数、孔底间距等应当根据钻孔的有效排放或者抽放半径确定。

第一百一十条 采煤工作面的松动爆破防突措施适用于煤质较硬、围岩稳定性较好的煤层。松动爆破孔间距根据实际情况确定，一般 2~3 m，孔深不小于 5 m，炮泥封孔长度不得小于 1 m。应当适当控制装药量，以免孔口煤壁垮塌。

松动爆破时，应当按远距离爆破的要求执行。

第一百一十一条 采煤工作面浅孔注水湿润煤体措施可用于煤质较硬的突出煤层。注水孔间距和注水压力等根据实际情况考察确定，但孔深不小于 4 m，注水压力不得高于 10 MPa。当发现水由煤壁或者相邻注水钻孔中流出时，即可停止注水。

第四节　工作面防突措施效果检验

第一百一十二条　工作面执行防突措施后，必须对防突措施效果进行检验。

在实施钻孔检验防突措施效果时，分布在工作面各部位的检验钻孔应当布置于所在部位防突措施钻孔密度相对较小、孔间距相对较大的位置，并远离周围的各防突措施钻孔或者尽可能与周围各防突措施钻孔保持等距离。在地质构造复杂地带应当根据情况适当增加检验钻孔。

工作面防突措施效果检验必须包括以下两部分内容：

（一）检查所实施的工作面防突措施是否达到了设计要求和满足有关规章、标准等规定，并了解、收集工作面及实施措施的相关情况、突出预兆等（包括喷孔、顶钻等），作为措施效果检验报告的内容之一，用于综合分析、判断；

（二）各检验指标的测定情况及主要数据。

第一百一十三条　对井巷揭煤工作面进行防突措施效果检验时，应当选择本细则第八十七条所列的钻屑瓦斯解吸指标法，或者其他经试验证实有效的方法，但所有用钻孔方式检验的方法中检验孔数均不得少于5个，分别位于井巷的上部、中部、下部和两侧。

如果工作面措施检验结果的各项指标都在该煤层突出危险临界值以下，且未发现其他异常情况，则措施有效；否则，判定为措施无效，必须重新执行区域综合防突措施或者局部综合防突措施。

第一百一十四条　煤巷掘进工作面执行防突措施后，应当选择本细则第八十九条所列的方法进行措施效果检验。

检验孔应当不少于3个，深度应当小于或者等于防突措施钻孔。

如果煤巷掘进工作面措施效果检验指标均小于指标临界值，且未发现其他异常情况，则措施有效；否则，判定为措施无效，必须重新执行区域综合防突措施或者局部综合防突措施。

当检验结果措施有效时，若检验孔与防突措施钻孔向巷道掘进方向的投影长度（以下简称投影孔深）相等，则可在留足防突措施超前距（见本细则第七十六条）并采取安全防护措施的条件下掘进。当检验孔的投影孔深小于防突措施钻孔时，则应当在留足所需的防突措施超前距并同时保留有至少 2 m 检验孔投影孔深超前距的条件下，采取安全防护措施后实施掘进作业。

第一百一十五条　对采煤工作面防突措施效果的检验应当参照采煤工作面突出危险性预测的方法和指标实施。但应当沿采煤工作面每隔 10～15 m 布置 1 个检验钻孔，深度应当小于或者等于防突措施钻孔。

如果采煤工作面检验指标均小于指标临界值，且未发现其他异常情况，则措施有效，为无突出危险工作面；否则，判定为措施无效，必须重新执行区域综合防突措施或者局部综合防突措施。

当检验结果为措施有效时，若检验孔与防突措施钻孔深度相等，则可在留足防突措施超前距（见本细则第七十六条）并采取安全防护措施的条件下回采。当检验孔的深度小于防突措施钻孔时，则应当在留足所需的防突措施超前距并同时保留有 2 m 检验孔超前距的条件下，采取安全防护措施后实施回采作业。

第五节　安全防护措施

第一百一十六条　井巷揭穿突出煤层和在突出煤层中进行采掘作业时，必须采取避难硐室、反向风门、压风自救装置、隔离式自救器、远距离爆破等安全防护措施。

第一百一十七条　突出矿井必须建设采区避难硐室，采区避难硐室必须接入矿井压风管路和供水管路，满足避险人员的避险需要，额定防护时间不低于 96 h。

突出煤层的掘进巷道长度及采煤工作面推进长度超过 500 m 时，应当在距离工作面 500 m 范围内建设临时避难硐室或者其他临时避险设施。临时避难硐室必须设置向外开启的密闭门或者隔离门（隔离门按反向风门设置标准安设），接入矿井压风管路，并安设压风自救装置，设置与矿调度室直通的电话，配备足量的饮用水及自救器。

第一百一十八条　在突出煤层的井巷揭煤、煤巷和半煤岩巷掘进工作面进风侧，必须设置至少 2 道牢固可靠的反向风门。风门之间的距离不得小于 4 m。

工作面爆破作业或者无人时，反向风门必须关闭。

反向风门距工作面的距离和反向风门的组数，应当根据掘进工作面的通风系统和预计的突出强度确定，但反向风门距工作面回风巷不得小于 10 m，与工作面的最近距离一般不得小于 70 m，如小于 70 m 时应设置至少 3 道反向风门。

反向风门墙垛可用砖、料石或者混凝土砌筑，嵌入巷道周边岩石的深度可根据岩石的性质确定，但不得小于 0.2 m；墙垛厚度不得小于 0.8 m。在煤巷构筑反向风门时，风门墙体四周必须掏槽，掏槽深度见硬帮硬底后再进入实体煤不小于 0.5 m。

通过反向风门墙垛的风筒、水沟、刮板输送机道等，必须设有逆向隔断装置。

第一百一十九条　为降低因爆破诱发突出的强度，可根据情况在炮掘工作面安设挡栏。挡栏可以用金属、矸石或者木垛等构成。金属挡栏一般是由槽钢排列成的方格框架，框架中槽钢的间隔为 0.4 m，槽钢彼此用卡环固定，使用时在迎工作面的框架上再铺上金属网，然后用木支柱将框架撑成 45°的斜面。一组挡栏通常由两架组成，间距为 6~8 m。可根据预计的突出强度在设计中确定挡栏距工作面的距离。

第一百二十条　井巷揭穿突出煤层和突出煤层的炮掘、炮采工作面必须采取远距离爆破安全防护措施。

井巷揭煤采用远距离爆破时，必须明确包括起爆地点、避灾路线、警戒范围，制定停电撤人等措施。

井巷揭煤起爆及撤人地点必须位于反向风门外且距工作面 500 m 以上全风压通风的新鲜风流中，或者距工作面 300 m 以外的避难硐室内。

在矿井尚未构成全风压通风的建井初期，在井巷揭穿有突出危险煤层的全部作业过程中，与此井巷有关的其他工作面必须停止工作。在实施揭穿突出煤层的远距离爆破时，井下全部人员必须撤至地面，井下必须全部断电，立井井口附近地面20 m范围内或者斜井井口前方50 m、两侧20 m范围内严禁有任何火源。

煤巷掘进工作面采用远距离爆破时，起爆地点必须设在进风侧反向风门之外的全风压通风的新鲜风流中或者避难硐室内，起爆地点距工作面爆破地点的距离应当在措施中明确，由煤矿总工程师根据曾经发生的最大突出强度等具体情况确定，但不得小于300 m；采煤工作面起爆地点到工作面的距离由煤矿总工程师根据具体情况确定，但不得小于100 m，且位于工作面外的进风侧。

远距离爆破时，回风系统必须停电撤人。爆破后，进入工作面检查的时间应当在措施中明确规定，但不得小于30 min。

第一百二十一条 突出煤层采掘工作面附近、爆破撤离人员集中地点、起爆地点必须设有直通矿调度室的电话，并设置有供给压缩空气的避险设施或者压风自救装置。工作面回风系统中有人作业的地点，也应当设置压风自救装置。

压风自救系统应当达到下列要求：

（一）压风自救装置安装在掘进工作面巷道和采煤工作面巷道内的压缩空气管道上；

（二）在以下每个地点都应当至少设置一组压风自救装置：距采掘工作面25～40 m的巷道内、起爆地点、撤离人员与警戒人员所在的位置以及回风巷有人作业处等地点。在长距离的掘进巷道中，应当每隔200 m至少安设一组压风自救装置，并在实施预抽煤层瓦斯区域防突措施的区域，根据实际情况增加压风自救装置的设置组数；

（三）每组压风自救装置应当可供5～8人使用，平均每人的压缩空气供给量不得少于0.1 m^3/min。

第五章 防治岩石与二氧化碳 （瓦斯）突出措施

第一百二十二条 在矿井范围内发生过突出的岩层或者经鉴定、认定有突出危险的岩层，为岩石与二氧化碳（瓦斯）突出岩层（以下简称突出岩层）。

在开拓、生产范围内有突出岩层的矿井即为岩石与二氧化碳（瓦斯）突出矿井（以下简称岩石突出矿井）。

煤矿企业应当对岩石突出矿井、突出岩层分别参照本细则对于突出矿井、突出煤层管理的各项要求，专门制定满足安全生产需要的管理措施，报省级煤炭行业管理部门、煤矿安全监管部门和煤矿安全监察机构。

第一百二十三条 在突出岩层内掘进巷道或者揭穿该岩层时，必须采取工作面突出危险性预测、工作面防治岩石突出措施、工作面防突措施效果检验、安全防护措施的局部综合防突措施。

当预测有突出危险时，必须采取防治岩石突出措施。只有经措施效果检验证实措施有效后，方可在采取安全防护措施的情况下进行掘进作业。

岩石与二氧化碳（瓦斯）突出危险性预测可以采用岩芯法或者突出预兆法。措施效果检验应当采用岩芯法。

安全防护措施应当按照防治煤与瓦斯突出的安全防护措施实施。

第一百二十四条 采用岩芯法预测工作面岩石与二氧化碳（瓦斯）突出危险性时，在工作面前方岩体内施工直径 50～70 mm、长度不小于 10 m 的钻孔，取出全部岩芯，并从孔深 2 m 处起记录岩芯中的圆片数。

工作面突出危险性的判定方法为：

（一）岩芯中没有圆片和岩芯表面上没有环状裂缝时，预测为无突出危险地带；

（二）当取出的岩芯大部分长度在 150 mm 及以上，且有裂缝围绕，个别为小圆柱体或者圆片时，预测为一般突出危险地带；

（三）取出 1 m 长的岩芯内，部分岩芯出现 20～30 个圆片，其余岩芯为长 50～100 mm 的圆柱体并有环状裂隙时，预测为中等突出危险地带；

（四）当 1 m 长的岩芯内具有 20～40 个凸凹状圆片时，预测为严重突出危险地带。

第一百二十五条 采用突出预兆法预测工作面岩石与二氧化碳（瓦斯）突出危险性时，具有下列情况之一的，确定为岩石与二氧化碳（瓦斯）突出危险工作面：

（一）岩石呈薄片状或者松软碎屑状的；

（二）工作面爆破后，进尺超过炮眼深度的；

（三）有明显的火成岩侵入或者工作面二氧化碳（瓦斯）涌出量明显增大的。

第一百二十六条 巷道应当尽可能避免布置在突出岩层中。在突出岩层中掘进巷道时，可以采取钻眼爆破工程参数优化、超前钻孔、松动爆破、开卸压槽及在工作面附近设置挡栏等防治岩石与二氧化碳（瓦斯）突出措施。

采取上述措施的，应当符合下列要求：

（一）在一般或者中等程度突出危险地带，可以采用浅孔爆破措施或者远距离多段爆破法，以减少对岩体的震动强度、降低突出频率和强度。远距离多段爆破法的做法是，先在工作面施工 6 个掏槽眼、6 个辅助眼，呈椭圆形布置，使爆破后形成椭圆形超前孔洞，然后爆破周边炮眼，其炮眼距超前孔洞周边应当大于 0.6 m，孔洞超前距不小于 2 m；

（二）在严重突出危险地带，可以采用超前钻孔和松动爆破措施。超前钻孔直径不小于 75 mm，孔数根据巷道断面大小、突出危险岩层赋存及单个排放钻孔有效作用半径考察确定，但不得少于 3

个，孔深应当大于 40 m，钻孔超前工作面的安全距离不得小于 5 m。

深孔松动爆破孔径一般 60~75 mm，孔长 15~25 m，封孔深度不小于 5 m，孔数 4~5 个，其中爆破孔 1~2 个，其他孔不装药，以提高松动效果。

第六章 附 则

第一百二十七条 本细则自 2019 年 10 月 1 日起施行。

附录 A 防治煤与瓦斯突出基本流程图

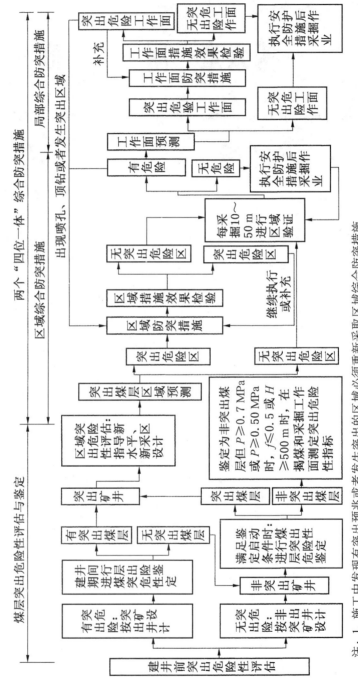

注: 1. 施工中发现有突出预兆或者发生突出危险, 则该区域必须重新采取区域综合防突措施或者局部综合防突措施.

2. 只要有一次区域验证为有突出危险, 则该区域以后的采掘作业必须采取区域综合防突措施或者局部综合防突措施.

附录 B 煤与瓦斯突出矿井基本情况调查表

_____省___市(县) 企业名称_____矿___井 填表日期___年__月__日

矿井设计能力/t		首次突出	时间						
矿井实际生产能力/t			地点及标高/m						
开拓方式			距地表垂深/m						
矿井可采煤层层数		突出次数	总计	各类坑道中突出次数					
矿井可采煤层储量/t				石门	平巷	上山	下山	回采	其他
突出煤层可采储量/t									
突出煤层及围岩特征	名 称	突出最大强度	煤(岩)量/t						
	厚度/m		突出瓦斯量/m³						
	倾角/(°)	千吨以上突出次数			采取何种防突措施及其效果				
	煤 质	其中	石 门						
	软煤的坚固性系数f		平 巷						
	顶板岩性		上 山						
	底板岩性		下 山						
保护层	类 型		回 采						
	煤层名称		其 他						
	厚度/m	目前正在进行的防治突出的研究课题	主攻方向						
	距危险层最大距离/m								
瓦斯压力	最高压力/MPa		进展情况						
	测压地点距地表垂深/m		人员及参加单位						

（续）

煤层瓦斯含量/ （m³·t⁻¹）		备　注	
矿井瓦斯涌出量/ （m³·min⁻¹）			
有无抽采系统及 抽采方式			

煤矿企业负责人：　　　　　　　　　　　　煤矿企业技术负责人：

防突机构负责人：　　　　　　　　　　　　填表人：

附录 C 煤与瓦斯突出记录卡片

编号_____ _____省(区、市)　　　　企业名称_____矿___井

突出日期	年 月 日 时		地点		孔洞形状轴线与水平面之夹角	
标高	巷道类型	突出类型		距地表垂深/m	喷出煤量和岩石量	
突出地点通风系统示意图(注距离尺寸)		突出处煤层剖面图(注比例尺)煤层顶底板岩层柱状图			煤喷出距离和堆积坡度	
煤层特征	名称	倾角/(°)	邻近层开采情况	上部	发生动力现象后的主要特征	喷出煤的粒度和分选情况
	厚度/m	硬度		下部		
地质构造的叙述(断层、褶曲、厚度、倾角及其变化)						突出地点附近围岩和煤层破碎情况
						动力效应
支护形式		棚间距离/m				突出前瓦斯压力和突出后瓦斯涌出情况
控顶距离/m		有效风量/(m³·min⁻¹)				
正常瓦斯浓度/%		绝对瓦斯量/(m³·min⁻¹)				其他
突出前作业和使用工具					突出孔洞及煤堆积情况(注比例尺)	

（续）

突出前所采取的措施（附图）			现场见证人（姓名、职务）		
			伤亡情况		
突出预兆			主要经验教训		
突出前及突出当时发生过程的描述		填表人	矿防突机构负责人	矿技术负责人	矿长

附录D 矿井煤与瓦斯突出汇总表

_____煤矿　　　　填表日期____年__月__日

编号	时间地点	巷道类型	标高/m	煤层层别	煤层厚度/m	煤层角度/(°)	地质构造	邻近层开采情况（未采）	邻近层开采情况（已采但遗留煤柱）	突出前作业及工具	预防措施	预兆·煤体内声响	预兆·煤体硬度变化	预兆·煤光泽变化	预兆·煤层层理变化	预兆·掉渣及煤面外移	预兆·支架压力增加	预兆·瓦斯忽大忽小	预兆·打钻夹钻喷煤	突出情况·抛出煤量/t	突出情况·抛出距离/m	突出情况·堆积坡度/(°)	突出情况·有无分选	突出情况·突出瓦斯量/m³

煤矿企业负责人：　　　　煤矿企业技术负责人：　　　　防突机构负责人：　　　　填表人：

附录E 保护层保护范围的确定

E.1 沿倾斜方向的保护范围

保护层工作面沿倾斜方向的保护范围应当根据卸压角 δ 划定，如图 E.1 所示。在没有本矿井实测的卸压角时，可参考表 E.1 的数据。

表 E.1 保护层沿倾斜方向的卸压角

煤层倾角 $\alpha/(°)$	卸压角 $\delta/(°)$			
	δ_1	δ_2	δ_3	δ_4
0	80	80	75	75
10	77	83	75	75
20	73	87	75	75
30	69	90	77	70
40	65	90	80	70
50	70	90	80	70
60	72	90	80	70
70	72	90	80	72
80	73	90	78	75
90	75	80	75	80

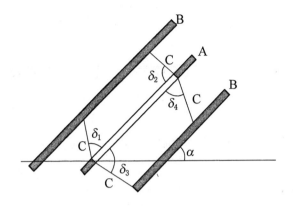

A—保护层；B—被保护层；C—保护范围边界线

图 E.1　保护层工作面沿倾斜方向的保护范围

E.2　沿走向方向的保护范围

若保护层采煤工作面停采时间超过 3 个月且卸压比较充分，则该保护层采煤工作面对被保护层沿走向的保护范围对应于始采线、采止线以及所留煤柱边缘位置的边界线可按卸压角 $\delta_5 = 56° \sim 60°$ 划定，如图 E.2 所示。

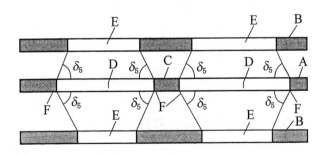

A—保护层；B—被保护层；C—煤柱；D—采空区；
E—保护范围；F—始采线、采止线

图 E.2　保护层工作面始采线、采止线和
煤柱的影响范围

E.3　最 大 保 护 垂 距

保护层与被保护层之间的最大保护垂距可参照表（E.2）选取或者用式（E.1）、式（E.2）计算确定：

表 E.2　保护层与被保护层之间的最大保护垂距

煤 层 类 别	最大保护垂距（结合抽采瓦斯)/m	
	上保护层	下保护层
急倾斜煤层	＜60	＜80
缓倾斜和倾斜煤层	＜50	＜100

下保护层的最大保护垂距：

$$S_{\text{下}} = S'_{\text{下}} \beta_1\beta_2 \tag{E.1}$$

上保护层的最大保护垂距：

$$S_{\text{上}} = S'_{\text{上}} \beta_1\beta_2 \tag{E.2}$$

式中　$S'_{\text{下}}$、$S'_{\text{上}}$——下保护层和上保护层的理论最大保护垂距，m。它与工作面长度 L 和开采深度 H 有关，可参照表 E.3 取值。当 $L > 0.3H$ 时，取 $L = 0.3H$，但 L 不得大于 250 m；

　　　　β_1——保护层开采的影响系数，当 $M \leqslant M_0$ 时，$\beta_1 = M/M_0$，当 $M > M_0$ 时，$\beta_1 = 1$；

　　　　M——保护层的开采厚度，m；

　　　　M_0——保护层的最小有效厚度，m。M_0 可参照图 E.3 确定；

　　　　β_2——层间硬岩（砂岩、石灰岩）含量系数，以 η 表示在层间岩石中所占的百分比，当 $\eta \geqslant 50\%$ 时，$\beta_2 = 1 - 0.4\eta/100$，当 $\eta < 50\%$ 时，$\beta_2 = 1$。

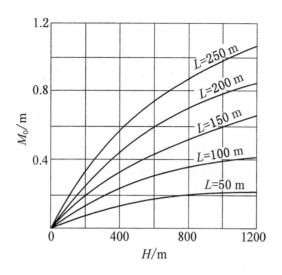

图 E.3 保护层的最小有效厚度 M_0 与
开采深度 H 的关系曲线图

表 E.3 $S'_上$ 和 $S'_下$ 与开采深度 H 和工作面长度 L 之间的关系

开采深度 H/m	$S'_下$/m								$S'_上$/m						
	工作面长度 L/m								工作面长度 L/m						
	50	75	100	125	150	175	200	250	50	75	100	125	150	200	250
300	70	100	125	148	172	190	205	220	56	67	76	83	87	90	92
400	58	85	112	134	155	170	182	194	40	50	58	66	71	74	76
500	50	75	100	120	142	154	164	174	29	39	49	56	62	66	68
600	45	67	90	109	126	138	146	155	24	34	43	50	55	59	61
800	33	54	73	90	103	117	127	135	21	29	36	41	45	49	50
1000	27	41	57	71	88	100	114	122	18	25	32	36	41	44	45
1200	24	37	50	63	80	92	104	113	16	23	30	32	37	40	41

E.4　开采下保护层的最小层间距

开采下保护层时，不破坏上部被保护层的最小层间距可参用式（E.3）或者式（E.4）确定：

$$当 \alpha < 60° 时, H = KM\cos\alpha \qquad (E.3)$$

$$当 \alpha \geqslant 60° 时, H = KM\sin(\alpha/2) \qquad (E.4)$$

式中　H——允许采用的最小层间距，m；

　　　M——保护层的开采厚度，m；

　　　α——煤层倾角，（°）；

　　　K——顶板管理系数。冒落法管理顶板时，K 取 10，充填法管理顶板时，K 取 6。

附录F 井巷揭煤作业基本程序参考示意图

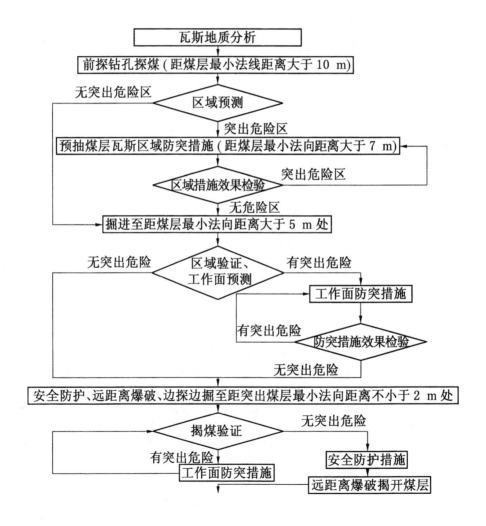

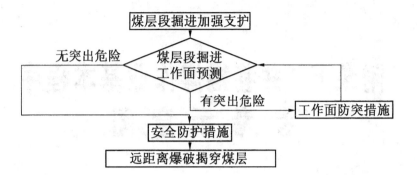

煤矿防灭火细则

第一章　总　　则

第一条　为了加强煤矿防灭火工作，有效防控煤矿火灾事故，保障煤矿安全生产及从业人员生命安全和健康，根据《中华人民共和国安全生产法》《中华人民共和国矿山安全法》《国务院关于预防煤矿生产安全事故的特别规定》《煤矿安全规程》等法律、法规、规章和规范性文件的规定，制定《煤矿防灭火细则》（以下简称细则）。

第二条　煤矿企业、煤矿和有关单位的煤矿防灭火工作，适用本细则。

第三条　煤矿企业、煤矿的主要负责人（法定代表人、实际控制人）是本单位防灭火工作的第一责任人，总工程师是防灭火工作的技术负责人。

煤矿企业、煤矿应当明确防灭火工作负责部门，建立健全防灭火管理制度和各级岗位责任制度。开采容易自燃和自燃煤层的矿井应当配备满足需要的防灭火专业技术人员。

第四条　煤矿企业、煤矿必须保证火灾防治费用投入，满足煤矿防灭火工作需要。

第五条　开采容易自燃和自燃煤层的矿井，必须建立注浆系统或者注惰性气体防火系统，并建立煤矿自然发火监测系统。

第六条　煤矿年度灾害预防和处理计划中的火灾防治内容必须根据具体情况及时修改。

煤矿必须编制火灾事故应急预案，每年至少组织1次应急预案演练。

第七条　煤矿防灭火工作必须坚持预防为主、早期预警、因地制宜、综合治理的原则，制定井上、下防灭火措施。

开采容易自燃和自燃煤层的矿井，必须编制矿井防灭火专项设计，采取综合预防煤层自然发火的措施。根据矿井具体条件采取注浆、注惰性气体、喷洒阻化剂等两种及以上防灭火技术手段，实施主动预防，并根据煤层氧化早期的一氧化碳或者采空区温度确定发火预兆的预警值，实现早期监测预警和措施优化改进，满足本工作面安全开采需要，并综合考虑采后采空区管理、相邻工作面和相邻煤层的防灭火需求。

煤矿应当对自然发火监测系统、安全监控系统和人工检查结果进行综合分析，实现井下火情早发现、早处置。

第八条 煤矿应当遵循灾害协同防治的原则，综合考虑多种灾害因素影响，选择合理的开拓布置、矿井通风方式、采煤方法及工艺、巷道支护方式等。

第九条 煤矿企业、煤矿必须对从业人员进行防灭火教育和培训，定期对防灭火专业技术人员进行培训，提高其防灭火工作技能和有效处置火灾的应急能力。

第十条 煤矿闭坑时应当制定闭坑矿井防灭火专项措施，防止闭坑期间及闭坑后发生井下火灾。

第十一条 鼓励煤矿企业、煤矿和科研单位开展煤矿火灾防治科技攻关，研发、推广新技术、新工艺、新材料、新装备，提高煤矿火灾防治能力和智能化水平。

第二章 一 般 规 定

第一节 内 因 火 灾

第十二条 内因火灾是由于煤炭或者其他易燃物质自身氧化蓄热，发生燃烧而引起的火灾。煤的自燃倾向性分为容易自燃、自燃、不易自燃3类。

新建矿井或者改扩建矿井应当将平均厚度为0.3 m以上煤层的自燃倾向性鉴定结果报省级煤炭行业管理部门、煤矿安全监管部门和矿山安全监察机构。

生产矿井延深新水平时，必须对揭露的平均厚度为0.3 m以上煤层的自燃倾向性进行鉴定。

煤的自燃倾向性鉴定工作应当由具备鉴定能力的机构承担，承担单位对鉴定结果负责。

第十三条 所有开采煤层应当通过统计法、类比法或者实验测定等方法确定煤层最短自然发火期。

第十四条 采煤工作面采空区自然发火"三带"可划分为散热带、氧化带和窒息带。开采容易自燃和自燃煤层时，同一煤层应当至少测定1次采煤工作面采空区自然发火"三带"分布范围。当采煤工作面采煤方法、通风方式等发生重大变化时，应当重新测定。

第十五条 开采容易自燃煤层的新建矿井应当采用分区式通风或者对角式通风。初期采用中央并列式通风的只能布置1个采区生产。

第十六条 开采容易自燃和自燃的单一厚煤层或者煤层群的矿井，集中运输大巷和总回风巷应当布置在岩层内或者不易自燃的煤层内。布置在容易自燃或者自燃煤层内时，必须锚喷或者砌碹，碹后的空隙和冒落处必须用不燃性材料充填密实，或者用无腐蚀性、无毒性的材料进行处理。

第十七条　开采容易自燃煤层的采（盘）区，必须设置至少 1 条专用回风巷。

第十八条　开采容易自燃和自燃煤层时，在采（盘）区开采设计中，必须预先选定采煤工作面构筑防火门的位置。当采煤工作面通风系统形成后，必须按设计构筑防火门墙，并储备足够数量的封闭防火门的材料。

第十九条　开采容易自燃和自燃煤层时，采煤工作面必须采用后退式开采，并根据采取防火措施后的煤层自然发火期确定采（盘）区开采期限。在地质构造复杂、断层带、残留煤柱等区域开采时，应当根据矿井地质和开采技术条件，在作业规程中另行确定采（盘）区开采方式和开采期限。回采过程中不得任意留设设计外的煤柱和顶、底煤。采煤工作面采到终采线时，必须采取措施使顶板冒落严实。

第二十条　开采容易自燃和自燃的急倾斜煤层用垮落法管理顶板时，在主石门和采区运输石门上方，必须留有煤柱。禁止采掘留在主石门上方的煤柱。留在采区运输石门上方的煤柱，在采区结束后可以回收，但必须采取防止自然发火措施。

第二十一条　开采容易自燃和自燃煤层时，必须制定防治采空区（特别是采煤工作面始采线、终采线、上下煤柱线和三角点）、巷道高冒区、煤柱破坏区自然发火的技术措施。

第二十二条　矿井必须制定防止采空区自然发火的封闭及管理专项措施，及时构筑各类密闭并保证质量。采煤工作面回采结束后，必须在 45 天内进行永久性封闭。

构筑、维修采空区密闭时必须编制设计，制定专项安全措施。

采空区疏放水前，应当对采空区自然发火的风险进行评估。采空区疏放水时，应当加强对采空区自然发火危险的监测与防控，制定防止采空区自然发火的专项措施。采空区疏放水后，应当关闭疏水闸阀，采用自动放水装置或者永久封堵，防止通过放水管漏风。与封闭区连通的各类废弃钻孔必须永久封闭。

第二十三条 采掘工作面的进风和回风不得经过采空区或者冒顶区。无煤柱开采沿空送巷和沿空留巷时，应当采取措施防止巷道与采空区之间的漏风。

第二十四条 矿井必须实行严格的漏风管理，采取有效的防止漏风措施。浅埋深煤层回采后与地面有漏风时，应当优化通风系统，降低矿井通风阻力，充填封堵与采空区相连通的地面裂隙，尽量减少地面裂隙漏风。

第二十五条 可能沟通火区的采煤工作面严禁开采。

第二十六条 采用全部充填采煤法时，严禁采用可燃物作充填材料。

第二十七条 采用水力采煤时，应当根据煤层自然发火期进行区段划分，保证划分区段在自然发火期内采完并及时封闭。密闭设施必须进行专项设计。

容易自燃煤层严禁采用水力采煤法。

第二十八条 开采不易自燃煤层的矿井，应当定期开展自然发火监测工作。开采不易自燃煤层曾发生自燃火灾或者自然发火征兆的矿井，应当建立自然发火监测系统，采取综合预防煤层自然发火的措施，加强防灭火管理。

第二十九条 矿井防灭火使用的凝胶、阻化剂及进行充填、堵漏、加固用的高分子材料，应对其安全性和环保性进行评估，并制定安全监测制度和防范措施。使用时，井巷空气成分必须符合规程要求。

安全性和环保性的评估工作应当由具备评估检测能力的机构承担，承担单位对评估检测结果负责。

第二节 外 因 火 灾

第三十条 外因火灾是由外部火源（如明火点、爆破、电流短路、摩擦等）引起的火灾。

煤矿的所有地面建（构）筑物、煤堆、矸石山、木料场等处的防火措施和制度，必须遵守国家有关防火的规定。

第三十一条　木料场、矸石山等堆放场距离进风井口不得小于80 m。木料场距离矸石山不得小于50 m。

不得将矸石山设在进风井的主导风向上风侧、表土层 10 m 以浅有煤层的地面上和漏风采空区上方的塌陷范围内。

第三十二条　新建井筒的永久井架和井口房、以井口为中心的联合建筑，必须采用不燃性材料建筑。

对现有生产矿井用可燃性材料建筑的井架和井口房，必须制定防火措施。

第三十三条　矿井必须设地面消防水池和井下消防管路系统，并符合下列规定：

（一）地面的消防水池必须经常保持不少于 200 m³ 的水量。消防用水同生产、生活用水共用同一水池时，应当有确保消防用水的措施。开采下部水平的矿井，除地面消防水池外，可以利用上部水平或者生产水平的水仓作为消防水池。

（二）井下消防管路系统应当敷设到采掘工作面，每隔 100 m 设置支管和阀门，但在带式输送机巷道中应当每隔 50 m 设置支管和阀门。

第三十四条　进风井口应当装设防火铁门，防火铁门必须严密并易于关闭，打开时不妨碍提升、运输和人员通行，并定期维修。如果不设防火铁门，必须有防止烟火进入矿井的安全措施。

罐笼提升立井井口还应当采取下列措施：

（一）井口操车系统基础下部的负层空间应当与井筒隔离，并设置消防设施。

（二）操车系统液压管路应当采用金属管或者阻燃高压非金属管，传动介质使用难燃液，液压站不得安装在封闭空间内。

（三）井筒及负层空间的动力电缆、信号电缆和控制电缆应当采用煤矿用阻燃电缆，并与操车系统液压管路分开布置。

（四）操车系统机坑及井口负层空间内不得留存杂物和易燃物，应当及时清理漏油，每天检查清理情况。

第三十五条 装有带式输送机的井筒兼作进风井时，井筒中必须装设自动报警与自动灭火装置，敷设消防管路。

第三十六条 井口房和通风机房附近20 m内，不得有烟火或者用火炉取暖。通风机房位于工业广场以外时，除开采有瓦斯喷出的矿井和煤与瓦斯突出矿井外，可用隔焰式火炉或者防爆式电热器取暖。

暖风道和压入式通风的风硐必须用不燃性材料砌筑，并至少装设2道防火门。

在井下和井口房，严禁采用可燃性材料搭设临时操作间、休息间。

第三十七条 井巷支护材料的选择应当符合下列规定：

（一）进风井筒、回风井筒、井筒与各水平的连接处、井底车场、主要绞车道与主要运输巷及回风巷的连接处、井下机电设备硐室、主要巷道内带式输送机机头前后两端各20 m范围内，必须采用不燃性材料支护。

（二）井下机电设备硐室、检修硐室、材料库、采区变电所等主要硐室的支护和风门、风窗必须采用不燃性材料。井下机电设备硐室出口必须装设向外开的防火铁门，防火铁门外5 m内的巷道，应当砌碹或者采用其他不燃性材料支护。

（三）井下爆炸物品库必须采用砌碹或者用非金属不燃性材料支护，风门、风窗必须采用不燃性材料。爆炸物品库出口两侧的巷道，必须采用砌碹或者用不燃性材料支护，支护长度不得小于5 m。

第三十八条 井下严格实行明火管制，并符合下列规定：

（一）严禁在采掘工作面进行电焊、气割等动火作业。

（二）严禁携带烟草和点火物品，严禁穿化纤衣服入井。

（三）井下严禁使用灯泡取暖和使用电炉。

（四）井下爆破作业时，应当按照矿井瓦斯等级选用煤矿许用炸药和雷管，并严格按施工工艺进行爆破。

（五）井口和井下电气设备必须装设防雷击和防短路的保护装置。

第三十九条 井下和井口房内不得进行电焊、气焊和喷灯焊接等作业。如果必须在井下主要硐室、主要进风井巷和井口房内进行电焊、气焊和喷灯焊接等工作，每次必须制定安全措施，由矿长批准并遵守下列规定：

（一）指定专人在场检查和监督。

（二）电焊、气焊和喷灯焊接等工作地点的前后两端各 10 m 的井巷范围内，应当采用不燃性材料支护，并有供水管路，有专人负责喷水，焊接前应当清理或者隔离焊碴飞溅区域内的可燃物。上述工作地点应当至少备有 2 个灭火器。

（三）在井口房、井筒和倾斜巷道内进行电焊、气焊和喷灯焊接等工作时，必须在工作地点的下方用不燃性材料设施接受火星。

（四）电焊、气焊和喷灯焊接等工作地点的风流中，甲烷浓度不得超过 0.5%，且在检查证明作业地点附近 20 m 范围内巷道顶部和支护背板后无瓦斯积存时，方可进行作业。

（五）电焊、气焊和喷灯焊接等作业完毕后，作业地点应当再次用水喷洒，并有专人在作业地点检查 1h，发现异常，立即处理。

（六）煤与瓦斯突出矿井井下进行电焊、气焊和喷灯焊接时，必须停止突出煤层的掘进、回采、钻孔、支护以及其他所有扰动突出煤层的作业。

（七）严禁不具备资质条件的电焊（气割）工入井动火作业。在井口和井筒内动火作业时，必须撤出井下所有作业人员。在主要进风巷动火作业时，必须撤出回风侧所有人员。

煤层中未采用砌碹或者喷浆封闭的主要硐室和主要进风大巷中，不得进行电焊、气焊和喷灯焊接等工作。

第四十条　煤矿在井下煤岩体加固、充填密闭、喷涂堵漏风等施工中，应当优先选用无机材料，确需选用反应型高分子材料时，应当遵守下列规定：

（一）选用的反应型高分子材料必须取得煤矿矿用产品安全标志。

（二）严格按照产品说明书规定的用途和使用场所使用高分子材料，不得随意变更用途或者扩大使用范围；严禁两种不同用途的高分子材料同时或者混合使用；严禁不同生产厂家的高分子材料混用；严禁使用过期变质的高分子材料；严禁井下储存高分子材料。

（三）严禁使用由强腐蚀性、强挥发性组分反应生成的高分子材料。

（四）严禁使用聚氨酯发泡材料充填密闭；严禁化学反应剧烈、反应温度高的高分子材料用于与煤直接接触的地点；严禁使用高分子发泡材料处理自然发火隐患区。

（五）严禁向煤层高冒区、空洞区、明火防治重点区等较大空间内直接灌注大量高分子材料，必须使用时应当实施可控灌注。

（六）每次使用应当制定施工方案和专项安全措施，并经矿总工程师审核、报矿长批准。

第四十一条 井下使用的汽油、柴油、煤油必须装入盖严的铁桶内，由专人押运送至使用地点，剩余的汽油、煤油必须运回地面，严禁在井下存放。

井下使用柴油机车，如确需在井下贮存柴油的，必须设有独立通风的专用贮存硐室，并制定安全措施。井下柴油最大贮存量不得超过矿井 3 天柴油需要量。专用贮存硐室应当满足井下机电设备硐室的安全要求。

井下使用的润滑油、棉纱、布头和纸等，必须存放在盖严的铁桶内。使用后的棉纱、布头和纸，也必须放在盖严的铁桶内，并由专人定期送到地面处理，不得乱放乱扔。严禁将剩油、废油泼洒在井巷或者硐室内。

井下清洗风动工具时，必须在专用硐室内进行，并使用不燃性和无毒性洗涤剂。

第四十二条 开采地层含油的矿井，应当加强对地层渗出油的防火管理，制定专项防火措施。

第四十三条 井上、下必须设置消防材料库，并符合下列要求：

（一）井上消防材料库应当设在井口附近，但不得设在井口房内。

（二）井下消防材料库应当设在每一个生产水平的井底车场或者

主要运输大巷中，并装备消防车辆。

（三）消防材料库应当储存足够的消防材料和工具，其品种和数量应当满足矿井消防需要，并定期检查和更换。消防材料和工具不得挪作他用。

第四十四条　井下爆炸物品库、机电设备硐室、检修硐室、材料库、井底车场、使用带式输送机或者液力偶合器的巷道以及采掘工作面附近的巷道中，必须备有灭火器材，其数量、规格和存放地点，应当在灾害预防和处理计划中确定，宜配备自动灭火装置。

井下工作人员必须熟悉灭火器材的使用方法和本职工作区域内灭火器材的存放地点。

第四十五条　每季度应当对地面消防水池、井上下消防管路系统、防火门、消防材料库和消防器材的设置情况进行 1 次检查，并做好记录，发现问题，要及时解决。

第四十六条　在井下设置空气压缩设备时，应当设自动灭火装置。固定式空气压缩机和储气罐必须设置在 2 个独立硐室内，并保证独立通风；移动式空气压缩机必须设置在采用不燃性材料支护且具有新鲜风流的巷道中。

第四十七条　矿用电缆、风筒、采用非金属聚合物制造的输送带、托辊和滚筒包胶材料等，其性能必须满足阻燃、抗静电的要求。

煤矿新购入的输送带、电缆、风筒布，应当抽样进行阻燃抗静电性能检测，检测工作应当由具备检测能力的机构承担。

第四十八条　矿用无轨胶轮车必须配备足够数量的灭火器材，运输时应当遵循分类原则，易燃、易爆和腐蚀性物品不得混合运送。

第四十九条　建设地面瓦斯抽采泵房必须用不燃性材料，并必须有防雷电装置，其距进风井口和主要建筑物不得小于 50 m，并用栅栏或者围墙保护。

地面瓦斯抽采泵房和泵房周围 20 m 范围内，禁止堆积易燃物和有明火。

干式抽采瓦斯泵吸气侧管路系统中，必须装设有防回火、防回流和防爆炸作用的安全装置，并定期检查。

第三章　井下火灾监测监控

第五十条　开采容易自燃和自燃煤层的矿井，必须开展自然发火监测工作，重点监测采空区、工作面回风隅角、密闭区、巷道高冒区等危险区域。

第五十一条　开采容易自燃和自燃煤层的矿井，必须建立自然发火监测系统，采用连续自动或者人工采样方式，监测甲烷、一氧化碳、二氧化碳、氧气、乙烯、乙炔等气体成分变化，宜根据实际条件增加温度监测。

第五十二条　开采容易自燃和自燃煤层的矿井，必须确定煤层自然发火标志气体及临界值。

自然发火标志气体的临界值应当通过实验研究、现场观测和统计分析确定。临界值可采用标志气体浓度、气体浓度增率或者比值等指标。

第五十三条　开采容易自燃和自燃煤层的矿井，应当设置一氧化碳传感器和温度传感器。传感器的设置应当符合下列规定：

（一）采煤工作面必须至少设置1个一氧化碳传感器，地点可设置在回风隅角、工作面或者工作面回风巷。采煤工作面或者工作面回风巷应当设置温度传感器。

（二）采区回风巷、一翼回风巷和总回风巷，应当设置一氧化碳传感器，宜设置温度传感器。

（三）封闭火区防火墙外应当设置一氧化碳传感器。

（四）施工长度大于20 m的煤层钻孔，且采用干式排渣工艺施工时，应当在钻机回风侧10 m范围内同一帮设置一氧化碳传感器或者悬挂一氧化碳报警仪。

（五）一氧化碳传感器和温度传感器应当垂直悬挂，距顶板（顶梁）不得大于300 mm，距巷壁不得小于200 mm，并安装维护方便，不影响行人和行车。

第五十四条　在容易自燃和自燃煤层中掘进的半煤岩巷、煤巷，宜在回风流中装设一氧化碳传感器，沿空掘进时应当在回风流中装设一氧化碳传感器。

第五十五条　带式输送机必须装设防打滑、跑偏、堆煤、撕裂等保护装置，同时应当装设温度、烟雾监测装置和自动洒水装置，宜设置具有实时监测功能的自动灭火系统。

带式输送机驱动滚筒下风侧 10～15 m 处应当设置烟雾传感器，宜设置一氧化碳传感器。对于采用卸载滚筒作驱动滚筒的带式输送机，烟雾传感器应当安装在滚筒正上方。

第五十六条　机电设备硐室应当设置温度传感器，硐室内必须设置足够数量的扑灭电气火灾的灭火器材。

第五十七条　压风机应当设置温度传感器，温度超限时，自动声光报警，并切断压风机电源。

第五十八条　抽采容易自燃和自燃煤层的采空区瓦斯时，抽采管路应当安设一氧化碳、甲烷、温度传感器，进行实时监测监控。

第五十九条　煤矿应当加强井下火灾监测监控。开采容易自燃和自燃煤层的矿井，应当建立健全自然发火预测预报及管理制度，并符合下列规定：

（一）采煤工作面作业规程中应当明确自然发火监测地点和监测方法。监测地点应当实行挂牌制度。

（二）采用便携式仪器仪表或者气体测定管，定点每班监测采煤工作面回风隅角、回风流、煤巷高冒处等地点的一氧化碳气体浓度。

（三）采用自然发火监测系统，每天监测采煤工作面采空区、瓦斯抽采管路的气体浓度。

（四）采煤工作面回采结束后的封闭采空区及其他密闭区，应当每周 1 次抽取气样进行分析，并监测温度及压差；发现有自然发火预兆的，应当每天抽取气样进行分析。

（五）煤矿安全监控系统出现一氧化碳报警时，必须立即查明原因，根据实际情况采取措施进行处理。

（六）建立监测结果台账，安排专人及时分析防火数据，发现异常变化应当立即汇报，由煤矿总工程师或者安全矿长或者通风副总工程师组织人员进行分析，并加大监测频次，采取相应措施。

第六十条　开采容易自燃和自燃煤层的矿井，应当配备足够数量的一氧化碳、二氧化碳、氧气等各种气体测定管、便携式气体分析及温度测定仪器仪表。煤矿企业（煤矿）应当配备成套气体分析化验设备。仪器仪表必须定期由具备能力的机构检定。

第四章 防火技术

第一节 注浆防火技术

第六十一条 采用注浆防火时，根据矿井具体条件，注浆方式可采用采前预注、随采随注、采后注浆，注浆方法可采用埋管注浆、拖管注浆、钻孔注浆、密闭墙插管注浆、洒浆，浆液制备工艺宜采用机械搅拌制浆，并应当遵守下列规定：

（一）采（盘）区设计应当明确规定巷道布置方式、隔离煤柱尺寸、注浆系统、疏水系统、预筑防火墙的位置以及采掘顺序。

（二）安排生产计划时，应当同时安排防火注浆计划，落实注浆地点、时间、进度、注浆浓度和注浆量。

（三）对采（盘）区始采线、终采线、上下煤柱线内的采空区，应当加强防火注浆。

（四）应当有注浆前疏水和注浆后防止溃浆、透水的措施。

第六十二条 注浆系统应当符合下列规定：

（一）注浆地点集中、取运注浆材料距离较远时，可采用地面集中式注浆系统。

（二）注浆地点分散、注浆材料丰富可就地取材时，可采用地面移动式注浆系统。

（三）注浆量较小、从地面输送浆液困难时，可选择井下移动式注浆系统。

（四）注浆系统必须配套制浆、输浆、注浆及供料、供水等设备。

（五）注浆管路应当直接铺设至注浆地点，并形成足够的注浆能力。

（六）浆液土水比和注浆量等参数应当根据矿井实际条件确定。

第六十三条 注浆材料的选择应当符合下列规定：

（一）注浆材料可选择黄土、页岩、矸石、粉煤灰、尾矿、沙子、水泥、胶体材料等。

（二）注浆材料和添加剂不得具有可燃性、助燃性、毒性、辐射性等。

第六十四条 在注浆区下部进行采掘前，必须查明注浆区内的浆水积存情况。发现积存浆水，必须在采掘之前放尽；在未放尽前，严禁在注浆区下部进行采掘作业。

第六十五条 定期检测注浆防火区域采空区的出水温度和气体成分变化情况，并建立注浆防火区域管理台账。

第二节　惰性气体防火技术

第六十六条 采用惰性气体防火时，根据矿井实际条件，注入惰性气体方式可采用连续或者间断注入，注入惰性气体方法可采用埋管注入、拖管注入、钻孔注入和密闭墙插管注入等，并遵守下列规定：

（一）惰性气体来源稳定可靠。

（二）注入的惰性气体浓度不小于97%。

（三）至少有1套专用的惰性气体输送管路系统及其附属安全设施。采用液氮或者液态二氧化碳直注时，输送管路必须符合耐低温和耐压要求。

（四）有能连续监测采空区气体成分变化的监测系统。

（五）有固定或者移动的温度观测站（点）和监测手段。

（六）建立惰性气体防火管理制度和台账，有专人定期进行检测、分析并整理有关记录，发现问题及时报告处理。

（七）编制安全专项措施，报矿总工程师审批。

第六十七条 惰性气体防火系统可分为地面固定式和井下移动式。

井下生产集中、惰性气体需求量较大时，可集中布置地面固定式制氮站或者液氮、液态二氧化碳储罐及气化装置；同时生产的采

（盘）区相距较远、惰性气体需求量较大时，可分区布置地面固定式制氮站或液氮、液态二氧化碳储罐及气化装置。

惰性气体需求量小、地面输送距离长时，可选择井下移动式制氮装置或者液氮、液态二氧化碳小型储液罐及附属装置。

第六十八条　采煤工作面采空区采用惰性气体防火时，释放口的位置应当根据惰性气体的扩散半径、工作面参数及采空区自然发火"三带"分布规律确定，释放口应当保持在采空区的氧化带内。

第六十九条　采煤工作面采空区防火惰性气体注入量按采空区氧化带内的原始氧浓度降到煤自燃临界氧浓度以下计算。已封闭采空区采用惰性气体防火时，以采空区内氧浓度降到煤自燃临界氧浓度以下为止计算。当采用液氮、液态二氧化碳直注防火时，使用量应当根据气化体积比进行换算。

第七十条　采用惰性气体防火时，必须对工作面回风隅角氧气浓度进行监测。

采用二氧化碳防火时，必须对采煤工作面进、回风流中二氧化碳浓度进行监测。当进风流中二氧化碳浓度超过0.5%或者回风流中二氧化碳浓度超过1.5%时，必须停止灌注、撤出人员、采取措施、进行处理。

第七十一条　为保证惰性气体防火效果，应当采取堵漏措施，降低防火区域漏风量。

第三节　均压防火技术

第七十二条　采用均压技术防火时，根据均压区域是否封闭分为闭区均压和开区均压，并遵守下列规定：

（一）有完整的区域风压和风阻资料以及完善的检测手段。

（二）对采空区、火区等封闭区域可采用闭区均压，同时必须有专人定期观测与分析封闭区域的漏风量、漏风方向、瓦斯浓度、氧气浓度、空气温度、防火墙内外空气压差等状况，并记录在专用的防火记录簿内。

（三）对受周围区域有毒有害气体侵入影响或者漏风难以控制的采煤工作面，确需采用开区均压时，必须经常检查均压区域内的巷道中风流流动状态，定期观测分析均压区域内瓦斯浓度、氧气浓度、一氧化碳浓度及压差变化情况，并有防止瓦斯积聚的安全措施。

（四）改变矿井通风方式、主要通风机工况以及井下通风系统时，对均压地点的均压状况必须及时进行调整，保证均压状态的稳定。

（五）开采突出煤层时，采煤工作面回风侧不得设置调节风量的设施。

第七十三条 采用均压防火技术时，应当编制专项方案，经论证报上级企业技术负责人批准后方可使用。均压方案必须包括调压方法、均压设备设施管理、效果检验、应急处置等内容。

第七十四条 调压措施应当根据均压要求确定，可选择调压风墙、调压风门、调压风窗、调压风机、调压风道、调压气室等调压措施或者其组合。

第七十五条 采用均压技术调压时，应当符合下列要求：

（一）开采地表严重漏风的煤层时，应当先堵漏，再采用调压措施均压。

（二）有相互影响的多煤层同时开采时，应当一并采取相应的均压措施。

（三）采用层间调压时，应当采取控制层间压差的措施，防止有毒有害气体泄入相邻煤层的采煤工作面。

（四）在煤层冒顶处的下方和破碎带内，不得设置调压设施。

（五）与均压区并联的巷道中，不得设置调压风墙和调压风门。

（六）调压风机必须安装同等能力的备用局部通风机，均采用"三专"供电，实现自动切换功能。

第四节　密闭防火技术

第七十六条 密闭按服务期限可分为临时密闭和永久密闭，采用密闭防火时，应当编制密闭设计，并经矿总工程师批准，并应当遵守下列规定：

（一）开采容易自燃和自燃煤层的矿井，封闭采空区时，应当构筑不少于2道永久密闭墙，墙体中间采用不燃性材料进行充填。

（二）永久密闭必须采用不燃性建筑材料。临时密闭应当首先保证结构严密，并方便施工、易于拆除。

（三）密闭位置应当选择在动压影响小、围岩稳定、断面规整的巷道内。

（四）保证密闭施工安全和工程质量，提高密闭防火效果。煤巷施工永久密闭必须掏槽，岩巷施工永久密闭可不掏槽，但必须将松动岩体刨除见硬岩体。

（五）永久密闭应当留设放水孔、观测孔和措施孔。

（六）采煤工作面回采结束后的采空区、报废煤巷的自燃火灾预防，以及采煤工作面长期停产等特殊条件的采空区自燃火灾预防，应当采用密闭防火。

第七十七条　采用密闭防火时，必须分析掌握自然发火隐患区域，查明隐患区域的漏风分布、流向和漏风通道及其连通性，确定合理的封闭范围和密闭数量。

第七十八条　必须加强对封闭区的管理，定期检查其邻近区域生产活动对密闭的采动影响，及时对密闭进行维修，保证封闭区良好的密闭状态。

第七十九条　必须建立完善的封闭区观测制度。定期测定封闭区密闭内外压差、气体浓度及空气温度，进行漏风分析，掌握密闭区的自然发火趋势。

第五节　其他防火技术

第八十条　阻化剂防火可采用喷洒阻化剂、压注阻化剂和汽雾阻化剂等工艺，采用阻化剂防火时，应当遵守下列规定：

（一）选用的阻化剂材料不得污染井下空气和危害人体健康。

（二）必须在设计中对阻化剂的种类和数量、阻化效果等主要参数作出明确规定。

（三）应当采取防止阻化剂腐蚀机械设备、支架等金属构件的措施。

第八十一条　采用凝胶防火时，应当编制设计并遵守下列规定：

（一）选用的凝胶材料不得污染井下空气和危害人体健康，应当明确规定凝胶的配比、促凝时间、压注量等技术参数。

（二）煤巷高冒区、局部有自燃危险煤柱裂隙和空洞等地点采用凝胶防火时，压注的凝胶必须充填满全部空间，其外表面应当喷浆封闭，并定期观测，发现老化、干裂时重新压注。

（三）禁止使用含铵盐促凝剂凝胶材料。

第八十二条　采用三相泡沫防火时，应当遵守下列规定：

（一）制备三相泡沫的浆液水土（灰）比宜为 4∶1~6∶1。

（二）气源可采用氮气或者空气。气源进入发泡器入口的压力应当大于该点至灌注点间的泡沫流动阻力，且不低于 0.2 MPa。

（三）发泡剂不得具有可燃性、助燃性、毒性、辐射性、刺激性等。

（四）走向长壁采煤工作面可在标高较高的巷道进行灌注，倾斜条带采煤工作面可在进、回风巷同时灌注，巷道高冒区可采用钻孔灌注。

第八十三条　煤矿应当综合考虑防火区域地质条件、煤质特征、采动影响等因素，根据防火需求选择适用的防灭火材料，确定其工艺参数，鼓励使用安全环保的新型防火材料。

第五章 应急处置

第一节 内因火灾处置

第八十四条 当井下自然发火监测数据出现异常，达到自然发火预警值或者出现自然发火预兆时，应当采取应急处置措施，并从预防措施设计、实施和现场管理等方面分析原因，改进措施，消除风险隐患。

第八十五条 当井下发现自然发火征兆时，必须停止作业，立即采取有效措施处置。在发火征兆不能得到有效控制时，必须撤出人员，封闭危险区域。进行封闭施工作业时，其他区域所有人员必须全部撤出。

第八十六条 采空区自燃火灾处置，应当符合下列规定：

（一）采空区发生自燃火灾时，应当视火灾程度、灾区通风和瓦斯情况，立即采取有效措施进行直接灭火。当直接灭火无效或者采空区有爆炸危险时，必须撤出人员，封闭工作面。

（二）采煤工作面采空区发生自燃火灾封闭后（或发生自燃火灾的其他密闭区），应当采取措施减少漏风，并向密闭区域内连续注入惰性气体，保持密闭区域氧气浓度不大于5.0%。

（三）为加速封闭火区熄灭，在火源位置分析或探测的基础上，可在地面或者井下施工钻孔，或者利用预埋管路向火源位置注入灭火材料。

（四）灭火过程中应当连续观测火区内气体、温度等参数，考察灭火效果，完善灭火措施，直至火区达到熄灭标准。

第八十七条 巷道高冒区、煤柱（煤壁）破碎区自燃火灾处置，应当符合下列规定：

（一）采取下风侧撤人，上风侧封堵、注水、注浆（胶）等直接灭火措施进行灭火。当火情不能有效控制时，立即对火区区域进行封闭。

（二）火区封闭后，应当采取措施减少漏风，并向封闭区内连续注入惰性气体，保持封闭区域氧气浓度不大于5.0%。

（三）为加速封闭火区熄灭，可向火区施工钻孔注入灭火材料。

（四）灭火过程中应当连续观测火区内气体、温度等参数，考察灭火效果，完善灭火措施，直至火区达到熄灭标准。

第八十八条 地面矸石山自燃火灾处置，应当遵守下列规定：

（一）采用物探或者钻探方式，分析矸石山火区分布范围。

（二）采用整体搬迁、局部剥挖、蓄水渗灌、钻孔注浆方法进行灭火降温。

（三）灭火过程中应当制定防止爆炸措施。

（四）灭火完成后，应当对矸石山进行封堵覆盖。

第二节 外因火灾处置

第八十九条 任何人发现井下火灾时，应当视火灾性质、灾区通风和瓦斯情况，立即采取一切可能的方法直接灭火，控制火势，并迅速报告矿调度室。矿调度室在接到井下火灾报告后，应当立即按灾害预防和处理计划通知有关人员组织抢救灾区人员和实施灭火工作。

矿值班调度和在现场的区、队、班组长应当依照灾害预防和处理计划的规定，将所有可能受火灾威胁区域中的人员撤离，并组织人员灭火。电气设备着火时，应当首先切断其电源；在切断电源前，必须使用不导电的灭火器材进行灭火。

抢救人员和灭火过程中，必须指定专人检查甲烷、一氧化碳、煤尘以及其他有害气体浓度和风向、风量的变化，并采取防止瓦斯、煤尘爆炸和人员中毒的安全措施。

第九十条 处理矿井火灾应当了解下列情况：

（一）发火时间、火源位置、燃烧物、火势大小、波及范围、遇险人员分布情况。

（二）灾区有毒有害气体情况、通风系统状态、风流方向及变化可能性、煤尘爆炸性。

（三）巷道围岩、支护情况。

（四）灾区供电状况。

（五）灾区供水管路、消防器材种类及数量。

第九十一条　处理矿井外因火灾时，应当遵守下列原则：

（一）控制烟雾的蔓延，防止火灾扩大。

（二）保持通风系统稳定，防止引起瓦斯、煤尘爆炸。必须指定专人检查瓦斯和煤尘，观测灾区的气体和风流变化。当甲烷浓度达到 2.0% 以上并继续增加时，全部人员立即撤离至安全地点。

（三）有利于人员撤退和保护救灾人员安全。

（四）创造有利的灭火条件。

第九十二条　根据火区的实际情况选择灭火方法。在条件具备时，应当采用注水、注浆等直接灭火的方法。灭火工作必须从火源进风侧进行。用水灭火时，水流应当从火源外围喷射，逐步逼向火源的中心，必须有充足的风量和畅通的回风巷，防止水煤气爆炸。

为控制火势，可采取设置水幕、拆除木支架（不致引起冒顶时）、拆掉一定区段巷道中的木背板等措施阻止火势蔓延。

灭火过程中必须随时注意风量、风流方向及气体浓度的变化，并及时采取控风措施，避免风流逆转、逆退，保护直接灭火人员的安全。

当火源点不明确、火区范围大、难以接近火源时，或者用直接灭火方法无效、灭火人员存在危险时，采用隔绝方法灭火。

第九十三条　处理不同地点的矿井外因火灾，应当符合下列规定：

（一）处理上、下山火灾时，必须采取措施，防止因火风压造成风流逆转和巷道垮塌造成风流受阻。

（二）处理进风井井口、井筒、井底车场、主要进风巷和硐室火灾时，应当进行全矿井反风。反风前，必须将火源进风侧的人员撤出，并采取阻止火灾蔓延的措施。多台主要通风机联合通风的矿井反风时，要保证非事故区域的主要通风机先反风，事故区域的主要通风机后反风。采取风流短路措施时，必须将受影响区域内的人员全部撤出。

（三）处理掘进工作面火灾时，应当保持原有的通风状态，进行侦察后再采取措施。

（四）处理爆炸物品库火灾时，应当首先将雷管运出，然后将其他爆炸物品运出；因高温或者爆炸危险不能运出时，应当关闭防火门，退至安全地点。

（五）处理绞车房火灾时，应当将火源下方的矿车固定，防止烧断钢丝绳造成跑车伤人。

（六）处理蓄电池电机车库火灾时，应当切断电源，采取措施，防止氢气爆炸。

第三节 火 区 封 闭

第九十四条 当井下发生火灾，无法直接灭火或者直接灭火无效时，应当采取封闭措施灭火。封闭火区时，应当合理确定封闭范围，在保证安全的情况下，应当尽量缩小封闭范围。必须指定专人检查甲烷、氧气、一氧化碳、煤尘以及其他有害气体浓度和风向、风量的变化，并采取防止瓦斯、煤尘爆炸和人员中毒的安全措施。

火区封闭后，应当避免火区缩封，有爆炸风险的，严禁缩封。如果必须进行缩封时，应当制定缩封过程安全保障措施，报上级企业技术负责人批准，无上级企业的由煤矿组织专家进行论证。

第九十五条 封闭火区时，应当同时封闭各条进回风通道，包括具有多条进回风通道的火区。

第九十六条 封闭工作面的密闭应当构筑在巷道围岩完整、支护良好的位置。密闭应当设置观测孔观测压差、气温、采集气样，观测管应当穿过所有密闭进入封闭区内；安装放水管用于观测水温、释放积水；安装防灭火措施管用于灌注惰气、注浆。

第九十七条　封闭具有爆炸危险的火区时，应当遵守下列规定：

（一）先采取注入惰性气体等抑爆措施，然后在安全位置构筑进、回风密闭。惰性气体注入前，应当撤出所有可能受爆炸威胁区域中的人员。

（二）加强火区封闭的施工组织管理。封闭过程中，密闭墙预留通风孔，封孔时进、回风巷同时封闭；封闭完成后，所有作业人员必须立即撤出。

（三）检查或者加固密闭墙等工作，应当在火区封闭完成 24 h 后实施，火区条件复杂时应当酌情延长至 48 h 或 72 h 后进行。发现已封闭火区发生爆炸造成密闭墙破坏时，严禁调派救护队近距离侦察或者恢复密闭墙；应当采取安全措施，实施远距离封闭。

第九十八条　火区封闭后，应当积极采取均压、堵漏、注浆、注惰性气体等灭火措施，加速火区熄灭进程。

第六章 井下火区管理

第一节 火 区 管 理

第九十九条 煤矿必须绘制火区位置关系图,注明所有火区和曾经发火的地点。每一处火区都要按形成的先后顺序进行编号,并建立火区管理卡片。火区位置关系图和火区管理卡片必须永久保存。

第一百条 火区位置关系图以通风系统图为基础绘制,标明所有火区的边界、防火密闭墙位置、历次发火点的位置、漏风路线及防灭火系统布置。图上注明火区编号、名称、发火时间。

第一百零一条 火区管理卡片应当包括下列内容:

(一)火区基本情况登记表。火区登记表中所附火区位置示意图中应当标明火源位置、防火墙类型、位置与编号、钻孔位置、火区外围风流方向以及均压技术设施等内容,并绘制必要的剖面图。

(二)火灾事故报告表。

(三)火区灌注灭火材料记录表。

(四)防火墙观测记录表。

第一百零二条 井下火区应当采用永久密闭墙封闭,密闭墙的质量标准由煤矿企业统一制定,并遵守下列规定:

(一)每个密闭墙附近必须设置栅栏、警示标志,禁止人员入内,并悬挂说明牌。

(二)定期测定和分析密闭墙内的气体成分和空气温度。

(三)定期检查密闭墙外的空气温度、瓦斯浓度,密闭墙内外空气压差以及密闭墙墙体。发现封闭不严、有其他缺陷或者火区有异常变化时,必须采取措施及时处理。

(四)所有测定和检查结果,必须记入防火记录簿。

（五）矿井做大幅度风量调整时，应当测定密闭墙内的气体成分和空气温度，分析其变化趋势。

（六）井下所有永久性密闭墙都应当编号，并在火区位置关系图中注明。

第一百零三条　不得在火区的同一煤层的周围进行采掘工作。

在同一煤层同一水平的火区两侧、煤层倾角小于35°的火区下部区段、火区下方邻近煤层进行采掘时，必须编制设计，并遵守下列规定：

（一）必须留有足够宽（厚）度的隔离火区煤（岩）柱，回采时及回采后能有效隔离火区，不影响火区的灭火工作。

（二）掘进巷道时，必须有防止误冒、误透火区的安全措施。

煤层倾角在35°及以上的火区下部区段严禁进行采掘工作。

第二节　火　区　启　封

第一百零四条　封闭的火区，必须经取样化验证实火已熄灭后，方可注销或者启封。

火区同时具备下列条件时，方可认为火已熄灭：

（一）火区内的空气温度下降到30 ℃以下，或者与火灾发生前该区的日常空气温度相同。

（二）火区内空气中的氧气浓度降到5.0%以下。

（三）火区内空气中不含有乙烯、乙炔，一氧化碳浓度在封闭期间内逐渐下降，并稳定在0.001%以下。

（四）火区的出水温度低于25 ℃，或者与火灾发生前该区的日常出水温度相同。

（五）上述4项指标持续稳定1个月以上。

第一百零五条　火区经连续取样分析符合火区熄灭条件后，由矿长和总工程师组织有关部门鉴定火区已经熄灭，提出火区注销或者启封报告，报上级企业技术负责人批准，无上级企业的由煤矿组织专家进行论证。火区注销或者启封报告应当包括下列内容：

（一）火区基本情况。

（二）灭火总结，包括灭火过程、灭火费用和灭火效果等。

（三）火区启封或者注销依据与鉴定结果。

（四）与火区治理相关图纸。

第一百零六条 启封已熄灭的火区前，必须编制启封计划和制定安全措施，报上级企业技术负责人批准，无上级企业的由煤矿组织专家进行论证。启封计划和安全措施应当包括下列内容：

（一）火区基本情况与灭火、注销情况。

（二）火区侦查顺序与防火墙启封顺序。

（三）启封时防止人员中毒、防止火区复燃和防止爆炸的通风安全措施。

（四）与火区启封相关的图纸。

第一百零七条 启封火区时，应当采用锁风启封方法逐段恢复通风，当火区范围较小、确认火源已熄灭时，可采用通风启封方法。启封过程中必须测定回风流中一氧化碳、甲烷浓度和风流温度。发现有复燃现象必须立即停止启封，重新封闭。

启封火区和恢复火区初期通风等工作，必须由矿山救护队负责进行。火区回风风流所经过巷道中的人员必须全部撤出。

救护队员进入火区后应当仔细记录火区破坏情况和支护情况。

启封火区工作完毕后3天内，必须由救护队每班进行检查测定和取样分析气体成分，确认火区完全熄灭、通风情况正常后方可转入恢复生产工作。

第一百零八条 火区启封后应当进行启封总结，编写启封总结报告。启封总结报告应当包括下列内容：

（一）启封经过。

（二）火区火源位置及发火原因分析。

（三）火区破坏情况及火灾后果分析。

（四）经验与教训。

第七章　露天煤矿防灭火

第一百零九条　必须制定地面和采场内的防灭火措施。所有建筑物、煤堆、排土场、仓库、油库、爆炸物品库、木料厂等处的防火措施和制度必须符合国家有关法律、法规和标准的规定。

第一百一十条　露天煤矿应当对开采煤层自燃倾向性进行鉴定。开采容易自燃和自燃煤层或者开采范围内存在火区时，必须制定防灭火措施。

第一百一十一条　露天煤矿建设及生产过程中，应当评估所属范围内的井工煤矿采空区的危险性。对存在自然发火危险的采空区必须进行探查并制定安全措施，探明预留煤（岩）柱厚度、气体、温度、塌陷等情况，根据探查结果采取措施进行处理。

第一百一十二条　遇存在塌陷或者自燃危险的采空区时，必须停止作业，影响范围内所有人员及作业设备撤至安全地点，及时汇报，立即采取有效措施处理。待危险解除后，方可恢复作业。

第一百一十三条　开采容易自燃和自燃煤层的露天煤矿，应当采取防止采场边坡煤台阶、工作面、排土场自然发火的措施。

露天煤矿排土作业时，应当对高温剥离物料进行降温处理。

第一百一十四条　采场及排土场发生自燃火灾后，可采取挖除火源、覆土、水消、注（喷）浆等措施进行处理。

第一百一十五条　采场最终边坡煤台阶必须采取防止煤自然发火的措施。

第一百一十六条　在高温区、自然发火区进行爆破作业时，必须遵守下列规定：

（一）测试孔内温度。有明火的炮孔或者孔内温度在 80 ℃ 以上的高温炮孔应当采取灭火、降温措施。

（二）高温孔经降温处理合格后方可装药起爆。

（三）高温孔应当采用热感度低的炸药，或者将炸药、雷管作隔热包装。

第一百一十七条 露天煤矿内的采掘、运输、排土等主要设备，必须配备灭火器材，并定期检查和更换。

露天煤矿带式输送机在转载点和机头处应当设置消防设施。

第一百一十八条 露天煤矿焊割作业时，应当遵守下列规定：

（一）在重点防火、防爆区焊割作业时，应当办理用火审批单，并制定防火、防爆措施。

（二）在矿用卡车上焊割作业时，应当防止火花溅落到下方作业区或者油箱，并采取防护措施。

（三）焊割作业场所应当确保通风良好，无易燃、易爆物品。焊割盛放过易燃、易爆物品或者情况不明物品的容器时，应当制定安全措施。

（四）使用气焊割动火作业时，氧气瓶与乙炔气瓶间距不小于5 m，气瓶与动火作业地点均不小于10 m。

第八章　附　　则

第一百一十九条　本细则自 2022 年 1 月 1 日起施行。

附录 防灭火专项设计内容

矿井防灭火专项设计应当包含以下内容,可根据矿井实际情况予以增减。延伸新水平、开采新采(盘)区、采煤方法或通风系统等发生重大变化时,及时修订矿井防灭火专项设计。矿井防灭火专项设计由矿总工程师负责审批。

(一)矿井概况(重点说明地质构造、煤层赋存、煤质、瓦斯、煤尘、煤的自燃倾向性、自然发火期、地温、开拓开采情况、矿井通风、历史发火情况、火区、矿井周边煤矿等)。

(二)矿井火灾危险性分析(包括内因火灾危险性分析和外因火灾危险性分析)。

(三)煤层自然发火预测预报指标体系(包括煤层自燃倾向性、煤层自然发火期、煤层自然发火标志气体及临界值、煤层自然发火预兆预警值的确定)。

(四)矿井火灾监测系统(包括束管火灾监测系统、人工采样监测系统、安全监控系统和其他监测系统)。

(五)矿井防灭火系统及设施(包括自然发火综合防治系统、消防洒水系统、井上、下消防材料库和防火构筑物)。

(六)内因火灾防治技术方案(包括工作面"进回风巷道"防灭火技术方案、工作面安装期间防灭火技术方案、工作面回采期间防灭火技术方案、工作面回撤期间防灭火技术方案、工作面推进缓慢期间防灭火技术方案和已封闭采空区自然发火防治方案)。

(七)外因火灾防治技术方案(包括机电设备火灾防治方案、电缆火灾防治方案、带式输送机火灾防治方案、油脂及其他可燃物品火灾防治方案、电气焊及火工品火灾防治方案、井下爆破引发火灾防治方案、无轨胶轮车火灾防治方案和其他外因火灾防治方案)。

(八)火区治理(包括火区治理技术方案、井下封闭火区日常管理和火区启封）。

（九）矿井防灭火管理制度（包括组织机构和规章制度）。

（十）火灾应急救援预案。